पादप क्रिया विज्ञान

PLANT PHYSIOLOGY

पादप क्रिया विज्ञान

PLANT PHYSIOLOGY

लेखक

डॉ. डी. के. ठाकुर

एम. एससी., पीएच.डी.

डिस्कवरी पब्लिशिंग हाऊस प्राईवेट लिमिटेड

नई दिल्ली–110 002

प्रकाशकः

तिलक वासन

डिस्कवरी पब्लिशिंग हाउस प्राइवेट लिमिटेड
4383/4B, अन्सारी रोड, दरियागंज
नई दिल्ली - 110 002
दूरभाष–23279245, 43596064-65
फैक्स–91-11-23253475
E-mail : discoverypublishinghouse@gmail.com
sales@discoverypublishinggroup.com
parul.wasan@gmail.com
web : www.discoverypublishinggroup.com

प्रथम संस्करणः 2014

ISBN: 978-93-5056-524-7

पादप क्रिया विज्ञान

Printed at:
Dynamic Printers
Delhi

प्रस्तावना

कोशिका में विभिन्न प्रकार के पदार्थ गति करते हैं तथा यह गति बाहर से अन्दर की ओर अथवा अन्दर से बाहर की ओर पदार्थ की संहति के रूप में होती है। पदार्थों की गति पदार्थों के अणुओं में पाई जाने वाली गतिज ऊर्जा के कारण होती है। पदार्थों में गतिज ऊर्जा के कारण विसरण, परासरण, अन्तःचूषण प्रकार की क्रियायें विभिन्न अवस्थाओं में पूर्ण होती है। इन क्रियाओं के कारण ही पादप की कोशिकाओं में कार्यिकी सक्रियता बनी रहती है।

पादप के वायवीय भागों में जल का वाष्पीकरण होना वाष्पोत्सर्जन कहलाता है अथवा पादप के वायवीय भागों से जल का वाष्प के रूप में क्षय होना वाष्पोत्सर्जन कहलाता है। सभी स्थलीय पौधे, जड़ द्वारा अवशोषित जल का उपयोग उपापचयी क्रियाओं में करते हैं। पौधों के द्वारा अवशोषित जल का लगभग 95 प्रतिशत जल व्यर्थ चला जाता है तथा कुछ भाग (लगभग 5 प्रतिशत) ही पौधों द्वारा उपयोग में लिया जाता है। ज़ल की सर्वाधिक मात्रा वाष्पोत्सर्जन के रूप में व्यर्थ चली जाती है।

इस ग्रह पर उपस्थित सभी जीवों का जीवन विद्युत चुम्बकीय स्पेक्ट्रम के संकरे बैण्ड (Narrov band) पर निर्भर करता है। यह जीवन प्रत्यक्ष या अप्रत्यक्ष रुप से प्रकाश द्वारा संचालित होता है। इस प्रक्रिया में सूर्य के प्रकाश द्वारा ऊर्जा पादप कोशिकाओं को प्रदान की जाती है एवं कार्बनिक अणुओं का निर्माण होता है।

प्राणियों एवं कुछ पादप कोशिकाओं में प्रकाश संश्लेषण क्रिया नहीं होती है तथा ये प्रकाश संश्लेषी पादपों पर परजीवी के रूप में निर्भर रहते हैं। पादपों में इस प्रकाश को ग्रहण करने की क्षमता के आधार पर ही हम इस ग्रह जीवन को देख पाते हैं। विद्युत चुंबकीय विकिरणों का दृश्य भाग प्रकाश (Light) कहलाता है। इसकी परास 380-760 nm होती है। वर्तमान में Photo-Biology एक नया क्षेत्र है जो प्राणियों, पादपों एवं सूक्ष्मजीवों में प्रकाश के ग्रहण (Reception) से संबंधित है। सजीवों की समस्त कोशिकायें अस्थाई तथा उपयुक्त संगठन विहीन लक्षणों से विशिष्टीकृत होती हैं। एक कोशिका ऊर्जा के सतत उपयोग द्वारा अपनी समस्त क्रियाविधियों को नियमित बनाये रखती है। जब ऊर्जा की आपूर्ति बंद हो जाती है तो कोशिका का संगठन समाप्त हो जाता है। अतः अलग-अलग

सजीवों में कोशिका यांत्रिक, विद्युतीय, रासायनिक एवं परासरणीय कार्यों को सम्पादित करने के लिये ऊर्जा को विभिन्न रुपों में रूपान्तरित करती रहती है। सभी प्राणी कार्यों को सम्पन्न करने के लिये ऊर्जा का उपयोग करना जानते हैं। पादपों का प्रकाश की तरफ मुड़ना, विशिष्ट ऋतु में फूलों का खिलना, प्राणियों का प्रकाश की तरफ या प्रकाश से दूर गमन इत्यादि घटनायें Photobiology से संबंधित होती है।

प्रस्तुत पुस्तक में पादपों में जल अवशोषण, पादपों में रसारोहण, पादपों में वाष्पोत्सर्जन, पादप में खनिज पोषण, पादपों में एन्जाइम का योगदान, पादपों में प्रकाश संश्लेषण, पादपों में श्वसन को विस्तार से समझाया गया है जिससे यह पुस्तक विद्यार्थियों के साथ-साथ जन मानस के लिए भी उपयोगी हो गई है।

- लेखक

विषय सूची

अध्याय 1

पादपों में जल अवशोषण

- पादप जल सम्बन्ध
- जल की उपयोगिता
- मृदा जल के प्रकार
- जल अवशोषण की क्रिया विधि
- रसारोहण की क्रिया विधि

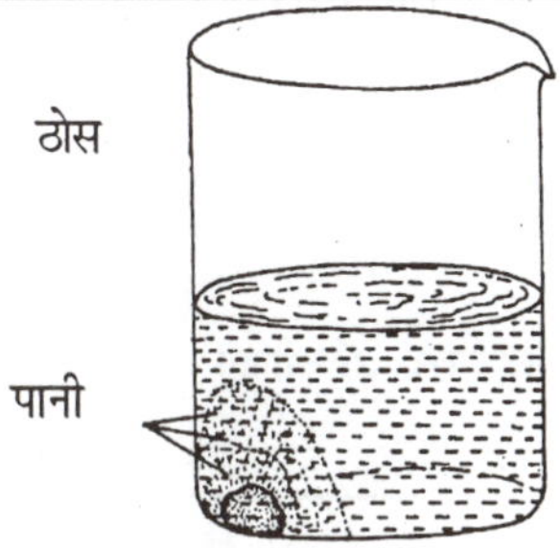

विसरण क्रिया

कोशिका में विभिन्न प्रकार के पदार्थ गति करते हैं तथा यह गति बाहर से अन्दर की ओर अथवा अन्दर से बाहर की ओर पदार्थ की संहति के रूप में होती है। पदार्थों की गति पदार्थों के अणुओं में पाई जाने वाली गतिज ऊर्जा के कारण होती है। पदार्थों में गतिज ऊर्जा के कारण विसरण, परासरण, अन्तःचूषण प्रकार की क्रियायें विभिन्न अवस्थाओं में पूर्ण होती है। इन क्रियाओं के कारण ही पादप की कोशिकाओं में कार्यिकी सक्रियता बनी रहती है।

विसरण – आणविक सिद्धान्त के अनुसार विभिन्न प्रकार के पदार्थ ,जैस – ठोस, द्रव तथा गैस अत्यन्त सूक्ष्म अणुओं के बने होते हैं। पदार्थों के अणुओं या आयनों की अपनी अधिक सान्द्रता से कम सान्द्रता की ओर होने वाली गति विसरण कहलाती है। विसरण की यह गति तब तक होती रहती है जब तक दोनों की सान्द्रता अर्थात् अणुओं या आयनों का वितरण समान नहीं हो जाता। अतः विसरण की क्रिया गतिज संतुलन स्थापित होने तक चलती रहती है। इस क्रिया में अणुओं की स्वयं की गति बाहरी दाब या कारक द्वारा पूर्ण होती है। पदार्थों के अणुओं की गति स्वयं की गतिज ऊर्जा पर निर्भर होती है जिसके फलस्वरूप ही अणु निरन्तर गति करते रहते हैं।

यह क्रिया ठोस, द्रव तथा गैस तीनों में ही होती है –

(1) **ठोस का गैस में** - कमरे के एक कोने में अगरबत्ती जला देने पर कमरे में खुशबू का फैलना।

(2) **ठोस का ठोस में** - जिंक का कॉपर में विसरण।

(3) **ठोस का द्रव में** - KMO_4 का जल में विसरण।

(4) **द्रव का गैस में** - बादल का बनना।

(5) **द्रव का ठोस में** - KOH विलयन का एगर में विसरण।

(6) **द्रव का द्रव में** - ऐल्कोहल का जल में विसरण।

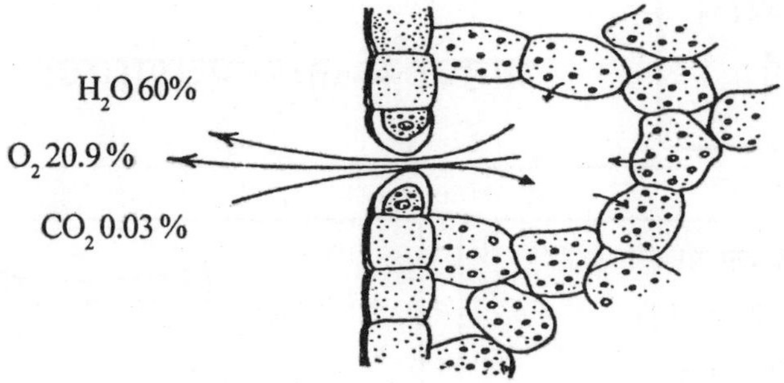

पादप रन्ध्र ऑक्सीजन और कार्बन डाई ऑक्साइड का स्वत: विसरण की प्रक्रिया का निरूपण

(7) गैस का गैस में - अमोनिया का वायु में विसरण।

(8) गैस का ठोस में - अमूल्य रत्न।

(9) गैस का द्रव में - झाग का निर्माण।

विसरण दाब – पदार्थों के अणुओं की गति तथा दिशा सामान्यत: पदार्थ की सान्द्रता पर निर्भर करती है। पदार्थों के अणुओं की सान्द्रता में अन्तर के कारण ही दाब उत्पन्न होता है। विसरित होने वाले अणु या आयन जिस पदार्थ पर विसरित होते समय दाब उत्पन्न करते हैं उसे विसरण दाब कहा जाता है अथवा पदार्थों के अणुओं की विसरण प्रकृति के फलस्वरूप गतिज ऊर्जा के कारण उत्पन्न दाब को विसरण दाब कहते हैं। विसरण दाब प्राय: पदार्थों की सान्द्रता के समानुपाती होता है। अत: विसरण सदैव अधिक DP से कम DP की ओर होता है।

विसरण को प्रभावित करने वाले कारक- विभिन्न प्रकार के कारक मुख्य रूप से गैस तथा ठोस के विसरण को प्रभावित करते हैं –

(अ) गैस के विसरण को प्रभावित करने वाले कारक- गैस का विसरण, निम्नलिखित मुख्य कारकों द्वारा प्रभावित होता हैं –

(1) ताप - गैस का विसरण, ताप के समानुपाती होता है, अर्थात् ताप के अधिक होने पर विसरण भी बढ़ जाता है।

विसरण की दर × तापमान

(2) दाब - गैस का विसरण, दाब के समानुपाती होता है अर्थात् दाब के अधिक होने पर विसरण की दर भी अधिक हो जाती है।

विसरण की दर × दाब

(3) घनत्व – गैस का विसरण, गैस के आपेक्षिक घनत्व के वर्गमूल के व्युत्क्रमानुपाती होता है अर्थात् घनत्व के कम होने के कारण गैस का विसरण बढ़ जाता है।

उदाहरण – यदि NTP पर दो गैसों का विसरण पता किया जाना हो तो घनत्व के अन्तर्गत उसके भार का पता लगायेंगे।

O_2 का परमाणु भार $= \frac{1}{1}$ 16 H_2 का परमाणु भार = 1

विसरण की दर × 1 घनत्व

हाइड्रोजन के लिए-

विसरण की दर $\times \propto \frac{1}{\sqrt{1}} = 1$

ऑक्सीजन के लिए-

विसरण की दर $\propto \frac{1}{\sqrt{16}} = \frac{1}{4}$

(4) माध्यम – गैस का विसरण, माध्यम की सघनता के व्युत्क्रुमानुपाती होता है।

विसरण की दर × $\frac{1}{\text{माध्यम का घनत्व}}$

(5) विसरण दाब प्रवणता – दो विभिन्न स्थानों में विसरण दाब के अन्तर एवं विसरण द्वारा तय की गयी दो विभिन्न स्थानों की दूरी के अनुपात को विसरण दाब प्रवणता कहते हैं।

विसरण दाब प्रवणता = $\frac{\text{दो विभिन्न स्थानों में विसरण दाब में अन्तर}}{\text{विसरण द्वारा तय की गई विभिन्न स्थानों की दूरी}}$

अत: विसरण दाब प्रवणता निम्नलिखित दो कारकों का संयुक्त प्रभाव होता है–

(1) दो बिन्दुओं या दो सिरों के बीच विसरण दाब अन्तर $= DP_2 – DP_2$

विसरण की क्रिया इस अन्तर के समानुपाती होती है।

(2) दो बिन्दुओं की बची की दूरी – विसरण की क्रिया इस दूरी के व्युत्क्रमानुपाती होती है। विसरण की दर DPG के समानुपाती होती है।

(ब) ठोस के विसरण को प्रभावित करने वाले कारक – विभिन्न प्रकार के कारक मुख्य रूप से गैस तथा ठोस के विसरण को प्रभावित करते हैं।

(1) ताप – ठोस का विसरण, ताप के समानुपाती होता है, अर्थात् ताप के अधिक होने पर विसरण भी बढ़ जाता है।

विसरण की दर × तापमान

(2) दाब – ठोस का विसरण, दाब के समानुपाती होता है अर्थात् दाब के अधिक होने पर विसरण की दर भी अधिक हो जाती है।

विसरण की दर × दाब

(3) घुलनशीलता (Solubility) – ठोस का विसरण, घुलनशीलता के समानुपाती होता है।

विसरण की दर × विलेयता

(4) माध्यम – ठोस का विसरण, माध्यम के घनत्व के व्युत्क्रमानुपाती होता है।

विसरण की दर × $\frac{1}{\text{माध्यम का घनत्व}}$

(5) आकार तथा संहति – ठोस का विसरण, ठोस के अणु अथवा आयन के आकार तथा संहति के व्युत्क्रमानुपाति होता है।

विसरण की दर × $\frac{1}{\text{अणुओं का आकार}}$

क्या आप जानते हैं? घनत्व के आधार पर पदार्थों का विसरण निम्न क्रम में होता है? गैस > द्रव > ठोस (अर्थात् 1 गैस में विसरण की दर सर्वाधिक एवं ठोस में सबसे कम होती है।)1 मोल का अर्थ पदार्थ का ग्राम में आणविक भार होता है। 1 मोल में 6.02×10^{23} अणु होते हैं।

मोलर विलयन – एक मोल विलय वाले एक लीटर विलयन को मोलर विलयन कहते हैं।

पौधों के रन्ध्र तथा वातरन्ध्रों द्वारा पादप एवं वातावरण के बीच गैसीय विनिमय विसरण द्वारा होता है।

एक स्थिर दाब एवं स्थिर ताप वाले तन्त्र में किसी भी पदार्थों के एक मोल की स्वतंत्र ऊर्जा को ऊर्जा विभव कहते हैं।

पारगम्यता – पारगम्यता झिल्लियों का विशेष गुण होता है जिसके द्वारा गैस, द्रव्य, ठोस के अणु या आयन सरलता से आर पार गति कर सकते हैं। कोशिका के जीवद्रव्य अथवा जीवद्रव्य के अवयवों के चारों ओर पाई जाने वाली पतली, लचीली एवं ठोस झिल्ली को कोशिका झिल्ली कहते हैं जो कि जीवद्रव्य अथवा जीवद्रव्य के अवयवों को चारों ओर के वातावरण से पृथक् करती है।

विभिन्न कोशिका झिल्लियों की वह क्षमता जिसके कारण कोशिका तथा उसके वातावरण के बीच घुलित पदार्थों की आर पार गति होती है उसे **पारगम्यता** कहते हैं। झिल्लियों का यह गुण झिल्लियों में से गुजरते हुए अणुओं के व्यत्क्रमानुपाती होता है। झिल्लियाँ NAD & NADP जैसे अन्य रसायनों के लिये अपारगम्य होती है।

पारगम्यता के आधार पर झिल्लयों को निम्न श्रेणियों को निम्न श्रेणियों में विभक्त किया जा सकता है –

(1) अपारगम्य – ऐसी झिल्लियां जिनके आर पार विलेय तथा विलायक दोनों की गति नहीं होती है उनको अपारगम्य झिल्लियाँ कहते हैं, जैस, क्यूटिनयुक्त या सुबेरिनयुक्त कोशिकाओं की भित्तियां।

(2) पारगम्य – ऐसी झिल्लियां जिनके आर पार विलेय तथा विलायक दोनों की गति होती है उनको पारगम्य झिल्लियां कहते हैं, जैस, सैलुलोजयुक्त कोशिका भित्ति।

(3) अर्द्ध-पारगम्य – ऐसी झिल्लियां जिनके आर पार केवल विलायक की गति होती है उनको अर्द्ध-पारगम्य झिल्लियां कहते हैं, जैस, जन्तु कोशिका की प्लाज्मा झिल्ली।

(4) विभेदकीय या चयनात्मक वरणात्मक – ऐसी झिल्लियां जिनके आर पार विलायक के साथ-साथ कुछ विलेय की गति आयनों के रूप में हो सकती है उनको विभेदकीय वरणात्मक झिल्लियां कहते हैं, जैसे, पादप कोशिका की प्लाज्मा झिल्ली।

कोशिका पारगम्यता के सिद्धान्त – कोशिका की पारगम्यता के सम्बन्ध में निम्नलिखित प्रमुख सिद्धान्त दिये गये हैं–

(1) छलनी सिद्धान्त – रूहलेन्ड तथा हॉफमैन ने बताया कि झिल्ली में छोटे-छोटे छिद्र पाये जाते हैं। इन छिद्रों के आकार से छोटे अणु ही बड़े अणुओं की तुलना में आसानी से गति कर सकते हैं। अत: कोशिका झिल्ली में से ग्लुकोस के अणु सुक्रोस के बड़े अणुओं की तुलना में तीव्रता से विसरित होते हैं।

(2) घुलनशील सिद्धान्त –ऑवरटॉन के अनुसार झिल्लियों का निर्माण वसा द्वारा होता है इसलिए झिल्लियां उन पदार्थों के लिये पारगम्य होती हैं जो उनमें आसानी से घुल जाते हैं।

(3) विद्युत -कोशिका सिद्धान्त – माइकेलिस, स्कॉर्थ तथा लॉयड ने छलनी सिद्धान्त का रूपान्तरण प्रस्तुत किया। इस सिद्धान्त के अनुसार झिल्लियों में पाये जाने वाले छिद्र झिल्ली के आवेशित प्रोटीनों से घिरे रहते हैं। पारगम्यता झिल्ली के छिद्रों पर पाये जाने वाले आवेश कणों के आकार, छिद्रों के आकार तथा झिल्ली के छिद्रों पर पाये जाने वाले आवेश पर निर्भर करती है। अत: यदि आयनकारी पदार्थ झिल्ली छिद्रों से छोटे हो तो झिल्ली में से गति कर सकते हैं। इसी प्रकार आवेश रहित छिद्रों में से धनात्मक एवं ऋणात्मक दोनों प्रकार के आयन गति कर सकते हैं किन्तु धनात्मक आयन ऋणात्मक आवेशयुक्त छिद्र में से गति कर सकते हैं।

(4) वाहक सिद्धान्त – इस सिद्धान्त के अनुसार झिल्ली में से पदार्थों की गति के लिए निम्नलिखित दो प्रकार के वाहकों की आवश्यकता होती है

(i) वाहक अणु – इस प्रकार के कण कुछ विलेय के साथ जुड़कर वाहक-विलेय बना लेते हैं क्योंकि इन विलेय के प्रति यह रसायनिक बन्धुता दर्शाते हैं। यह समिश्र झिल्ली की आन्तरिक सतह पर पहुंचकर विघटित हो जाते हैं जिसके फलस्वरूप वाहक तथा विलेय एक-दूसरे से पृथक् हो जाते हैं। इसके पश्चात् विलेय कोशिका में प्रवेश करते हैं तथा वाहक बाह्य सतह की ओर स्थानान्तरित हो जाते हैं।

(ii) वाहक पुटिका – व्हीलर व हैन्ची के अनुसार उच्च पौधों में पदार्थों का स्थानान्तरण वाहक पुटिका या पिनोसोम्स के माध्यम से होता है। पिनोसोम्स का निर्माण कोशिका के अन्तर्वलन से होता है तथा इनके द्वारा समूह में पदार्थ स्थानान्तरित होते हैं।

परासरण – इसकी खोज **एब्बे नोलेट** ने की तथा परासरण नाम दिया। सर्वप्रथम **ट्रॉउब** ने कॉपर फेरोसाइनाइड के उपयोग द्वारा अर्द्ध–पारगम्य झिल्ली विकसित करके पादप कार्यिकी में परासरण की उपयोगिता को दर्शाया। **फैफर** ने अर्द्ध–पारगम्य झिल्ली का उपयोग करके सबसे पहला परासरणमापी विकसित किया। यह तरल पदार्थों में होने वाला विशेष प्रकार का विसरण है जो सदैव अर्द्ध–पारगम्य झिल्ली की उपस्थिति में होता है। जब दो विभिन्न सान्द्रता वाले विलयनों को अर्द्ध–पारगम्य झिल्ली के द्वारा पृथक् कर दिया जाता है तो कम सान्द्रता वाले विलयन का अधिक सान्द्रता वाले विलयन की ओर होने वाला विसरण, परासरण कहलाता है अथवा विलायक की अर्द्ध–पारगम्य झिल्ली की उपस्थिति में अधिक सान्द्रता से कम सान्द्रता की ओर होने वाली गति परासरण कहलाती है। इस क्रिया में जल या विलायक का विसरण तनु विलयन से सान्द्र विलयन की ओर तीव्रता से होता है। परासरण के अन्तर्गत जब कोशिका में जल का प्रवेश होता है तो उसे अन्तः परासरण कहते है। परासरण के अन्तर्गत जब कोशिका से जल बाहर निकलता है तो उसे बाह्य परासरण कहते हैं। परासरण क्रिया को आलू के परासरणमापी से दर्शाया जाता है। इसके अन्तर्गत आलू को छीलकर एक गुहिका बनाकर उसमें शक्कर का घोल भर देते हैं। इस परासरणमापी को जल से भरे बीकर में रख देते हैं। कुछ समय बाद आलू की गुहिका में शर्करा के तल का बढ़ना परासरण को दर्शाता है।

परासरणीय सान्द्रता के आधार पर विलयन प्रायः तीन प्रकार के हो सकते हैं

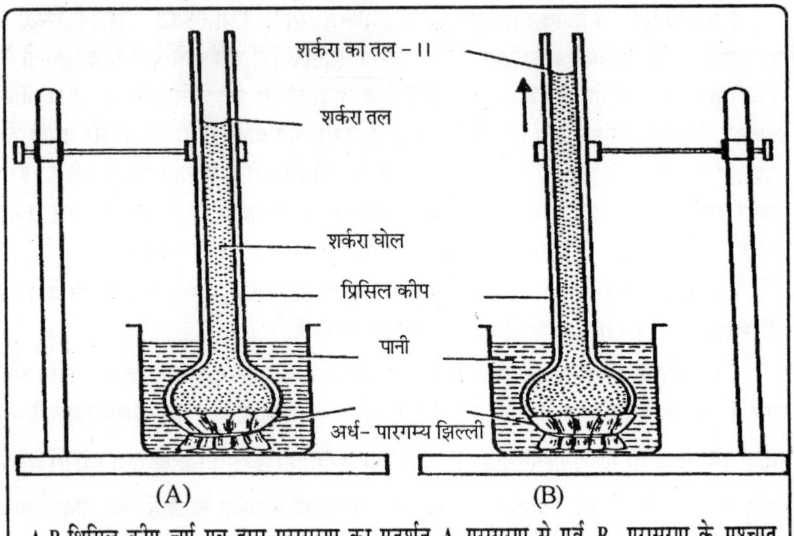

A-B थिसिल कीप-चर्प पत्र द्वारा परासरण का प्रदर्शन, A. परासरण से पूर्व, B. परासरण के पश्चात्

(1) समपरासरी – जब दोनों विलयनों की परासरणीय सान्द्रता या परासरण दाब एक-समान होता है, उसे समपरासरी विलयन कहते हैं।

(2) अतिपरासरी – जब बाह्य विलयन का परासरण दाब आन्तरिक विलयन (कोशिका के कोशिका रस)के परासरण दाब की तुलना में अधिक होता है तो उसे अतिपरासरी विलयन कहते हैं।

(3) अल्प या अधोपरासरी – जब बाह्य विलयन का परासरण दाब आन्तरिक विलयन (कोशिका के कोशिका रस) के परासरण दाब की तुलना में कम होता है तो उसे अधोपरासरी विलयन कहते हैं।

स्थलीय पादपों में OP प्राय: 5 से 30 atm होता है।

जलोदभिद में न्यूनतम OP=1–3 atm होता है। समोद्भिद में OP= 5–15 atm होता है।

×Lद्भिद में OP=10–30 atm होता है।

हैरिस ने सबसे अधिक OP (लवणोंद्भिद) में बताया। हैरिस के अनुसार पत्तियों में सर्वाधिक OP तथा जड़ों में सबसे कम OP होता है।

जड़ की भीतरी वल्कुट कोशिकाओं में अधिक OP पाया जाता है तथा बाहरी वल्कुट कोशिकाओं में कम OP होता है।

दोपहर के आस पास OP अधिकतम होकर कम होना शुरू हो जाता है।

सायंकाल में OP कम तथा रात्रि में न्यूनतम होता है।

गर्मियों में OP अधिकतम होता है।

शुद्ध विलायक अर्थात् जल का परासरण दाब शून्य होता है।

परासरणीय दाब – परासरणीय दाब शब्द फैफर ने दिया। अन्त: परासरण की क्रिया में जल या विलायक बाहर से अन्दर की ओर प्रवेश करके एकत्रित होता रहता है। इस क्रिया को रोकने के लिए कोशिका के विलयन में विशेष दाब उत्पन्न होता है। अत: वह दाब जो शुद्ध जल या विलायक को विभेदकीय या चयनात्मक पारगम्य झिल्ली द्वारा विलयन में प्रवेश करने से रोकने के लिए उत्पन्न होता है, परासरणीय दाब OP कहलाता है। परासरणीय दाब उत्पन्न होने के लिए निम्नलिखित परिस्थितियों को आदर्श या प्रारूपिक परिस्थितियाँ कहा जाता है–

(1) विलयन के बाहर शुद्ध विलायक या जल उपस्थित हो।

(2) विलयन अर्द्ध–पारगम्य झिल्ली द्वारा घिरा हो।

(3) ताप तथा दाब स्थिर हो।

(4) झिल्ली दृढ़ हो।

विलयन में विलेय की मात्रा बढ़ने से विलयन का परासरण दाब भी बढ़ता है। किसी भी विलयन के OP को मेनोमीटर के द्वारा नापते हैं तथा इस सम्पूर्ण उपकरण को ओस्मोमीटर कहते हैं। किसी कोशिका का परासरणीय दाब जीवद्रव्यकुँचनीय विधि द्वारा मापा जाता है।

परासरण का प्रदर्शन ऑस्मोस्कोप द्वारा किया जाता है। पादप कोशिकाओं में OP अत्यधिक भिन्नता प्रदर्शित करता है।

परासरणीय दाब को प्रभावित करने वाले कारक – परासरणीय दाब निम्नलिखित कारकों द्वारा प्रभावित होता है–

ताप – परासरणीय दाब तापमान के समानुपाती होता है।

सान्द्रता – परासरणीय दाब सान्द्रता के समानुपाती होता है। परासरणीय सान्द्रता को विलेय विलायक का अनुपात भी कहा जाता है जो निम्नलिखित दो कारणों से प्रभावित होता है–

(1) आयनीकरण – आयनीकारी पदार्थों का आयनीकरण होता है इसलिए आयनीकरण होने पर विलेय कणों की संख्या बढ़ जाने से परासरणीय सान्द्रता भी बढ़ जाती है।

(2) विलेय का जलयोजन – विलेय में जलयोजन होने के कारण जल के अणु निकल जाते हैं इसलिए विलेय–विलायक अनुपात बढ़ जाता है।

परासरण का महत्व – परासरण की क्रिया पादप कार्यिकी में निम्नलिखित उपयोगिता प्रदर्शित करती है परासरण द्वारा मृदा से पौधे अपने मूल रोम द्वारा जल अवशोषण करते हैं। यह कोशिका की स्फीतता को बनाये रखता है। कोशिकाओं के स्फीत होने पर दृढ़ता मिलती है। स्फीतता के कारण पादप को निश्चित आकृति प्राप्त होती है। उच्च परासरण सान्द्रता से पौधों में शुष्क वातावरण एवं हिमकारी ताप सहन करने की प्रतिरोधक क्षमता बढ़ जाती है। परासरण दाब के कारण पादप कोशिकाओं के आर पार जल की गति होती है।

विसरण दाब न्यूनता – DPD शब्द का उपयोग मेयर ने किया। DPD को चूषण दाब अवशोषण विभव या चूषण बल भी कहते हैं। DPD को चूषण दाब नाम रैनर ने दिया। जब किसी शुद्ध विलायक में विलेय के कुछ मोल मिला दिये जाते हैं तो उस विलयन का विसरण दाब विलायक के विसरण दाब से जितना कम हो जाता है, इस कमी या न्यूनता को DPD या SP कहते हैं अथवा कोशिका में विसरण दाब द्वारा जल की मांग को DPD कहते हैं। अथवा कोशिका रस के परासरणीय दाब एवं स्फीत दाब (या भित्ति दाब) के अन्तर को DPD या SP कहते हैं।

जल की गति सदैव कम DPD वाले विलयन से अधिक DPD वाले विलयन की ओर होती है।

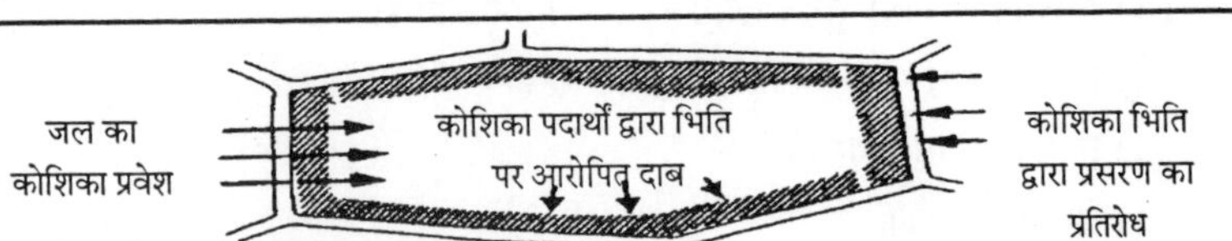

कोशिका में जल अवशोषण के द्वारा उत्पन्न विभिन्न दाबों (परासरण दाब, स्फीत दाब व भित्ति दाब) में सम्बन्ध

विसरण तथा परासरण में अन्तर

क्र.स.	विसरण	परासरण
1.	इस क्रिया में अणुओं की गति अधिक सान्द्रता वाले स्थान से कम सान्द्रता की ओर होती हैं।	यह एक विशेष प्रकार का विसरण हैं जिसमें विलायक के अणुओं की गति अधिक सान्द्रता वाले स्थान से कम सान्द्रता की ओर होती है।
2.	यह क्रिया ठोस, द्रव तथा गैस सभी में हो सकती हैं।	यह क्रिया केवल द्रव माध्यम में होती है।
3.	इस क्रिया के लिए झिल्ली की आवश्यकता नहीं होती।	यह क्रिया अर्द्धपारगम्य झिल्ली द्वारा होती है।
4.	विसरण की क्रिया में ऊर्जा का उपयोग नहीं होता।	परासरण की क्रिया में ऊर्जा का उपयोग होता है।
5.	यह क्रिया दोनों दिशाओं में होती है।	यह क्रिया केवल एक दिशा में होती है।

किसी भी स्वतंत्र विलयन में विलायक या जल विसरण दाब की उस विलयन के परासणी दाब के बराबर होता है। विसरण दाब न्यूनता तथा परासण्णी दाब एक-दूसरे के व्युत्क्रमानुपाती होते है।

कोशिका के परासरणीय सम्बन्ध – पादप कोशिका का बाहरी आवरण पारगम्य कोशिका भित्ति के रूप में होता है। कोशिका भित्ति के अन्दर की ओर पाई जाने वाली कोशिका झिल्ली चयनात्मक पारगम्य होती है। कोशिका में पाई जाने वाली रिक्तकाओं में कोशिका रस या रिक्तिका द्रव्य पाया जाता है। कोशिका रस, जल तथा विभिन्न घुलनशील पदार्थों का मिश्रण होता है। कोशिका के कोशिका रस की सान्द्रता व अन्य सम्पर्क वाली कोशिकाओं के कोशिका रस की सान्द्रता में भिन्नता होती है।

मृदा के सम्पर्क में रहने वाले मूल रोम के कोशिका रस की सान्द्रता के अनुसार जल अवशोषण होता है। इस प्रकार कोशिकाएं एक विशिष्ट प्रकार के परासरणीय तन्त्र के समान व्यवहार करती हैं जिसमें निम्नलिखित प्रकार के दाब अन्त: परासरण के कारण उत्पन्न होते है

1. स्फीत दाब – परासरण (अन्त: परासरण) के कारण किसी बन्द परासरणीय तन्त्र में जल का प्रवेश होने पर सर्वप्रथम स्फीत दाब उत्पन्न होता है। किसी बन्द परासरणीय तन्त्र में जल का प्रवेश होने पर परासरणीय तंत्र की भित्ति पर उत्पन्न होने वाला द्रव स्थैतिक दाब स्फीत दाब कहलाता है। यह दाब परासरण की क्रिया के दौरान वास्तविक दाब के रूप में उत्पन्न होता है। कोशिकाओं की स्फीत अवस्था के दौरान स्फीत दाब का मान परासरणीय दाब के बराबर होता है। सामान्य अवस्थाओं में स्फीत दाब का मान शून्य से परासणीय दाब के बीच होता है। जीवद्रव्य कुंचन की अवस्था में या बन्द परासरणीय तंत्र से जल बाहर निकलने पर स्फीत दाब का मान शून्य से कम भी हो सकता है जिसे ऋणात्मक स्फीत दाब कहते हैं।

स्फीत दाब की उपयोगिता – स्फीत दाब के कारण कोमल अंगों की उपयुक्त आकृति बनी रहती है। स्फीत दाब के कारण कोशिकाओं का दीर्घीकरण सरलता से होता रहता है। कोशिका की स्फीतता के कारण जीवद्रव्य कोशिका भित्ति से लगा रहता है जिसके फलस्वरूप कोशिका की आकृति बनी रहती है। कोशिका के स्फीत होने से कार्यिकी क्रियायें सम्पन्न होती रहती हैं। इस दाब से माइटोकॉन्ड्रिया, लवक एवं सूक्ष्मकायों की प्रारूपिक त्रिविम सरंचना बनी रहती हैं। क्योंकि यह संरचना उनके कार्यिकी कार्यों के लिये आवश्यक होती है। पौधों की रन्ध्रों की गतियाँ, म्लानता गतियाँ एवं कम्पानुकुंचनी गतियाँ स्फीत दाब के कारण होती हैं। बीज अंकुरण के समय स्फीत दाब के कारण ही तरुण प्रांकुर दाब उत्पन्न होता है।

2. भित्ति दाब – किसी बन्द परासरणीय तन्त्र में कोशिका रस या विलयन द्वारा तंत्र की भित्ति पर स्फीत दाब उत्पन्न होता है। अत: विलयन या कोशिका रस जितनी मात्रा में स्फीत दाब उत्पन्न करता है उतनी ही मात्रा में कोशिका भित्ति द्वारा कोशिका रस पर उत्पन्न होने वाला दाब, भित्ति दाब कहलाता है। यह स्फीत दाब के समान किन्तु विपरीत दिशा में होता है।

$$WP = TP$$

DPD, OP तथा TP के विभिन्न मान – जब कोशिका में उपयुक्त जल होता है तब उस कोशिका को स्फीत कोशिका कहते हैं तथा कोशिका में जल की कमी होने पर पिचकी हुई अवस्था शिथिलता कहलाती है।

(i) स्फीत अवस्था में – अत: स्फीत अवस्था में विसरण दाब न्यूनता का मान शून्य होता है।

(ii) शिथिल अवस्था में – अत: शिथिल अवस्था में विसरण दाब न्यूनता का मान परासरण दाब के बराबर होता है।

आधुनिक विचारधारा – स्लैटर तथा टेलर ने DPD, OP & TP की आधुनिक विचारधारा दी जिसके अनुसार, विभव ऊर्जा तथा प्लाज्मा झिल्ली से जल के अणुओं का निम्न मुक्त ऊर्जा की ओर उच्च मुक्त ऊर्जा द्वारा प्रवाह होता है। इस आधार पर परासरण दाब को परासरणीय विभव,

स्फीत दाब को स्फीत विभव, विसरण दाब न्यूनता को जल विभव कहा जाता है।

जल विभव (ψ_w) - वलयन में शुद्ध जल के ऊर्जा विभव तथा विलयन में जल के ऊर्जा विभव के अन्तर को जल विभव कहते हैं। विलयन में जल के DPD को जल विभव कहते हैं।

अत : शिथिल अवस्था में विसरण दाब न्यूनता का मान परासरण दाब के बराबर होता है। परासरणीय तन्त्र से जल निकलने के गुण को जल विभव कहा जाता है।

DPD = ψ_w जल विभव का मान सदैव ऋणात्मक होता है एवं जल के अणु अधिक विभव वाले विलयन से कम विभव वाले विलयन की ओर गति करते हैं।

परासरणीय विभव - परासरणीय दाब के ऋणात्मक मान को परासरणीय विभव या विलेय विभव (ψ_s या ψ_π) कहा जाता है। अत: यदि किसी विलयन का O= 22.4 atm है तो उस विलयन का $\psi_s = -22.4$ bar होगा।

परासरण दाब (OP), स्फीत दाब (TP), भिति दाब (WP) तथा विसरण (DPD) दाब न्यूनता में अन्तर

क्र. सं.	परासरण दाब (OP)	स्फीत दाब (TP)	भित्ति दाब (WP)	विसरण दाब न्यूनता (DPD)
1.	शिथिल कोशिका में OP अधिकतम होता है।	पूर्ण स्फीत कोशिका में TP अधिकतम होता है।	स्फीत अवस्था में अधिकतम होता हैं।	यह विलेय के मिलाने से घट जाता है।
2.	यह विलयन का अणुसंख्य गुण है।	यह कोशिका में उत्पन्न द्रवस्थैतिक दाब है जो जल के अन्दर प्रवेश करने के साथ बढ़ता है।	यह स्फीत दाब का प्रतिदाब हैं जो TP को रोकने के लिए कोशिकाभित्ति द्वारा लगाया जाता हैं।	यह विलय तथा शुद्ध जल के विसरण दाब का अन्तर हैं जिसके कारण पानी कोशिका में प्रवेश करता हैं।
3.	इसके कारण जल -अर्द्ध पारगम्य झिल्ली से को पार करता हैं।	स्फीत दाब बढ़ने से कोशिका द्रव्य का माप बढ़ता है।	स्फीत अवस्था में यह स्फीत दाब के बराबर होता है।	यह परासरण दाब तथा स्फीत दाब का अन्तर हैं।

दाब विभव - स्फीत को दाब विभव कहते हैं या स्फीत विभव कहते हैं जिसका मान धनात्मक होता है। यह विभव निम्नलिखित सम्बन्ध द्वारा प्रदर्शित किये जाते हैं-

विसरण दाब न्यूनता तथा जल विभव में अन्तर

विसरण दाब न्यूनता (DPD)	जल विभव
1. DPD विलयन तथा शुद्ध विलायक के विसरण दाब का अन्तर होता है।	यह जल के अणुओं के विलयन तथा शुद्ध जल में स्वतन्त्र ऊर्जा का अन्तर होता है।
2. विसरण दाब न्यूनता को चूषण भी कहा जाता है।	जल विभव जल का रसायनिक विभव है जिसका मान ऋणात्मक होता है।
3. जल की गति कम DPD से अधिक DPD की ओर होती है।	जल की गति अधिक जल विभव से कम जल विभव की ओर होती है।
4. विसरण दाब न्यूनता, परासरण व स्फीत दाब के अन्तर के बराबर होती है।	जल विभव, मेट्रिक विभव, विलेय विभव तथा दाब विभव के बराबर होता है।
5. DPD की इकाई एटमोस्फीयर होती है।	जल विभव की इकाई बार होती है।

जीवद्रव्य कुंचन - कोशिका को समपरासरी विलयन में रखने पर उसमें कोई परिवर्तन नहीं होता है अर्थात् कोशिका अपनी प्राकृतिक अवस्था में रहती है। जब किसी कोशिका को अतिपरासरी विलयन में रखा जाता है तो बाह्य परासरण के फलस्वरूप जल बाहर निकलने लगता है। जल के बाहर निकलने से कोशिका के तनाव या स्फीतता में कमी आने से जीवद्रव्य कोशिका भित्ति से हटकर संकुचित हो जाता है। अत: अतिपरासरी विलयन में कोशिका का जीवद्रव्य कोशिका भित्ति से अलग होकर संकुचित होना प्रारम्भ कर देता है जिसे जीवद्रव्य कुंचन कहते हैं। जीवद्रव्य कुंचन निम्नलिखित विभिन्न क्रमों में पूर्ण होता है —

1. प्रतिबन्धक जीवद्रव्य कुंचन,
2. प्रारम्भिक जीवद्रव्य कुंचन,
3. प्रत्यक्ष जीवद्रव्य कुंचन,

1. प्रतिबन्धक जीवद्रव्य कुंचन - कोशिका को अतिपरासरी विलयन में रखने पर बाह्य परासरण के कारण कोशिका के आयतन में लगभग 25 प्रतिशत की कमी हो जाती है। इस अवस्था में TP का मान घट जाता है क्योंकि कोशिका के कोशिका रस या आन्तरिक विलयन द्वारा कोशिका भित्ति पर दाब उत्पन्न नहीं होता अत: TP का मान शून्य हो जाता है। इस अवस्था

को प्रतिबन्धक जीवद्रव्य कुंचन कहते हैं।

2. प्रारम्भिक जीवद्रव्य कुंचन – कोशिका में बाह्यपरासरण के कारण यदि जल का बाहर निकलना निरन्तर चलता रहता है तो जीवद्रव्य कोशिका भित्ति से संकुचित होना प्रारम्भ कर देता है। इस अवस्था में कोशिका भित्ति में संकुचन नहीं होता। अत: जब जीवद्रव्य कोशिका भित्ति से अलग होता हुआ दिखाई देने लगता है तब जीवद्रव्य कुंचन की द्वितीय अवस्था को प्रारम्भिक जीवद्रव्य कुंचन कहते हैं।

3. प्रत्यक्ष जीवद्रव्य कुंचन – कोशिका में बाह्य परासरण के कारण जीवद्रव्य के निरन्तर संकुचित होने से जीवद्रव्य भिति से पृथक् होकर विशिष्ट आकृति में दिखाई देता है। जीवद्रव्य कुंचन की इस स्पष्ट आकृति वाली अवस्था को प्रत्यक्ष जीवद्रव्य कुंचन कहते हैं। इस अवस्था में ऋणात्मक स्फीत दाब पाया जाता है। जीवद्रव्य कुंचन के दौरान कोशिका भित्ति एवं जीवद्रव्य के बीच अतिपरासरी विलयन प्रवेश कर लेता है।

जीवद्रव्य कुंचन के प्रकार – जीवद्रव्य कुंचन में पाई जाने वाली जीवद्रव्य की संकुचित आकृति के आधार पर जीवद्रव्य कुंचन को निम्नलिखित दो प्रकारों में बांटा जाता है

(1) उत्तल प्रकार- इस प्रकार के जीवद्रव्य कुंचन में जीवद्रव्य की आकृति उत्तल होती है।

(2) अवतल प्रकार – इस प्रकार के जीवद्रव्य कुंचन में जीवद्रव्य की आकृति अवतल होती है। अवतल आकृति जीवद्रव्यीय तन्तुओं के कारण पाई जाती है जिनको हैच तंतु कहते हैं।

जीवद्रव्य विकुंचन – जब जीवद्रव्य कुंचित कोशिका को अधोपरासरी विलयन में रखा जाता हैं तो अन्त: परासरण के कारण जल कोशिका में प्रवेश करता है। इस जल के कोशिका में प्रवेश करने से जीवद्रव्य पुन: अपनी पूर्व अवस्था ग्रहण कर लेता है जिसे जीवद्रव्यवकुंचन कहते हैं। यह क्रिया जीवद्रव्य विस्तारण भी कहलाती है।

जीवद्रव्य कुंचन का महत्व – जीवद्रव्य कुंचन केवल सजीव कोशिकाओं में ही होता है इसलिए कोशिका की सजीवता का पता इस क्रिया से लगाया जाता है। प्रतिबन्धक जीवद्रव्य कुंचन से कोशिका के परासरणीय दाब का अध्ययन किया जाता है। दीवारों की दरारों में उगे हुए पादपों को नष्ट किया जाता है। अचार तथा मुरब्बे में नमक की अधिक मात्रा रखने से उनमें अधिक सांद्रता के कारण सूक्ष्म जीवों की वृद्धि नहीं होती इसलिए अचार तथा मुरब्बे खराब नहीं होते। इसके द्वारा कोशिका झिल्ली की अर्द्ध-पारगम्यता तथा कोशिका भित्ति का लचीलापन दर्शाया जाता है। नमक के गरारे करने पर गला ठीक हो जाता है।

गर्मियों में लुहार जब भट्टी के सामने बैठता है तो मुंह में नमक डाल लेता है जिससे लू का असर नहीं होता। खेत, मैदान तथा बगीचों से खरपतवार को नष्ट किया जाता है। इसके द्वारा खेत में आवश्यक खाद की मात्रा बढ़ाई जाती है। पैर की मोच को नमक के पानी द्वारा ठीक किया जाता है।

रोचक विशिष्टताएं –

जीवद्रव्य कुंचन के लिए एन्थोसाइनिनयुक्त पत्तियाँ उपयुक्त प्रायोगिक पदार्थ होती हैं, जैसे, ट्रैडिसकैन्शिया पर्ण।

फॉर्मेलिन संरक्षित शैवालीय तन्तुओं में जीवद्रव्य कुंचन नहीं होता।

वायुमण्डलीय दाब पर किसी विलयन को उसके परासरण दाब से जाना जाता है। बाह्य आवरण दृढ़ होने पर स्फीत दाब, परासरण दाब के अनुसार विकसित होता है।

DPD, OP तथा TP को कोशिका की परासरणीय मात्राएं कहते हैं।

मूल रोम का जलीय विभव लगभग–2 bar होता है। यदि लवणीय पादप को स्वच्छ जल में स्थानान्तरित किया जाता है तो इसकी कोशिकाएं अन्त: परासरण के कारण फूलकर नष्ट हो जाती हैं।

यदि स्वच्छ जलीय पादप को लवणीय जल में स्थानान्तरित किया जाये है तो यह पादप बाह्य परासरण के कारण मर जाता है।

अन्तः चूषण या अन्त:शोषण

कुछ पदार्थों का जल अवशोषित करके फूलना अन्त: चूषण कहलाता है या विलयन का निर्माण नहीं होने पर किसी पदार्थ के ठोस कणों द्वारा द्रव का अवशोषण होना **अन्त:चूषण** कहलाता है या किसी ठोस पदार्थ का बिना घुले तरल को अवशोषित करना अन्त:चूषण कहलाता है। इस क्रिया में तरल का पदार्थ पर अधिशोषण होने के कारण पदार्थ फूल जाता है अर्थात् जल का अवशोषण शुष्क शोषित सतह पर जल के अणुओं के अधिशोषण से होता है। अन्त:चूषण करने वाले ठोस पदार्थ अन्त:चूषक पदार्थ कहलाते हैं जो कि जलअनुरागी कोलाइड होने के कारण जल को प्रबल रूप से आकर्षित करते हैं। पादप में पाये जाने कार्बोहाइड्रेट, प्रोटीन एवं पॉलीपैप्टाइड तथा एगर–एगर मुख्य अन्त:शोषित पदार्थ होते हैं। अन्त:शोषण की सर्वाधिक क्षमता एगर–एगर में पाई जाती है क्योंकि यह पदार्थ अपने भार से लगभग 99 गुना ज्यादा जल अवशोषित कर सकता है। अंन्त:शोषण की क्षमता, सैल्युलोज में अपेक्षाकृत अत्यधिक कम होती है। बीजों में कोलाइडी पदार्थों की मात्रा बहुत अधिक होती है जिसके कारण बीज सबसे अच्छे प्रकार के अन्त: शोषित पदार्थ होते हैं। अन्त: चूषण सामान्य रूप से जल का विसरण ही होता है तथा यह माना जाता है जिनसे जल अवशोषिण होता है इस क्रिया के फलस्वरूप उत्पन्न होने वाला दाब परासरण दाब के अनुरूप होता है जिसे अन्त:शोषित दाब कहते हैं।

एक अन्त:शोषित पदार्थ के जल में डूबने पर उत्पन्न होने वाला अधिकतम दाब, अन्त:शोषित दाब कहलाता है।

मैट्रिक विभव (ψ_m) - अन्तशोषण को विभव के आधार पर मैट्रिक विभव कहते हैं। कोलाइडल पदार्थों की सतह पर पाया जाने वाला जल जिस क्षमता से उन पदार्थों की सतह पर चिपका रहता है उस क्षमता को मैट्रिक विभव कहते हैं। इसका मान ऋणात्मक होता है तथा समोद्भिद पादपों की कोशिकाओं में लगभग –0.1 बार्स मैट्रिक विभव पाया जाता है।

अन्तः चूषण के प्रभाव – अन्त:चूषण के निम्नलिखित तीन महत्वपूर्ण प्रभाव होते हैं–

1. आयतन में वृद्धि – अन्त:चूषण की क्रिया में पदार्थों के फूलने के कारण आयतन में वृद्धि होती है किन्तु कुल आयतन का योग दोनों आयतनों के योग से सदैव कम होता है।

जल (90%) + अन्त:चूषण (10%) → आयतन में वृद्धि (100 % से कम)

उदाहरण – लकड़ी के दरवाजों का बरसात में फूल जाना।

2. अन्तः चूषण दाब (IP)– अन्तः चूषण के कारण परिसिमित पदार्थ में कई हजार वायुमण्डलीय दाब के बराबर अन्त:चूषण दाब उत्पन्न होता है।

उदाहरण – प्राचीन काल में चट्टानों को तोड़ने के लिए चट्टानों की दरारों में सूखी लकड़ियों को भरकर इन लकड़ियों को गीला करते थे जिससे लकड़िया फूल जाती थी, जिसके फलस्वरूप चट्टान टूट जाती थी।

3. ऊष्मा की विमुक्ति – अन्त:चूषण की क्रिया में अधिशोषण के कारण जल के अणुओं के गतिहीन हो जाने से गतिज ऊर्जा की हानि होती है। यह ऊर्जा उष्मा के रूप में विमुक्त होती है जिसे आर्द्र ऊष्मा कहते है। उदाहरण – गेहूं के आटे को गूथने के समय उत्पन्न होने वाली ऊष्मा ।

अन्तः चूषण का महत्व – बीजों के अंकुरण के समय जल का अवशोषण अन्त:चूषण द्वारा होता है। अन्तः चूषण क्रिया के कारण बीज अंकुरण के समय बीजावरण फटता है। बीज आवरण सेल्युलोस का बना होता है तथा गिरी में प्रोटीन, वसा एवं स्टॉर्च पाये जाते है। गिरी में पाये जाने वाले पदार्थ आवरण से ज्यादा फूल जाते है जिसके कारण आवरण फट जाता है। लाइकेन, शुष्क बीज, विलामेनयुक्त जड़ें तथा पुनर्जीवनी पादप अन्तः शोषित पदार्थों के कारण लम्बे समय तक शुष्क वातावरण में जीवित रह सकते हैं। पादप कोशिका भित्ति तथा जीवद्रव्य में काफी जलानुरागी कलिल पाये जाते है। तरुण कोशिकाओं में जल का अवशोषण अन्त:चूषण से होता है। कोशिका में जलानुरागी पदार्थों के पाये जाने के कारण स्वतंत्र जल की मात्रा कम हो जाती है जिससे शुष्कता के समय कोशिका सूखने से बचती है तथा ठंड के समय न्यून ताप से रक्षा होती है। कुछ फलों में DPD की अधिकता अन्त:चूषण के कारण होती है। इसलिये फल अत्यन्त शुष्क परिस्थितियों में भी जल का अवशोषण कर सकते है।

अन्त:चूषण को प्रभावित करने वाले कारण – अन्त:चूषण को निम्नलिखित कारक प्रभावित करते हैं–

1. ताप – अन्त:चूषण की क्रिया ताप के समानुपाती होती है।

Imbibition $\propto$ Temperature

2. अन्त:चूषण का गठन – काष्ठ में पदार्थ सघन रूप में व्यवस्थित रहते हैं इसलिए अन्त:चूषण कम होता है। जिलेटिन में अन्त:शोषक पदार्थ विरल रूप में व्यवस्थित रहते हैं अन्त:चूषण अधिक होता है।

3. pH- ऋणात्मक आवेशयुक्त कोलाइड (जैसे cellulose) उच्च pH में अधिकता एवं

धनात्मक आवेशयुक्त कोलाइड निम्न pH में अधिक अन्त:शोषण दर्शाते हैं।

4. दाब – दाब के बढ़ने पर अन्त:चूषण की क्रिया में कमी हो जाती है।

5. आयनकारी पदार्थ – यह अन्त:चूषण की क्रिया को कम करते हैं।

जल की उपयोगिता

सार्वत्रिक विलायक अर्थात् जल की मात्रा सामान्य कोशिकाओं में लगभग 75–80 प्रतिशत होती है। सजीव कोशिकाओं के जीवद्रव्य में भी सर्वाधिक मात्रा में जल पाया जाता है। जलीय पौधों की कोशिकाओं में लगभग 95 प्रतिशत तक जल होता है। जल को सार्वत्रिक विलायक कहते हैं क्योंकि –

1. जीवद्रव्य के लिए जल की उपस्थिति अत्यन्त आवश्यक होती है।
2. यह जीवद्रव्य का मुख्य भाग होता है।
3. यह बीजों के अंकुरण के लिए आवश्यक है।
4. जल की उपस्थिति में ही सभी क्रियाशील रहते हैं।
5. सभी खनिज लवण एवं गैस घुलित अवस्था में एक स्थान से दूसरे स्थान को जल के माध्यम से ही स्थानान्तरित होते हैं।
6. जल कोशिका की अनेक उपापचयी क्रियाओं में भाग लेता है।
7. जल वृद्धि में सहायक होता है।
8. जल की उपस्थिति से ही पादप कोशिकायें स्फीत अवस्था में बनी रहती है।
9. कोशिकाओं की स्फीत अवस्था के कारण ही पादप गतियां होती है।
10. जल के द्वारा वाष्पोत्सर्जन में होने वाली कमी को पूरा किया जाता है।

मृदा जल के प्रकार

पौधे मृदा से जल ग्रहण करते हैं एवं सामान्य मृदा में जल की मात्रा लगभग 25 प्रतिशत होती है। मृदा में जल का मुख्य स्रोत वर्षा होती है अत: मृदा में पाये जाने वाले जल को निम्नलिखित श्रेणियों में बांटा जाता है

1. वाही जल या बहता हुआ जल – यह जल पृथ्वी की ढलानों के कारण सतह पर बहकर नदियों, नालों और समुद्रों में पहुचंता है, जिसे वाही जल कहते हैं। यह पौधों के लिए उपयोगी नहीं होता है।

2. गुरूत्वीय जल – वह जल जो मृदा के कणों के बीच नीचे की ओर गुरूत्वाकर्षणीय बल के कारण बहुत गहराई में अर्थात् जल स्तर तक पहुंचता है उसे गुरूत्वीय जल कहते है। यह भूमि के आन्तरिक भाग में जल स्तर या भौम जल का क्षेत्र बनाता है। इसे पौधों की जड़ें अवशोषित नहीं कर सकती इसलिये यह पौधों के लिए उपयोगी नहीं होता।

3. आर्द्रता जल – जल की कुछ मात्रा मृदा कणों के चारों ओर पतली परत के रूप में मजबूत बलों द्वारा चिपकी रहती है जिसे आर्द्रता जल कहते हैं। इसे पौधों की जड़ें अवशोषित

नहीं कर सकती इसलिये यह पौधों के लिए उपयोगी नहीं होता ।

4. केशिकीय जल – कुछ जल मृदा कणों के बीच केशिकीय रिक्त स्थानों में स्वतन्त्र रूप से रहता है जिसे केशिकीय जल कहते हैं। इस जल को पौधों की जड़ें अवशोषित कर सकती है इसलिये यह पौधों के लिए सर्वाधिक उपयोगी होता है।

5. रसायनिक अनुबन्धित जल – मृदा कणों में कुछ जल रसायनिक बन्धों द्वारा जुड़ा रहता है जिसे रसायनिक अनुबन्धित जल कहते हैं। इसे पौधों की जड़ें अवशोषित नहीं कर सकती इसलिये यह पौधों के लिए उपयोगी नहीं होता।

6. वाष्पीकृत जल – पृथ्वी की सतह के ताप के कारण जल की कुछ मात्रा वाष्प के रूप में परिवर्तित हो जाती है जिसे वाष्पीकृत जल कहते हैं।

मृदा

मृदा में उपस्थित सम्पूर्ण मृदा जल कोहोलार्ड और इनमें से पौधों द्वारा अवशोषित होने वाला उपलब्ध मृदा जल क्रेसार्ड कहलाता है। जल जो पौधों द्वारा अवशोषित नहीं हो सकता या उपलब्ध नहीं होता उसे ईकार्ड कहते हैं। मृदा में जल की मात्रा को दर्शाने के लिये **क्षेत्रीय जल-धारिता** का प्रयोग किया जाता है।

मृदा में उपस्थित जल की वह प्रतिशत मात्रा जो उसमें से गुरूत्वीय-जल के निकल जाने के बाद भी बचा रहता है उसे क्षेत्रीय जल-धारिता कहते हैं। जल धारण क्षमता या संचय क्षमता मृदा में उपस्थित वह जल की मात्रा जो पौधों को उपलब्ध (केशिका जल) होता है।

क्षेत्रीय जल धारिता (FC)= केशिक जल + बंधित जल + आर्द्रता जल

स्थायी-म्लानी गुणांक (PWC) = बंधित जल + आर्द्रता जल

केशिय जल = क्षेत्रीय जल धारिता – स्थायी म्लानी गुणांक

संचय क्षमता (SC) = केशिकीय जल

सम्पूर्ण मृदा नमी दाब (TSMS) – TSMS का उपयोग सर्वप्रथम वाडलीह एवं अयर (1945) ने किया। मृदा में खनिज लवण के द्वारा मृदा विलयन का निर्माण होता है।

पौधों में मृदा विलयन के OP के प्रतिकूल जल अवशोषित करने हेतु उत्पन्न होने वाले प्रतिरोध को जल तनाव कहते हैं।

मृदा विलयन में उत्पन्न होने वाला OP एवं पौधों द्वारा उत्पन्न प्रतिरोध जिसके द्वारा पौधे जल का अवशोषण करते हैं, वह TSMS कहलाता है।

जल अवशोषण तन्त्र

थैलोफाइट्स तथा जलोद्भिद में जल अवशोषण सम्पूर्ण सतह से होता है। ब्रायोफाइट्स में जल अवशोषण मूलाभासों द्वारा, टेरिडोफाइटा एवं स्पर्मेटोफाइटा में जड़ द्वारा होता है। जड़ की अनुदैर्ध्य काट में निम्नलिखित चार भाग दिखाई देते हैं

1. मूलगोप क्षेत्र – जड़ में शीर्षस्थ भाग पर पतली, छोटी एवं चिकनी टोपी के समान मूल गोप पायी जाती है। मूल गोप जड़ की रक्षा करती है तथा यह क्षेत्र में जल एवं विलेय के प्रति

अपारगम्य होता है।

2. विभज्योतक क्षेत्र – मूलगोप के ठीक पीछे की ओर निरन्तर विभाजनशील कोशिकाओं का क्षेत्र विभज्योतक क्षेत्र कहलाता है। इसके द्वारा विलेय का अवशोषण सबसे अधिक तेजी से होता है।

3. दीर्घीकरण क्षेत्र – विभज्योतक क्षेत्र के ठीक पीछे लगभग 3-4 मि.मि. का भाग दीर्घीकरण क्षेत्र कहलाता है। इस क्षेत्र में कोशिकाएं लम्बाई में वृद्धि करती है। इसके द्वारा जल अवशोषण बहुत धीमी गति से होता है।

4. **परिपक्वन क्षेत्र** – दीर्घीकरण क्षेत्र के पीछे की ओर स्थित क्षेत्र परिपक्वन क्षेत्र कहलाता है जिसमें कोशिकायें विभिन्न कार्य करने हेतु पूर्ण रूप से विभेदित होती है। इस क्षेत्र द्वारा सर्वाधिक जल अवशोषण होता है क्योंकि बहुत सी कोशिकायें अतिवृद्धि द्वारा मूलरोम का निर्माण करती है। इस क्षेत्र को मूलरोम क्षेत्र भी कहा जाता है।

मूल रोम – यह अतिवृद्धियों के रूप में रोमधरस्तर या बाह्य त्वचा से उत्पन्न होते हैं।

रोमधर स्तर को एपीब्लेमा भी कहा जाता है। मूल रोम अत्यधिक मुलायम, पतले एक कोशिकीय, एक मिमी. से एक सेमी. तक लम्बे एवं 100 Å व्यास वाले होते हैं। इनकी संख्या असंख्य होती है जिसके कारण जल अवशोषण की सतह बढ़ जाती है। मूल रोम की बाह्य भित्ति पैक्टिक पदार्थों से बनी होती है जिससे अधिक से अधिक मृदा कण मूल रोम से चिपके रहते हैं। आन्तरिक कोशिका भित्ति सैलुलोज की बनी होती है। कोशिका भित्ति के अन्दर की ओर कोशिका द्रव्य एक पतली परत के रूप में स्थित होता है। कोशिका द्रव्य द्वारा केन्द्र में पाई जाने वाली रिक्तिका चारों ओर से घिरी रहती है। इस रिक्तिका में रिक्तिका द्रव्य का कोशिका रस पाया जाता है। कोशिका रस खनिज लवण, शर्करा तथा कार्बनिक अम्ल का मिश्रण होता है। रिक्तिका के चारों ओर टोनोप्लास्ट झिल्ली (विभेदकीय पारगम्य) पायी जाती है। कोशिका रस का ओपी प्राय: 3 से 5 एटीएम के लगभग होता है।

रोचक विशिष्टताएं – पौधों को एक स्थान से दूसरे स्थान को स्थानान्तरित करने पर अर्थात् प्रतिरोपण के समय मूल रोम नष्ट हो जाने के कारण अनेक पौधे मृत हो जाते हैं। जड़ से पर्ण के जायलम तक जल का स्थानान्तरण होता है इसलिए जाइलम के अवरुद्ध हो जाने पर पौधा मुरझा जाता है। मेनेस्टर ने जड़तंत्र की लम्बाई के आधार पर पौधों को गहराई तक जल अवशोषित करने वाले पादप नाम दिया, जैसे–खेजड़ी की जड़ें लगभग 65-70 फीट तक गहराई में वृद्धि करती है। अफ्रीका में पाये जाने वाले अनावृत्तबीजी, वैलविश्चिया की जड़ें लगभग 24 फीट तक गहराई में वृद्धि करती है। जैसलमेर की घास, लेसियस सिन्डीकस की जड़ें लगभग 14 फीट तक गहराई में वृद्धि करती है।

जल अवशोषण का मार्ग – मुन्च ने सर्वप्रथम एपोप्लास्ट तथा सिमप्लास्ट शब्दों का प्रयोग किया जिसके आधार पर अवशोषित जल निम्नलिखित तीन मार्गों से स्थानान्तरित होता है

(1) एपोप्लास्ट मार्ग – इसके अन्तर्गत निर्जीव कोशिका भित्ति के तंत्र सम्मिलित होते हैं अर्थात् जल का स्थानान्तरण एक कोशिका की कोशिका भित्ति से दूसरी कोशिका की कोशिका

भित्ति में होता है। यह मार्ग सामान्यतः निष्क्रिय जल अवशोषण के दौरान पाया जाता है।

(2) सिमप्लास्ट मार्ग – इसके अन्तर्गत जीव द्रव्य का सजीव तंत्र सम्मिलित होता है अर्थात् जल का स्थानान्तरण एक कोशिका के कोशिका द्रव्य से दूसरी कोशिका के कोशिका द्रव्य में होता है। यह सबसे सामान्य प्रकार का मार्ग मुख्यतः सक्रिय अवशोषण के दौरान पाया जाता है।

(3) रिक्तिकीय मार्ग – इसके अन्तर्गत जल का स्थानान्तरण एक कोशिका की रिक्तिका से दूसरी कोशिका की रिक्तिका में होता है।

यह मार्ग सामान्य परिस्थितियों में नहीं पाया जाता। मृदा में उपस्थित जल मूल रोम से जड़ के जायलम तक निम्नलिखित क्रमानुसार प्रवेश करता है

रैनर ने जल अवशोषण के लिए सक्रिय तथा निष्क्रिय अवशोषण शब्द प्रयोग किये। क्रैमर ने इसका विस्तारपूर्वक अध्ययन किया।

जल अवशोषण निम्नलिखित दो प्रकार का होता है–

(अ) सक्रिय अवशोषण, तथा (ब) निष्क्रिय अवशोषण ।

(अ) सक्रिय अवशोषण – इस प्रकार का अवशोषण मृदा में पर्याप्त जल की मात्रा उपलब्ध होने पर एवं कम वाष्पोत्सर्जन की अवस्था में होता है। इस अवशोषण में जड़ें सक्रिय रहती हैं इसलिए जड़ की सक्रियता के कारण होने वाला जल अवशोषण, सक्रिय अवशोषण कहलाता है। इस प्रकार का जल अवशोषण जड़ द्वारा होता है। यह अवशोषण जड़ में होने वाली क्रियाओं के फलस्वरूप होता है अर्थात् जल अवशोषण की शक्तियां या बल जड़ में ही उत्पन्न होता है। जड़ में पाये जाने वाले परासरणीय एवं अपरासरणीय बल के आधार पर इस अवशोषण को निम्नलिखित दो प्रकारों में बांटा गया है–

(क) परासरणीय सक्रिय सिद्धान्त, तथा

(ख) अपरासरणीय सक्रिय सिद्धान्त ।

(क) परासरणीय सक्रिय सिद्धान्त – डयूट्रोशेट ने सर्वप्रथम परासरणीय अवशोषण शब्द का प्रयोग किया।

इस सिद्धान्त को एटकिन्स, उर्सप्रंग एवं ब्लम तथा प्रीस्टले ने दिया। इस सिद्धान्त के अनुसार, जड़ें एक परासरणमापी के समान कार्य करती है। मूल रोम की बाह्य भित्ति पारगम्य एवं कोशिकाद्रव्य की झिल्ली विभेदकीय पारगम्य होती है। इस विभेदकीय पारगम्य झिल्ली द्वारा कोशिका रस या रिक्तिका रस से मृदा विलयन पृथक् रहता है। मृदा विलयन का परासरण दाब के लगभग तथा कोशिका रस का ओपी प्रायः 3 से 8 atm के लगभग होता है। अतः मृदा विलयन की DPD कम एवं मूलरोम के कोशिका रस की DPD अधिक होने के कारण जल अन्तःपरासरण द्वारा मूलरोम में प्रवेश करता है। मृदा विलयन से जल अवशोषण के फलस्वरूप मूल रोम स्फीत हो जाते हैं तथा इनकी DPD घट जाती है। DPD के कम हो जाने तथा TP के बढ़ जाने से भी कोशिका की DPD बढ़ जाती है तथा जल मूलरोम की ए कोशिका से बी कोशिका में चला

जाता है। इसके पश्चात् बी कोशिका में जल आ जाने से इसकी DPD कम तथा पास वाली वल्कुट की सी कोशिका की DPD बढ़ जाती है। इस प्रकार जल क्रमशः सी अर्थात् वल्कुट से होता हुआ अन्तःस्त्वचा परिरम्भ से होता हुआ मूल के जायलम तक पहुंच जाता है।

इन जायलम कोशिकाओं में परासरण दाब चूषण दाब के समान कार्य करता है। इस सम्पूर्ण क्रिया में मूल रोम से जायलम तक जल, विसरण दाब न्यूनता की प्रवणता के अनुरूप स्थानान्तरित होता है।

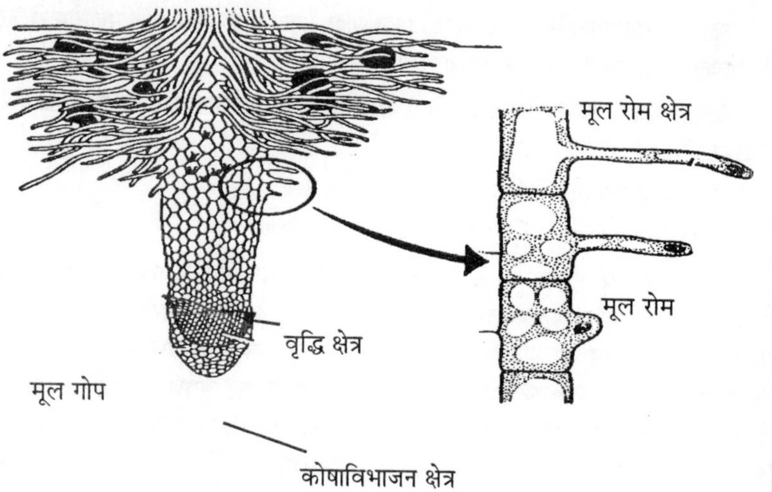

मूल रोम क्षेत्र

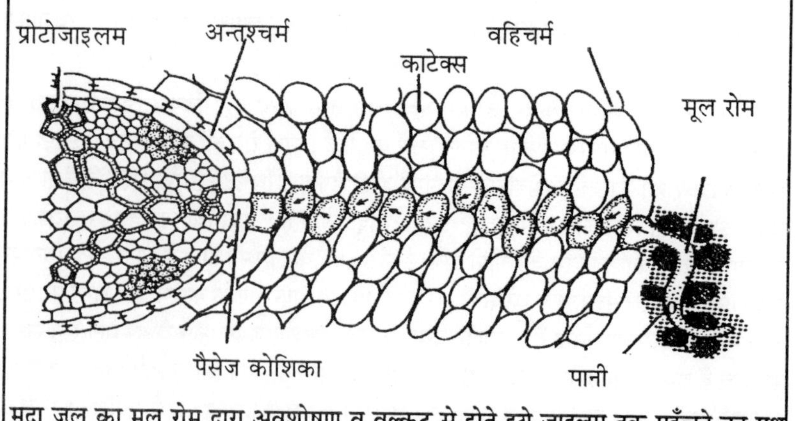

मृदा जल का मूल रोम द्वारा अवशोषण व वल्कुट से होते हुये जाइलम तक पहुँचने का पथ

कमियां -

(1) इस प्रकार का जल अवशोषण केवल शाकीय पौधों में ही हो सकता है क्योंकि परासरण क्रिया बहुत धीमी होती है।

(2) सभी अवस्थाओं में मृदा विलयन का OP कोशिका रस के OP से कम नहीं होता।

(ख) अपरासरणीय सिद्धान्त - यह सिद्धान्त बैनेट, क्लार्क तथा थीमैन ने दिया।

इस सिद्धान्त के अनुसार, जड़ में होने वाले उपापचयी क्रियाओं से उत्पन्न ऊर्जा द्वारा जल अवशोषण होता है। क्रैमर के अनुसार यह अवशोषण जड़ द्वारा DPG के विपरीत होता है। इस अवशोषण के लिए ऊर्जा मुख्य रूप से श्वसन से ली जाती है। अत: यदि जड़ की श्वसन दर कम हो जाती है तो जल अवशोषण भी घट जाता है। इसके अतिरिक्त जड़ की श्वसन दर अधिक होने पर जल अवशोषण बढ़ भी जाता है।

कमियाँ -

(1) सामान्य अवस्थाओं के दौरान पौधों में जल अवशोषण की क्षमता DPG के विपरीत नहीं होती ।

(2) यह अवशोषण केवल धीमी गति से वाष्पोत्सर्जन कर रहे पौधों में ही सम्भव होता है।

(ब) निष्क्रिय अवशोषण –यह अवशोषण अधिक वाष्पोत्सर्जन एवं प्ररोह में उत्पन्न कुछ विशेष बल या शक्तियों द्वारा होता है।

इस प्रकार के अवशोषण में जड़ निष्क्रिय रहती है अर्थात् यह अवशोषण जड़ की सहायता से होता है। यह अवशोषण मुख्य रूप से वाष्पोत्सर्जन पर निर्भर होता है। सामान्य वाष्पोत्सर्जन में पत्तियों की पर्णमध्योतक कोशिकाओं द्वारा जल की कमी को पूरा किया जाता है। अधिक वाष्पोसत्र्जन के कारण पत्तियों की पर्णमध्योतक कोशिकाओं में भी जल की कमी होने से जायलम में भी DPD बढ़ जाती है। जायलम में DPD बढ़ जाने से ऋणात्मक कर्षण उत्पन्न होता है। इस तनाव को चूषण दाब या वाष्पोत्सर्जन कर्षण कहते हैं। इस कर्षण के कारण जड़ की सहायता से जल अवशोषित होता है। इस अवशोषण की दर बहुत अधिक होती है इसलिए वाष्पोत्सर्जन में होने वाली सम्पूर्ण कमी को पूरा कर लिया जाता है। इस सिद्धान्त के पक्ष में निम्नलिखित प्रमाण दिये गये- अधिकांश पौधों में जल अवशोषण तथा वाष्पोत्सर्जन की दर समान होती है। परिरम्भ से जायलम तक जल परासरण द्वारा गति नहीं कर सकता क्योंकि जायलम वाहिकायें तथा वाहिनिकायें मृत होती हैं।

जल अवशोषण की दर को प्रभावित करने वाले कारक-

(1) मृदा तापमान - मृदा का ताप 20°से. से कम तथा 30°से. से अधिक होने पर जल अवशोषण की दर कम हो जाती है।

(2) मृदा वायु - पूर्णवातनीय मृदा में जल अवशोषण की दर अधिक होती है एवं ऑक्सीजन रहित मृदा में जल अवशोषण दर घट जाती है।

(3) मृदा विलयन की सान्द्रता - मृदा विलयन की सान्द्रता अधिक होने पर जल विभिन्न

अधिशोषण तथा अवशोषण में अन्तर

	अधिशोषण	अवशोषण
1.	यह एक सतही क्रिया है।	यह सतही क्रिया नहीं है।
2.	इसमें सामान्यतः धन आयन अवशोषित होते हैं तथा यह उपापचयी क्रिया नहीं है।	यह उपापचयी क्रिया से सम्बन्धित है।
3.	इसमें विलेय के अणु सतह पर अवशोषित होते हैं।	इसमें विलेय के अणु कोशिका में अवशोषित होते हैं।
4.	इस क्रिया में ऊर्जा निकलती है।	इस क्रिया में ऊर्जा की आवश्यकता होती है

सक्रिय तथा निष्क्रिय अवशोषण में अन्तर

	सक्रिय अवशोषण	निष्क्रिय अवशोषण
(1)	जड़ों के द्वारा होता है जिसमें जड़ में बल उत्पन्न होता है।	जड़ की सहायता से होता है जिसमें प्ररोह में बल उत्पन्न होता है।
(2)	इसमें ऊर्जा की आवश्यकता होती है।	ऊर्जा की आवश्यकता नहीं होती है।
(3)	जायलम में उत्पन्न दाब धनात्मक होता है।	जायलम में उत्पन्न दाब ऋणात्मक होता है।
(4)	यह अनुकूल परिस्थितियों में तथा दिन के समय होता है।	यह हमेशा होता रहता है।
(5)	जड़ की उपस्थित आवश्यक होती है।	जड़ की अनुपस्थिति में भी हो सकता है।
(6)	इससे केवल 4 प्रतिशत पादपों में जल की कमी पूर्ण होती है।	इससे सम्पूर्ण जल की कमी पूर्ण हो जाती है।
(7)	यह वाष्पोत्सर्जन पर निर्भर नहीं होता है।	यह वाष्पोत्सर्जन पर निर्भर करता है।
(8)	इसके पादप के कटे हुए भागों में रिसाव होता है।	जल का रिसाव नहीं होता है।
(9)	श्वसन तथा अवशोषण का सीधा सम्बन्ध होता है।	श्वसन का निष्क्रिय अवशोषण पर कोई प्रभाव नहीं होता।
(10)	इस क्रिया के कारण मूल दाब उत्पन्न होता है।	इस क्रिया में मूल दाब उत्पन्न नहीं होता।
(11)	रात्रि तथा प्रातः काल में सबसे अधिक होता है।	यह दिन में तथा गर्मियों में दोपहर में सबसे अधिक होता हैं।

अवशोषण की दर घट जाती है जिसे कि कार्यिकी शुष्कता कहते हैं।

(4) उपलब्ध मृदा जल – पर्याप्त मृदा जल में जल अवशोषण अधिक होता है। मृदा में उपलब्ध मात्रा से अधिक जल (जलाक्रान्त) होने पर जल अवशोषण की दर घट जाती है।

(5) वाष्पोत्सर्जन – वाष्पोत्सर्जन की दर अधिक होने से जल अवशोषण की दर भी बढ़ जाती है।

जल अवशोषण की अन्य विधियां

(1) माइकोराइजा द्वारा – कुछ शंकुनमा वृक्षों में मूल रोम विकसित नहीं होते। इन मूल रोम के स्थान पर जड़ में कवक-सूत्र के साथ स्थापित सम्बन्ध, माइकोराइजा कहलाता है। माइकोराइजा सहजीवन का एक उदाहरण है जिसमें कवक-सूत्र, जड़ के अवशोषक अंग होते हैं। कवक सूत्र जल तथा खनिज लवणों का अवशोषण करके परपोषी को देते हैं तथा जड़ से भोजन प्राप्त करते हैं।

(2) आर्द्रताग्राही रोम द्वारा – कुछ अधिपादपों में आर्द्रताग्राही रोम वायवीय भागों पर उत्पन्न होते हैं। इन रोम के द्वारा वायु की नमी का अवशोषण होता है।

(3) विलामेन द्वारा – अधिपादपों में जल अवशोषण हेतु विशिष्ट ऊतक, विलामेन पाया जाता है, जैसे आर्किड तथा एस्पैरेगस।

इन पौधों में वायु की वाष्प का अवशोषण अपस्थानिक जड़ द्वारा होता है। इन अपस्थानिक जड़ों में विलामेन नामक ऊतक वल्कुट के बाहर स्थित रहता है। यह स्पंजी ऊतक कोशिका मोटाई वाला होता है जो वायु की नमी, ओस, वर्षा आदि जल को अवशोषित करता है। इस ऊतक की सबसे बाहरी परत कहलाती है।

जल अवशोषण का सारांश – पदार्थों की गति पदार्थों के अणुओं में पाई जाने वाली गतिज ऊर्जा के कारण होती है। पदार्थों में गतिज ऊर्जा के कारण विसरण, परासरण, अन्तःचूषण प्रकार की क्रियायें विभिन्न अवस्थाओं में पूर्ण होती हैं। पदार्थों के अणुओं या आयनों की अपनी अधिक सान्द्रता के कम सान्द्रता की ओर होने वाली गति को विसरण कहते हैं।

विसरण की यह गति तब तक होती रहती है जब तक दोनों की सान्द्रता अर्थात् अणुओं या आयनों का वितरण समान नहीं हो जाता। अतः विसरण की क्रिया गतिज संतुलन स्थापित होने तक चलती रहती है। विसरित होने वाले अणु या आयन जिस पदार्थ पर विसरित होते समय दाब उत्पन्न करते हैं उसे विसरण दाब DP कहा जाता है अथवा पदार्थों के अणुओं की विसरण प्रकृति दाब कहते हैं। विसरण दाब प्रायः पदार्थों की सान्द्रता के समानुपाती होता है। अतः विसरण सदैव अधिक DP से कम DP की ओर होता है। विभिन्न कोशिका झिल्लियों की वह क्षमता जिसके कारण कोशिका तथा उसके वातावरण के बीच घुलित पदार्थों की आर पार गति होती है उसे पारगम्यता कहते हैं। झिल्लियों का यह गुण झिल्लयों में से गुजरते हुये अणुओं के आकार के व्युत्क्रमानुपाती होता है।

झिल्लियाँ NAD & NADP जैसे अन्य रसायनों के लिये अपारगम्य होती है। जब दो

सान्द्रता वाले विलयनों को अर्द्ध–पारगम्य झिल्ली के द्वारा पृथक् कर दिया जाता है तो कम सान्द्रता वाले विलयन का अधिक सान्द्रता वाले विलयन की ओर होने वाला विसरण, परासरण कहलाता है अथवा विलायक की अर्द्ध–पारगम्य झिल्ली की उपस्थिति में अधिक सान्द्रता से कम सान्द्रता की ओर होने वाली गति परासरण कहलाती है। किसी भी विलयन के OP को मेनोमीटर के द्वारा नापते हैं तथा इस सम्पूर्ण उपकरण को ओस्मोमीटर कहते हैं। किसी कोशिका का परासरणीय दाब जीवद्रव्यकुंचनीय विधि द्वारा मापा जाता है। परासरण का प्रदर्शन ऑस्मोस्कॉप द्वारा किया जाता है। जब किसी शुद्ध विलायक में विलेय के कुछ अणु मिला दिये जाते हैं तो उस विलयन का विसरणदाब DP विलायक के विसरण दाब से जितना कम हो जाता है, इस कमी या न्यूनता को DPD या SP कहते हैं।

जल की गति सदैव कम DPD वाले विलयन से अधिक DPD वाले विलयन की ओर होती है। किसी बन्द परासरणीय तन्त्र में जल का प्रवेश होने पर परासरणीय तंत्र की भित्ति पर उत्पन्न होने वाला द्रवस्थैतिक दाब स्फीत दाब कहलाता है। जीवद्रव्य कुंचन की अवस्था में या बन्द परासरणीय तंत्र से जल बाहर निकलने पर स्फीत दाब का मान शून्य से कम भी हो सकता है जिसे ऋणात्मक स्फीत दाब कहते हैं।

अत: विलयन या कोशिका रस जितनी मात्रा में स्फीत दाब उत्पन्न करता है उतनी ही मात्रा में कोशिका भित्ति द्वारा कोशिका रस पर उत्पन्न होने वाला दाब, भित्ति दाब कहलाता है। स्लैटर तथा टेलर ने DPD, OP & TP की आधुनिक विचारधारा दी जिसके अनुसार, विभव ऊर्जा तथा प्लाज्मा झिल्ली से जल के अणुओं का निम्न मुक्त ऊर्जा की ओर उच्च परासरण दाब को परासरणीय विभव, स्फीत दाब को स्फीत विभव तथा विसरण दाब न्यूनता को जल विभव कहा जाता है। विभव को (साई) द्वारा दर्शाया जाता है तथा बार द्वारा मापा जाता है। पौधे मृदा से जल ग्रहण करते हैं एवं सामान्य मृदा में जल की मात्रा लगभग 25 प्रतिशत होती है।

वह जल जो कि पृथ्वी की ढलानों के कारण सतह पर बहकर नदियों, नालों और समुद्रों में पहुंचता है, उसे वाही जल कहते हैं। वह जल जो मृदा के कणों के बीच नीचे की ओर गुरूत्वाकर्षणीय बल के कारण बहुत गहराई में अर्थात् जल स्तर तक पहुंचता है उसे गुरूत्वीय-जल कहते हैं। जल की वह मात्रा जो मृदा कणों के चारों ओर पतली परत के रूप में मजबूत बलों द्वारा चिपकी रहती है उसे आर्द्रताग्राही जल कहते हैं कुछ जल मृदा कणों के बीच केशिकीय रिक्त स्थानों में स्वतंत्र रूप से रहता है जिसे केशिकीय जल कहते हैं। मृदा कणों में कुछ जल रसायनिक बन्धों द्वारा जुड़ा रहता है जिसे रसायनिक अनुबन्धित जल कहते हैं। पृथ्वी की सतह के ताप के कारण जल की कुछ मात्रा वाष्प के रूप में परिवर्तित हो जाती है जिसे वाष्पीकृत जल कहते हैं।

एक प्रारूपिक जड़ में मूलगोप क्षेत्र, विभज्योतक क्षेत्र, दीर्घीकरण क्षेत्र तथा मूल रोम क्षेत्र पाया जाता है। जड़ के शीर्षस्थ भाग पर पतली, छोटी एवं चिकनी टोपी के समान मूल गोप पायी जाती है। मूल गोप जड़ की रक्षा करती है तथा यह क्षेत्र में जल एवं विलेय के प्रति अपारगम्य होता है। मूल गोप के ठीक पीछे की ओर निरन्तर विभाजनशील कोशिकाओं का

क्षेत्र, विभज्योतक क्षेत्र कहलाता है। विभज्योतक क्षेत्र के ठीक पीछे लगभग 3–4 मि.मी. का भाग दीर्घीकरण क्षेत्र कहलाता है। इस क्षेत्र में कोशिकाएं लम्बाई में वृद्धि करती है। इसके द्वारा जल अवशोषण बहुत धीमी गति से होता है। दीर्घीकरण क्षेत्र के पीछे की ओर स्थित क्षेत्र के पीछे की ओर स्थित क्षेत्र परिपक्वन क्षेत्र कहलाता है जिसमें कोशिकायें विभिन्न कार्य करने हेतु पूर्ण रूप से विभेदित होती है। इस क्षेत्र द्वारा सर्वाधिक जल अवशोषण होता है क्योंकि बहुत सी कोशिकायें अतिवृद्धि द्वारा मूल रोम का निर्माण करती है। मूल रोम अतिवृद्धियों के रूप में रोमधस्तर या बाह्य त्वचा से उत्पन्न होते हैं। रोमधर स्तर पर एपीब्लेमा की जिस कोशिका से मूल रोम उत्पन्न होते हैं। मूल रोम की बाह्य भित्ति पैक्टिक पदार्थों से बनी होती है जिससे अधिक से अधिक मृदा कण मूल रोम से चिपके रहते हैं। रैनर ने जल अवशोषण के लिए सक्रिय तथा निष्क्रिय अवशोषण शब्द प्रयोग किये। क्रैमर ने इसका विस्तारपूर्वक अध्ययन किया। इस अवशोषण में जड़ें सक्रिय रहती हैं इसलिए जड़ की सक्रियता के कारण होने वाला जल अवशोषण, सक्रिय अवशोषण कहलाता है। इस प्रकार का जल अवशोषण जड़ द्वारा होता है। डयूट्रोशेट ने सर्वप्रथम परासरणीय अवशोषण शब्द का प्रयोग किया। परासरणीय सक्रिय सिद्धान्त एटकिन्स उर्सप्रंग एवं ब्लम तथा प्रीस्टले ने दिया। इस सिद्धान्त के अनुसार, जड़ें एक परासरणमापी के समान कार्य करती हैं। अपरासरणीय सिद्धान्त बैनेट, क्लार्क तथा थीमैन ने दिया।

अतिरिक्त लक्षण

शुद्ध विलायक का विसरण दाब सर्वाधिक होता है। कोशिका में स्फीत दाब जल के प्रवेश का प्रतिरोध करता है। 1 बार का मान 0.987 atm के बराबर होता है। झिल्ली की पारगम्यता ताप, घाव, pH में अन्तर से बढ़ाई जा सकती है। बाहरी विलयन में क्लोरोफॉर्म, बेन्जीन, विषैले पदार्थों की अधिक मात्रा, CO_2 का अधिक दाब, O_2 कमी एवं अधिक तापमान होने पर झिल्ली की पारगम्यता बढ़ जाती है। कोशिका की उम्र में बढ़ने के साथ, जैसे–जीर्णावस्था के समय झिल्ली की पारगम्यता बढ़ जाती है। परासरणीय प्रवणता के विपरीत होने वाली जल की गति को ऋणात्मक परासरण कहा जाता है। ऋणात्मक परासरण में जल के अणु ऋणात्मक आवेश या शुष्क पदार्थों को जल में रखने पर, पदार्थों का विसरण दाब शून्य होने के कारण विसरण दाब प्रवणता उत्पन्न होती है। कोशिका को नमक के घोल में रखने पर उसका आयतन घट जाता है। अवियोजित पदार्थों के एक मोलर विलयन का 0°C ताप पर परासरणीय दाब 22.4 atm होता है।

अवियोजित पदार्थों के विलयन का परासरणीय दाब वॉन्ट हॉफ के सूत्र से ज्ञात कर सकते हैं

$OP = CRT$ or $OP = MRT$

M or C = Molar Concentration,

T = Absolute Temperature

R = Gas constant (0.082 litre/mole degree)

वियोजित पदार्थों से विलयन का परासरणीय दाब निम्नलिखित सूत्र से ज्ञात कर सकते हैं

$OP = CRT \times I$

I = Ionisation constant

जल में विलेय के कारण जल का ऊर्जा विभव कम हो जाता है जिससे विलयन में जल का जमाव बिन्दु एवं उबाल बिन्दु का मान भी घट जाता है। यह कमी विलेय के मोल अंश के समानुपाती होती है। परासरण सदैव अधिक परासरणी विभव के क्षेत्र से कम परासरणी विभव के क्षेत्र की ओर होता है। कोशिका के वह स्थान जहां से पदार्थों का स्वतंत्र रूप से आवागमन होता है उनको आभासी मुक्त स्थल कहते हैं। कैलर ने जल अवशोषण के लिये विद्युत परासरणीय सिद्धान्त दिया जिसके अनुसार पौधे जल का अवशोषण विद्युत परासरण के द्वारा करते हैं क्योंकि कोशिका भित्ति ऋणात्मक आवेशयुक्त होती है।

सेव की पत्तियों में पाई जाने वाली क्यूटिन तथा पैक्टिन की परतें भी कुछ मात्रा में जल अवशोषण करती हैं। सक्रिय जल अवशोषण के समय जल की गति गतिज ऊर्जा के कारण सिमप्लास्ट क्षेत्र से होती है। केशिकीय बल, गुरूत्व बल से अधिक होने पर मृदा छिद्रों में जल रुका रहता है। मृदा में जल तथा वायु पर्याप्त मात्रा में होते हैं तथा वाष्पोंत्सर्जन धीरे-धीरे होता है तो जल अवशोषण सक्रिय विधि द्वारा होता है। निष्क्रिय जल अवशोषण के दौरान जड़ की कोशिकाएं केवल मार्ग प्रदान करती है। बाह्य त्वचा से जाइलम की ओर विलेय की सान्द्रता उत्तरोत्तर बढ़ती हुई पाई जाती है। मूल की वृद्धि मुख्यतः रात्रि में ही होती है क्योंकि दिन के समय वाष्पोत्सर्जन से उत्पन्न तनाव के कारण जड़ें सिकुड सकती है जैसा कि तीव्र वाष्पोत्सर्जन के समय यह सिकुड़न दिखाई देती है। अधिकांश पौधों में निष्क्रिय जल अवशोषण ही मुख्य प्रकार का जल अवशोषण होता है।

□□□

अध्याय 2

पादपों में रसारोहण

पौधों में जड़ द्वारा अवशोषित जल जड़ से स्तम्भ एवं शाखाओं में होता हुआ पत्तियों तक जाता है। पत्तियों में जल का अधिकांश भाग वाष्पोत्सर्जन के कारण व्यर्थ चला जाता है। पौधे के भूमिगत भाग (जड़) से अवशोषित जल का गुरूत्वाकर्षण के विपरीत पौधे के वायवीय भाग तक स्थानान्तरण रसारोहण कहलाता है। यह क्रिया छोटे पौधों से लेकर सर्वाधिक ऊंचाई वाले पादप, में भी पायी जाती है।

रसारोहण का मार्ग –

रसारोहण के मार्ग को प्रदर्शित करने के लिए निम्नलिखित प्रयोग किये गये–

(1) रंजक प्रयोग, (2) वलयकरण प्रयोग ।

(1) रंजक प्रयोग – (अ) एक बीकर में जल तथा इयोसिन का विलयन बनाकर बालसम पौधे के स्तम्भ को काटकर इसमें रखा जाता है। कुछ समय के बाद स्तम्भ तथा पर्ण की शिराओं पर लाल रंग की धारियाँ स्पष्ट होने लगती हैं। इससे यह प्रदर्शित होता है कि रसारोहण जायलम द्वारा होता है।

(ब) स्ट्रॉसबर्गर ने बताया कि रसारोहण जायलम की गुहिका द्वारा होता है।

(स) डिक्सन ने पर्ण पर कार्य करते हुये स्ट्रॉसबर्गर के निष्कर्षों का पुष्टिकरण किया।

(2) वलयकरण प्रयोग – यह प्रयोग मैलपिघी स्टीफन हेल्स तथा हर्टिग़ ने किया। इस प्रयोग में किसी पर्णयुक्त शाखा को काटकर जल से भरे बीकर में रख दिया जाता है। इस पादप के स्तम्भ पर लगभग एक इंच चौड़ा गोल वलय बनाया जाता है जिसमें जायलम के अतिरिक्त बाहर के सम्पूर्ण ऊतकङ्क हटा दिये जाते हैं। इस स्थान को वलयीकृत स्थान कहते हैं। कुछ समय बाद, इस शाखा की पत्तियाँ नहीं मुर्झाती। इस शाखा के जायलम को हटा देने पर पत्तियाँ मुरझा जाती है। अतः यह सिद्ध होता है कि जायलम द्वारा जल ऊपर की ओर गति करता है।

रसारोहण की क्रियाविधि

रसारोहण की क्रिया-विधि से सम्बन्धित विभिन्न वैज्ञानिकों के द्वारा दिये गये सिद्धान्त निम्नलिखित तीन समूहों में वर्गीकृत किये जाते हैं–

(क) जैव दाब सिद्धान्त,

(ख) मूल दाब सिद्धान्त,

(ग) भौतिक दाब सिद्धान्त ।

(क) जैव दाब सिद्धान्त – इस सिद्धान्त के अनुसार रसारोहण की क्रिया जीवित कोशिकाओं में पाये जाने वाले दाब के कारण होती है। इसके अन्तर्गत निम्नलिखित वैज्ञानिकों ने अपने विचार प्रस्तुत किये–

(1) वैस्टमीयर – जैव दाब सिद्धान्त के अन्तर्गत अपना मत प्रस्तुत करने वाले यह प्रथम व्यक्ति थे। इस सिद्धान्त के अनुसार, जायलम वाहिकायें तथा वाहिनियाँ जलाशय के रूप में कार्य करती है। पौधों के स्तम्भ में रसारोहण, काष्ठ मृदुतक में होने वाली जैविक क्रियाओं के फलस्वरूप होता है।

(2) गॉडलेवस्की – इनके अनुसार, काष्ठ मृदुतक एवं मज्जा रश्मियों में पम्पिंग क्रिया होती है। इस पम्पिंग क्रिया की उत्पत्ति काष्ठ मृदुतक व मज्जा रश्मियों की कोशिकाओं में परासरण – दाब के आवर्ती परिवर्तन के रूप में होती है। काष्ठ मृदुतक तथा मज्जा रश्मियाँ एक–दूसरे के ऊपर एक निश्चित क्रम में व्यवस्थित रहती है इसलिए पम्पिंग क्रिया लगातार होती रहती है। इस सिद्धान्त को पम्पिंग क्रिया का सिद्धान्त भी कहते हैं। दाब के आवर्ती परिवर्तन के रूप में होती है।

(3) जगदीश चन्द्र बोस – भारतीय वैज्ञानिक जे.सी. बोस ने, जन्तुओं में होने वाले स्पंदन के समान पादपों में भी स्पंदन गति को खोजा।

इनके अनुसार, स्पंदन क्रिया वल्कुट की सबसे आन्तरिक परत में होती है। यह स्पंदन लगातार होता रहता है एवं एक स्पंदन में लगभग 14 सैकेण्ड का समय लगता है। इस सिद्धान्त को स्पंदन क्रिया का सिद्धान्त भी कहते हैं। इस स्पंदन क्रिया को बोस ने इलेक्ट्रिक प्रोव नामक उपकरण से दर्शाया। बोस ने अपने प्रयोग (पेपिलियोनेटी) पर किये। मॉलिश – इनके अनुसार, पौधे पर मादक पदार्थों तथा औषधियों का उपयोग करने से स्पंदन क्रिया की दर 14 सेकण्ड से बढ़ जाती हैं। इन्होंने जे.सी.बोस के सिद्धान्त का समर्थन किया।

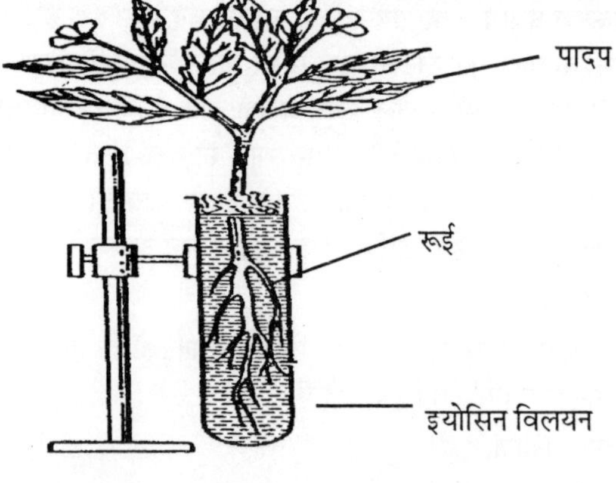

इयोसिन द्वारा पौधे में रसारोहण का मार्ग प्रदर्शक

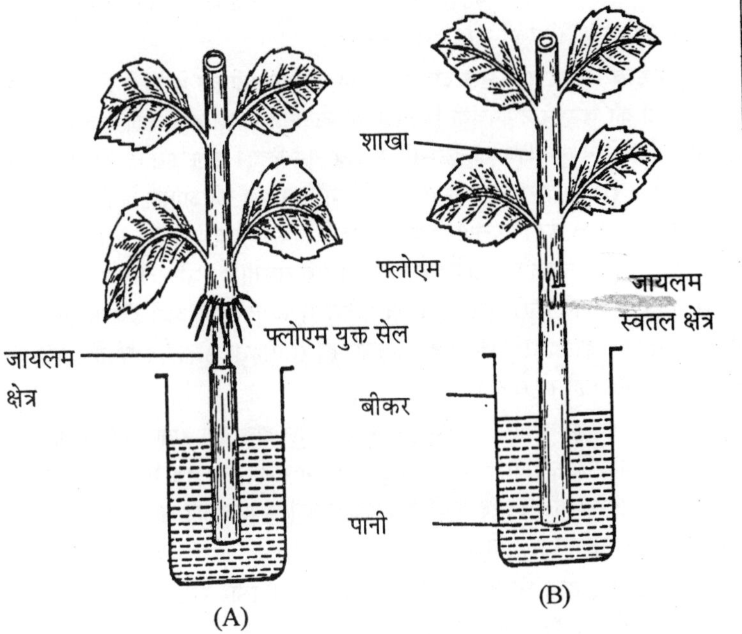

वलयाकार प्रयोग द्वारा जायलम से रसारोहण का प्रदर्शनः (A) शाखा जिसमें छाल हटा दी गई है, (B) शाखा जिसमें जायलम हटा दिया गया है।

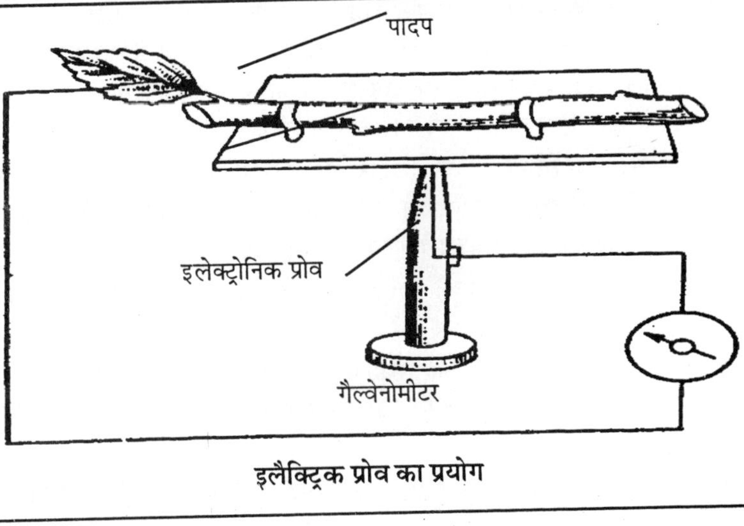

इलैक्ट्रिक प्रोव का प्रयोग

कमियाँ – स्ट्रासबर्गर के अनुसार यदि जीवित कोशिकाओं को विषाक्त पदार्थ से नष्ट कर दिया जाये तो भी रसारोहण पर कोई प्रभाव नहीं होता। बैनडिक्ट के अनुसार स्पंदन क्रिया के 3000 गुना अधिक होने पर ही रसारोहण सम्भव है।

(ख) मूल दाब सिद्धान्त – मूल दाब शब्द का उपयोग स्टीफन हेल्स ने किया। हेल्स के अनुसार पौधों की जड़ में उपापचयी क्रियाओं के अन्तर्गत उत्पन्न होने वाले दाब को मूल दाब कहते हैं। प्रीस्टले ने मूल दाब को द्रवस्थैतिक दाब नाम दिया। मूल दाब को निःस्रवण दाब भी कहा जाता है। इस सिद्धान्त के अनुसार, यदि पौधों के स्तम्भ को आधार के निकट काट दिया जाये तो जल रिसकर बाहर निकलता रहता है। यह रिसाव सभी वायवीय बल समाप्त कर देने पर भी होता रहता है जो केवल मूल दाब द्वारा ही सम्भव हो सकता है। प्रीस्टले ने स्तम्भ के कटे हुए भाग से बाहर निकलने वाले रिसाव के लिये जड़ में उत्पन्न होने वाले द्रवस्थैतिक बल को उत्तरदायी बताया। इस द्रवस्थैतिक बल के कारण ही रसारोहरण होता है। पौधों में मूल दाब 3 एटीएम से अधिक नहीं हो सकता।

कमियाँ– अनावृत्तबीजायों के शंकुनुमा वृक्षों में मूल दाब नहीं होता। गर्मियों में मूल दाब कम तथा जाड़े में अधिक होता है जबकि जाड़ों में वाष्पोत्सर्जन कम तथा गर्मियों में अधिक होता है। तीव्रता से वाष्पोत्सर्जन कर रहे पौधों में मूल दाब नहीं पाया जाता। मूल दाब के कारण लम्बे वृक्षों में रसारोहण सम्भव नहीं होता।

(ग) भौतिक दाब सिद्धान्त – इस सिद्धान्त के अनुसार रसारोहण की क्रिया निर्जीव कोशिकाओं द्वारा होती है। इसके अन्तर्गत निम्नलिखित सिद्धान्त दिये गये

(1) केशिका बल सिद्धान्त – यह सिद्धान्त बोहम ने दिया। इस सिद्धान्त के अनुसार, जायलम कोशिकायें केशिका के रूप में कार्य करती हैं। जायलम कोशिकाओं द्वारा उत्पन्न केशिकीय बल रसारोहण में सहायक होता है।

कमियाँ – जायलम केशिका का व्यास 0.03 मि.मी. होता है जिससे रसारोहण लगभग 4 फीट तक ही हो सकता है। मृदा जल प्रत्यक्ष रूप से वाहिकाओं के सम्पर्क में नहीं होता। लम्बे वृक्षों में वाहिकाओं के छिद्र बड़े होते हैं जिससे रसारोहण अधिक ऊँचाई तक सम्भव नहीं होता। वाहिनिकाओं में पट पाए जाते हैं इसलिये केशिका बल अप्रभावी होता है।

(2) अन्तःचूषण सिद्धान्त – यह सिद्धान्त सैच ने दिया जिसके अनुसार जायलम की वाहिकाओं की भित्ति अन्तःचूषण द्वारा रसारोहण में सहायता करती है। जायलम वाहिकाओं की भित्तियों में कोलॉइडी पदार्थ अन्तःचूषण के लिये उत्तरदायी होते हैं।

कमियाँ – रसारोहण जायलम की गुहा द्वारा होता है तथा इसमें भित्ति कोई कार्य नहीं करती।

(3) शृंखला का सिद्धान्त – यह सिद्धान्त जेमिन ने दिया जिसके अनुसार, जायलम वाहिकाओं में वायु एवं जल के अणु एक एकान्तर क्रम में शृंखला बनाते हैं। इस श्रृंखला का वायु के फैसले से ही रसारोहण होता है।

(4) वायुमण्डलीय दाब का सिद्धान्त – इस सिद्धान्त के अनुसार रसारोहण की क्रिया

वायुमण्डलीय दाब के कारण होती है। जायलम में वायुमण्डलीय दाब अनुपस्थित होता है।

(5) वाष्पोत्सर्जन - कर्षण सिद्धान्त - यह सिद्धान्त डिक्सॅन तथा जौली ने दिया। इस सिद्धान्त को जल-स्तम्भ या जलीय ससंजक बल का सिद्धान्त भी कहा जाता है। यह सिद्धान्त वाष्पोत्सर्जन कर्षण की उत्पत्ति, जल का ससंजक बल एवं जल स्तम्भ की निरन्तरता पर आधारित है-

(i) वाष्पोत्सर्जन - कर्षण - पौधों में वाष्पोत्सर्जन द्वारा जल की हानि पत्तियों से होती है। पत्तियों द्वारा वाष्पोत्सर्जन होने से पर्णमध्योतक कोशिकाओं में भी जल की कमी हो जाती है। पत्तियों में जल की कमी जायलम द्वारा पूर्ण की जाती है इसलिए जायलम में भी जल की कमी हो जाती है। जायलम में उत्पन्न होने वाली इस कमी या डीपीडी से एक खिंचाव या तनाव उत्पन्न होता है जिसे वाष्पोत्सर्जन-कर्षण कहते हैं। यह कर्षण वायवीय भाग से भूमिगत भाग की ओर होने के कारण ऋणात्मक होता है।

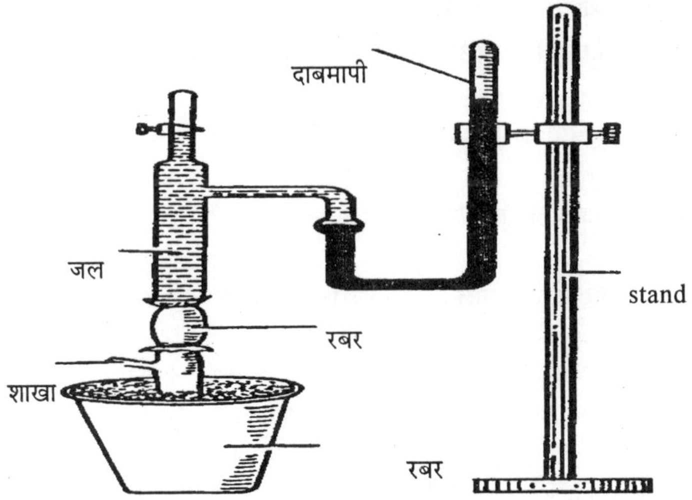

मूलदाब का प्रदर्शन

(ii) जल का ससंजक बल जल के अणुओं के बीच विशेष आकर्षण या तीव्र बल होता है, ससंजक बल द्वारा जल के अणु आपस में अत्यधिक निरन्तरता से जुड़े रहते हैं। जल के अणु तथा कोशिका भित्ति के बीच पाये जाने वाले तीव्र बल या आकर्षण को आसंजक बल कहते हैं। इन दोनों प्रकार के आकर्षण से भित्ति के बीच निरन्तरता बनी रहती है।

(iii) जल स्तम्भ की निरन्तरता - आसंजक तथा ससंजक बल जायलम गुहा में लगातार कार्य करते रहते हैं। इनके कारण जल की निरन्तरता बनी रहती है जिसे जल स्तम्भ की निरन्तरता कहते हैं। इस अवस्था के दौरान जायलम की वाहिकायें तथा वाहिनिकायें एक

नली के रूप में कार्य करती हैं। पोस्टलेथवेट तथा रोजर्स ने P^{32} की सहायता से पादप में बनने वाले जल स्तम्भ को अविरत बताया। इस सिद्धान्त के पक्ष में निम्नलिखित प्रमाण प्रस्तुत किये गये । जल के अणुओं के बीच लगभग 30 से 200 atm का ससंजक बल होता है। इस ससंजक बल के कारण जल स्तम्भ की निरन्तरता बनी रहती है। पौधों में रसारोहण के लिए कम ऊर्जा आवश्यक होती है। पर्ण मध्योतक कोशिकाओं में 10–20 atm के बराबर विसरण दाब प्रवणता होती है।

जायलम–यह DPG लगभग 600 फीट से भी अधिक ऊँचाई तक होने वाले रसारोहण के लिए उत्तरदायी होती है। पत्तियों की कोशिकाओं में दोपहर के बाद जल की मात्रा न्यूनतम होती है इसलिये परासरण दाब का मान अधिकतम होता है। मैकडोगल ने डैन्ड्रोग्राफ की सहायता से वाष्पोत्सर्जन के समय वृक्षों के स्तम्भों में अधिकतम दैनिक संकुचन पाया। कमियां जायलम में प्राय: हवा के बुलबुले पाये जाते हैं जो जल की गति को प्रभावित करते हैं। स्तम्भ में अतिव्यापित विच्छेदन उपस्थित होने के बावजूद भी रसारोहण होता है। उपरोक्त कमियों का विस्तृत निवारण निम्नलिखित तथ्यों के आधार पर किया गया

जायलम में वायु के बुलबुले पाये जाते हैं किन्तु वे अधिक दूरी तक उपस्थित नहीं रह पाते, क्योंकि –

(1) जायलम वाहिकाओं के बीच गर्त पाये जाते हैं इसलिए बुलबुले अधिक दूरी तक निरंतर नहीं होते।

(2) वाहिकाओं के साथ–साथ वाहिनिकाएं भी पाई जाती है एवं उनके बीच भी गर्त होते हैं।

(3) गर्त पर पाई जाने वाली झिल्ली एवं भित्ति के कारण वायु के बुलबुले उनमें से नहीं गुजर पाते।

रसारोहण का सारांश –पौधे के भूमिगत भाग (जड़) से अवशोषित जल का, गुरूत्वाकर्षण के विपरीत पौधे के वायवीय भाग तक स्थानान्तरण रसारोहण कहलाता है। वलयकरण प्रयोग स्टीफन हेल्स तथा हर्टिग ने किया। जैव दाब सिद्धान्त के अनुसार रसारोहण की क्रिया जीवित कोशिकाओं में पाये जाने वाले दाब के कारण होती है। वैस्टमीयर जैव दाब सिद्धान्त के द्वारा अपना मत प्रस्तुत करने वाले प्रथम व्यक्ति थे। इस सिद्धान्त के अनुसार, जायलम वाहिकायें तथा वाहिनिकाएँ जलाशय के रूप में कार्य करती है। गॉडलेवस्की के अनुसार, काष्ठ मृदुतक एवं मज्जा रश्मियों में पम्पिग क्रिया होती है। इस पम्पिंग क्रिया की उत्पत्ति काष्ठ मृदुतक व मज्जा रश्मियों की कोशिकाओं में परासरण – दाब के आवर्ती परिवर्तन के रूप में होती है। इस सिद्धान्त को पम्पिंग क्रिया का सिद्धान्त भी कहते हैं। जगदीश चन्द्र बोस ने, जन्तुओं में होने वाले स्पंदन के समान पादपों में भी स्पंदन गति को खोजा। इनके अनुसार, स्पंदन क्रिया वल्कुट की सबसे आन्तरिक परत में होती है।

यह स्पंदन लगातार होता रहता है एवं एक स्पंदन में लगभग 14 सेकण्ड का समय लगता है। इस सिद्धान्त को स्पंदन क्रिया का सिद्धान्त भी कहते हैं। मूल दाब शब्द का उपयोग स्टीफन

हेल्स ने किया। हेल्स के अनुसार, पौधों की जड़ में उपापचयी क्रियाओं के अन्तर्गत उत्पन्न होने वाले दाब को मूल दाब कहते हैं। प्रीस्टले ने मूल दाब को द्रवस्थैतिक दाब नाम दिया। मूल दाब को निःस्रवण दाब भी कहा जाता है। भौतिक दाब सिद्धान्त के अनुसार रसारोहण की क्रिया निर्जीव कोशिकाओं द्वारा होती है। कोशिका बल सिद्धान्त बोहम ने दिया। इस सिद्धान्त के अनुसार, जायलम कोशिकायें केशिका के रूप में कार्य करती हैं। अन्तःचूषण सिद्धान्त सैच ने दिया जिसके अनुसार जायलम की वाहिकाओं की भित्ति अन्तःचूषण द्वारा रसारोहण में सहायता करती है। शृंखला सिद्धान्त जेमिन ने दिया जिसके अनुसार जायलम वाहिकाओं में वायु एवं जल के अणु एक एकान्तर क्रम में शृंखला बनाते हैं। वायुमण्डलीय दाब के सिद्धान्त के अनुसार, रसारोहण की क्रिया वायुमण्डलीय दाब के कारण होती है। वाष्पोत्सर्जन - कर्षण सिद्धान्त डिक्सॅन तथा जोली ने दिया। इस सिद्धान्त को जल-स्तम्भ या जलीय ससंजक बल का सिद्धान्त भी कहा जाता है। यह सिद्धान्त वाष्पोत्सर्जन कर्षण की उत्पत्ति जल का ससंजक बल एवं स्तम्भ की निरन्तरता पर आधरित है।

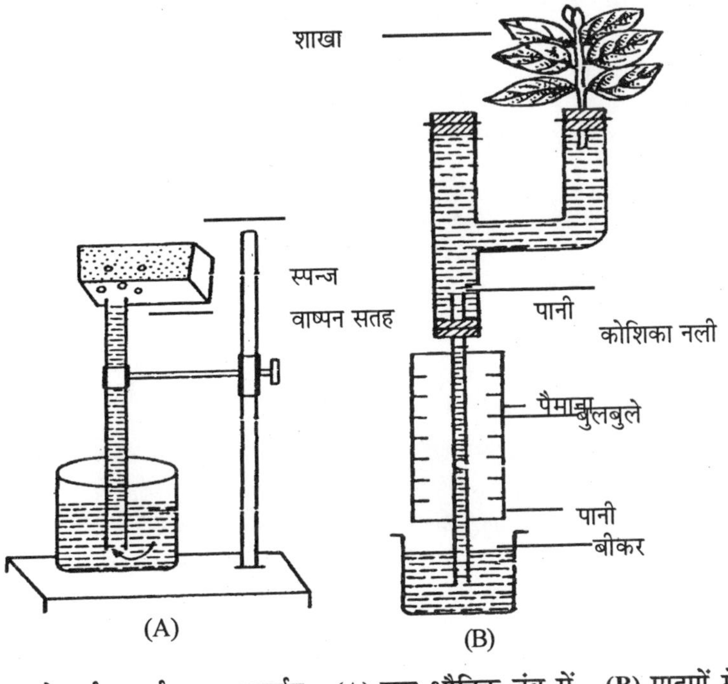

वाष्पोत्सर्जन-कर्षण का प्रदर्शनः (A) एक भौतिक तंत्र में, (B) पादपों में

अतिरिक्त लक्षण- निम्न दाब तथा तनाव की अवस्था में जायलम रस में घुलित गैसें कम घुलनशीलता के कारण बुलबुलों के रूप में बाहर आती है, यह क्रिया रसारोहण कहलाती है। रसारोहण की सामान्य दर 100cm प्रति घंटा होता है किन्तु कभी-कभी यह दर 105cm तक भी होती है। स्टाकिंग के अनुसार जड़ की कोशिकाओं में उपापचयी क्रियाओं के फलस्वरूप उत्पन्न होने वाले दाब को मूल दाब कहते हैं। दिन में वाष्पोत्सर्जन की दर रसारोहण की दर से अधिक होती है जिसे अवशोषण पश्चता कहते हैं। जल का स्थानान्तरण उर्ध्व दिशा में होने के अतिरिक्त अरिय तथा नीचे की ओर भी होता है जिसमें से अरिय स्थानान्तरण अधिक सामान्य होता है। अत्यधिक वाष्पोत्सर्जन के दौरान संचयी ऊतकों तथा फलों से जल का स्थानान्तरण कम जल क्षेत्र की ओर होता है। अंगूर में मूल दाब 5-6 atm तथा उच्च पौधों में 15 atm तक होता है। मेकडोगल ने सतत जल स्तम्भ को द्रवस्थैतिक तंत्र नाम दिया।

❑❑❑

अध्याय 3

पादपों में वाष्पोत्सर्जन

पादप के वायवीय भागों में जल का वाष्पीकरण होना वाष्पोत्सर्जन कहलाता है अथवा पादप के वायवीय भागों से जल का वाष्प के रूप में क्षय होना वाष्पोत्सर्जन कहलाता है। सभी स्थलीय पौधे, जड़ द्वारा अवशोषित जल का उपयोग उपापचयी क्रियाओं में करते हैं। पौधों के द्वारा अवशोषित जल का लगभग 95 प्रतिशत जल व्यर्थ चला जाता है तथा कुछ भाग (लगभग 5 प्रतिशत) ही पौधों द्वारा उपयोग में लिया जाता है। जल की सर्वाधिक मात्रा वाष्पोत्सर्जन के रूप में व्यर्थ चली जाती है।

वाष्पोत्सर्जन के प्रकार -

पादप के वायवीय भागों द्वारा होने वाला वाष्पोत्सर्जन निम्नलिखित प्रमुख विधियों द्वारा होता है-

(1) वातरन्ध्रीय वाष्पोत्सर्जन - यह काष्ठीय स्तम्भ में पाये जाने वाले वातरूध्रों द्वारा होता है। वास्तरन्ध्रों की उत्पत्ति द्वितीयक वृद्धि के अन्तर्गत कार्क क्षेत्र में पूरक कोशिकाओं द्वारा होती है। वातंरन्ध्रों द्वारा कुल वाष्पोत्सर्जन का लगभग 0.1 से 1 प्रतिशत वाष्पोत्संर्जन पाया जाता है।

(2) उपत्वचीय या उपचर्मीय वाष्पोत्सर्जन - यह शाकीय स्तम्भ तथा पत्तियों पर पाये जानी वाली उपत्वचा या उपचर्म द्वारा होता है। उपत्वचा का निर्माण क्यूटिन नामक पदार्थ के निक्षेपण से होता है। इस प्रकार के वाष्पोत्सर्जन की मात्रा मुख्य रूप से उपत्वचा या उपचर्म परत की मोटाई पर निर्भर करती है। इसके द्वारा जल के कुल वाष्पोत्सर्जन का लगभग 1 प्रतिशत वाष्पोत्सर्जन पाया जाता है।

(3) रन्ध्रीय वाष्पोत्सर्जन - इस प्रकार का वाष्पोत्सर्जन शाकीय स्तम्भ की अधिचर्म पर पाये जाने वाले रन्ध्रों द्वारा होता है। रन्ध्र की उत्पत्ति अधिचर्म से तथा निर्माण रक्षक कोशिकाओं से होता है। यह वाष्पोत्सर्जन की मुख्य विधि है जिसके द्वारा कुल वाष्पोत्सर्जन का लगभग 80-90 प्रतिशत वाष्पोत्सर्जन पाया जाता है।

रन्ध्र की संरचना

यह शब्द मैलपिगी ने दिया। रन्ध्र की खोज फैफर ने की। रन्ध्र पौधों की अधिचर्म पर सूक्ष्म दीर्घवृत्तीय छिद्रों के रूप में पाये जाते हैं। प्रत्येक छिद्र दो विशेष वृक्काकार कोशिकाओं से घिरा रहता है जिनको रक्षक या द्वार कोशिकायें कहते हैं। रन्ध्र के चारों ओर पाई जाने वाली रॉक कोशिकाओं की संख्या सदैव दो होती है। रक्षक कोशिका की बाह्य भित्ति पतली तथा प्रत्यास्थ एवं आन्तरिक भित्ति मोटी तथा अप्रत्यास्थ होती है। प्रत्येक रक्षक कोशिका में एक केन्द्रक कोशिकाद्रव्य, रिक्तिका तथा असंख्य हरितलवक होते हैं। इन सजीव कोशिकाओं की गति स

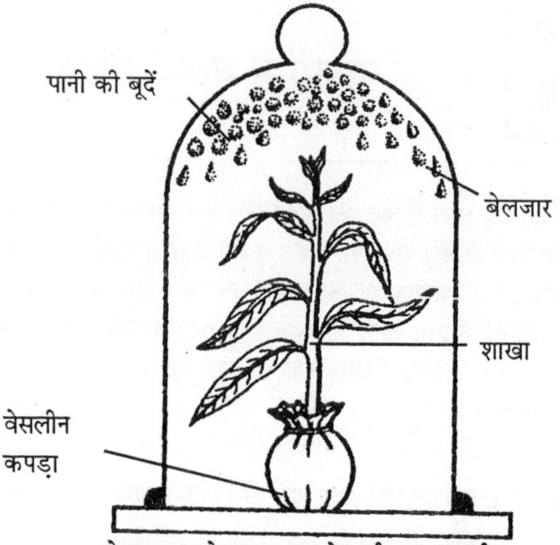

बेलजार प्रयोग द्वारा वाष्पोत्सर्जन का प्रदर्शन

रन्ध्र खुलते तथा बन्द होते हैं। रन्ध्र के चारों ओर अधिचर्मीय कोशिकायें पाई जाती हैं जिनको सहायक या अतिरिक्त कोशिकायें कहते हैं। रन्ध्र जिन वायु-कोष्ठ से जुड़े रहते हैं उनको अधोरन्ध्री गुहिका कहा जाता है। इरकसन के अनुसार, पूर्ण रूप से खुला रन्ध्र 3 से 10 μm चौड़ा तथा 10 μm से 40 लम्बाई वाला होता है।

क्रस.	वाष्पीकरण	वाष्पोत्सर्जन
1.	यह सजीव तथा निर्जीव दोनों में होती है।	यह केवल सजीव पादप कोशिकाओं में ही होती है।
2.	यह एक भौतिक क्रिया है।	यह एक जैविक क्रिया है।
3.	किसी कोशिका द्वारा नहीं होती।	यह प्रायः रन्ध्रों द्वारा होता है।
4.	किसी कोशिका द्वारा नियन्त्रित नहीं होती।	यह रक्षक कोशिकाओ द्वारा नियन्त्रित होती है।
5.	किसी प्रकार का दाब आवश्यक नहीं होता।	इस क्रिया में विसरण दाब, परासरण दाब कार्य करते हैं।
6.	इस क्रिया के फलस्वरूप सतह सूख जाती है।	क्रिया के फलस्वरूप पत्तियों की सतह सूखती नहीं है।
7.	यह केवल ताप द्वारा प्रभावित होती है।	यह विभिन्न कारकों द्वारा प्रभावित होती है।

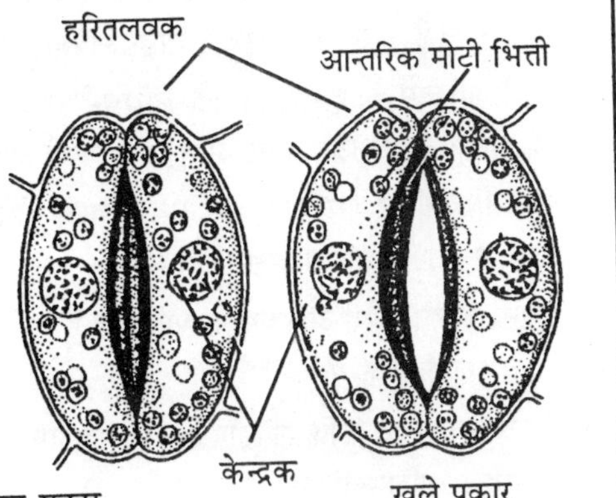

रन्ध्र की संरचना

रन्ध्रों का वितरण

रन्ध्रों के वितरण एवं संख्या में अत्यधिक भिन्नता पाई जाती है। रन्ध्रों की संख्या को पर्ण की सतह के इकाई क्षेत्रफल के अनुसार मापा जाता है। पौधें की पर्ण पर इनकी औसत संख्या लगभग 100 से 60000 प्रतिवर्ग मिमी. के बीच होती है। एक पर्ण पर इनकी सबसे कम संख्या 14 तथा सर्वाधिक 1038 प्रतिवर्ग मिमी. तक हो सकती है। एक सम्पूर्ण पर्ण के क्षेत्रफल का लगभग 1 से 2 प्रतिशत भाग ही रन्ध्रों द्वारा घिरा रहता है। जल निमग्न पौधों (जैसे–हाइड्रिला) में अनुपस्थित या क्रियाविहीन होते हैं।

शैवाल तथा कवक में रन्ध्र नहीं पाये जाते। एकबीजपत्री पौधों में पर्णरन्ध्र समानान्तर क्रम में तथा पर्ण की ऊपरी एवं निचली अधिचर्म पर स्थित होता है। द्विबीजपत्री पौधों में पर्णरन्ध्र बिखरे हुए अनियमित व्यवस्था वाले एवं पर्ण की केवल निचली अधिचर्म पर पाये जाते हैं। द्विबीजपत्री पौधों के रन्ध्र में रक्षक कोशिकाएं वृक्काकार या सेम के बीज के समान होती है। एकबीजपत्री पौधों के रन्ध्र के रक्षक कोशिकाएं दीर्घित या डम्बलाकार होती हैं जिनको ग्रेमिनेसियम रन्ध्र कहते हैं। मरुद्भिद पौधों में रन्ध्र खाँच या गर्त में स्थित होते हैं जिनको गर्तमय रन्ध्र कहा जाता है, जैसे–कनेर, चीड़, साइकस, कैज्युराइना।

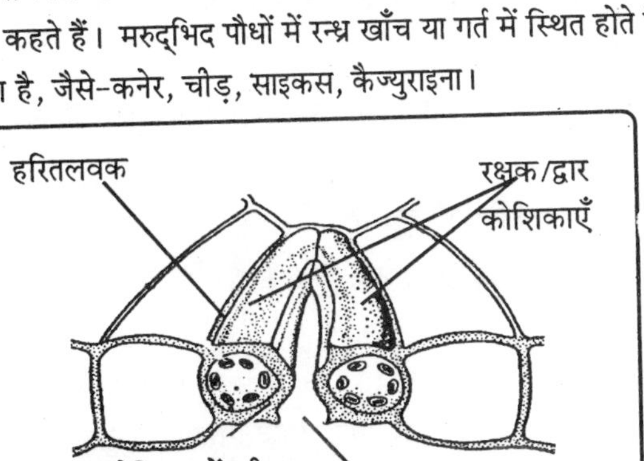

रंध्र का त्रिआयामी दृश्य

रन्ध्रों के प्रकार

रन्ध्रों को विभिन्न आधारों पर निम्नलिखित समूहों में वर्गीकृत किया जाता है–

(अ) वितरण के आधार पर

वितरण के आधार पर रन्ध्र निम्नलिखित पांच प्रकार के होते हैं–

(1) सेब तथा शहतूत प्रकार - पत्तियों की केवल निचली सतह पर ही रन्ध्र उपस्थित होते हैं। इस अवस्था को अधोरन्ध्री अवस्था कहते हैं, जैसे-सेब, शहतूत, आड़ू, ऑक्जेलिस इत्यादि।

(2) आलू प्रकार - रन्ध्र ऊपरी अधिचर्म की अपेक्षा निचली अधिचर्म पर अधिक होते हैं। इसे उभयरन्ध्री अवस्था कहते हैं, जैसे मटर, टमाटर, बैंगन, आलू, सेम, गोभी आदि।

(3) जई प्रकार - रन्ध्र दोनों अधिचर्मों पर बराबर या कम अथवा ज्यादा होते हैं। इसे उभयरन्ध्री अवस्था कहते हैं, जैसे जई, मक्का, अधिकांश अनाज एवं घास।

(4) वाटर-लिलि प्रकार - रन्ध्र केवल ऊपरी अधिचर्म पर पाये जाते हैं। इसे उपरन्ध्री अवस्था कहते हैं, जैसे-वाटर लिलि, कमल, विक्टोरिया।

(5) पोटेमॉजीटोन प्रकार - रन्ध्र अनुपस्थित या क्रियाविहीन होते हैं। यह अरन्ध्री अवस्था कहलाती है, जैसे- पोटेमॉजीटॉन, हाइड्रिला, वेलिसनेरिया।

(ब) सहायक कोशिकाओं के आधार पर - सहायक कोशिकाओं की संख्या तथा संरचना के आधार पर रन्ध्र निम्नलिखित चार प्रकार के होते हैं-

(1) एनोमोसिटिक - इस प्रकार के रन्ध्र में सहायक कोशिकाओं की संख्या पांच या छः एवं सहायक कोशिकाओं की संरचना समान होती है, जैसे-रैननकुलेसी कुल।

(2) एनाइसोसिटिक - इस प्रकार के रन्ध्र में सहायक कोशिकाओं की संख्या तीन होती है तथा एक कोशिका अन्य दो कोशिकाओं से बड़ी होती है, जैसे- क्रूसीफेरी कुल।

(3) पैरासिटिक - इस प्रकार के रन्ध्र में सहायक कोशिकाओं की संख्या दो होती है तथा यह रक्षक कोशिकाओं के समानान्तर स्थित होती हैं, जैसे-रूबियेसी कुल।

(4) डायसिटिक - इस प्रकार के रन्ध्र में सहायक कोशिकाओं की संख्या दो होती है तथा यह रक्षक कोशिकाओं के लम्बवत् स्थित होती है, जैसे - कैरियोफिलेसी कुल

(स) दैनिक रन्ध्रगति के आधार पर

लॉफ्टफिल्ड ने दैनिक रन्ध्र गति के आधार पर रन्ध्रों को निम्नलिखित चार प्रकारों में विभाजित किया-

1. एल्फा-एल्फा प्रकार - रन्ध्र दिन में खुले रहते हैं।

जैसे- समोद्भिद पर्ण की रन्ध्र सरसों, मूली, सेम, मटर, सेब, अंगूर, शलजम, सूरजमुखी इत्यादि।

2. आलू प्रकार - रन्ध्र दिन एवं रात में खुले रहते हैं किन्तु केवल सायंकाल के समय कुछ घण्टों के लिए बंद रहते हैं, जैसे- आलू, केला, कद्दू, प्याज, पत्तागोभी, कुकरबिटा।

3. जौ प्रकार- रन्ध्र कुछ समय के लिए दिन में खुलते हैं तथा बाकी समय बन्द रहते हैं,

जैसे-अनाजों में, गेहूँ, मक्का, जौ।

4. इल्वीसिटम प्रकार- रन्ध्र सदैव खुले रहते है।

जैसे – उभयचरी पादप।

(द) प्रकाश के आधार पर

प्रकाश की उपस्थिति अथवा अनुपस्थिति के कारण प्रभावित होने वाली क्रियाविधि के आधार पर रन्ध्र निम्नलिखित तीन प्रकार के होते हैं

1. फोटोएक्टिव - रन्ध्र प्रकाश की उपस्थिति में खुलते हैं, जैसे – सभी सामान्य पौधों में।

2. **स्कोटोएक्टिव** – रन्ध्र केवल अंधकार या रात्रि में खुलते हैं, जैसे- सभी सामान्य पौधों में।

3. हाइड्रोएक्टिव - रन्ध्र केवल नमी की उपस्थिति में खुलते हैं, जैसे- नागफनी।

(य) परिवर्द्धन के आधार पर

पंत ने परिवर्द्धन के आधार पर रन्ध्रों को निम्नलिखित दो प्रकारों में विभाजित किया –

1. मध्यज प्रकार - इस प्रकार के रन्ध्र में रक्षक एवं सहायक कोशिका की उत्पत्ति एक ही मातृ कोशिका से होती है, जैसे – रूबियेसी एवं ब्रेसीकेसी कुल ।

2. मध्यपरिज प्रकार - इस प्रकार के रन्ध्र में रक्षक कोशिकाओं की तथा एक सहायक कोशिका की उत्पत्ति एक ही मातृ कोशिका से होती है जबकि दूसरी सहायक कोशिका की उत्पत्ति स्वतंत्र रूप से होती है, जैसे – कैरियोफिलेसी एवं रेननकुलेसी कुल ।

क्या आप आप जानते है ?

द्वार कोशिकाओं की अन्तःस्पशरिखीय भित्तियों पर सैल्युलोज के सूक्ष्मतन्तुक की चक्रिय व्यवस्था पाई जाती है जिसे रेडियल मिसेलेसिएन कहा जाता है। पर्ण की सतह से जल की हानि होना पर्णिल वाष्पोत्सर्जन कहलाता है जिसके अन्तर्गत रन्ध्रीय तथा उपत्वचीय वाष्पोत्सर्जन आते हैं। रन्ध्र तथा द्वार कोशिकाओं को संयुक्त रूप से रन्ध्रीय यन्त्र कहते हैं। अधिक ऊंचाई पर पाये जाने वाले पौधों में वाष्पोत्सर्जन को कम करने के लिये विशेष अनुकूलन पाया जाता है जिसे xeromorphy कहते हैं।

रन्ध्रीय क्रियाविधि

रन्ध्रों की गति द्वार कोशिकाओं की आकृति एवं आयतन के परिवर्तन के फलस्वरूप होती है। रन्ध्र प्रकाश की उपस्थिति में CO_2 की कम सान्द्रता एवं अधिक ताप की उपस्थिति में खुलते हैं। रक्षक कोशिकओं के स्फीत होने से रन्ध्र खुल जाते हैं तथा शिथिल होने से रन्ध्र बन्द हो जाते हैं। अन्तः परासरण के कारण रक्षक कोशिकाएं स्फीत हो जाती है तथा बाह्यपरासरण के कारण रक्षक कोशिकायें शिथिल हो जाती है। रक्षक कोशिकाओं की बाह्य भित्ति पतली एवं प्रत्यास्थ होती है इसलिए स्फीतता के फलस्वरूप बाहर की ओर खिंच जाती है। रक्षक कोशिकाओं की अन्तः भित्ति मोटी तथा अप्रत्यास्थ होती है इसलिए स्फीतता के फलस्वरूप कुछ अवतल हो

जाती है और रन्ध्र खुल जाते हैं।

रक्षक कोशिकाओं में परासरणीय सक्रिय पदार्थों की मात्रा बढ़ने से रक्षक कोशिकाएं स्फीत हो जाती है तथा परासरण दाब बढ़ जाता है और रन्ध्र खुल जाते है। रक्षक कोशिकाओं के शिथिल होने पर OP घट जाता है और रक्षक कोशिका की भित्ति सीधी होकर रन्ध्र को बन्द कर देती है। रक्षक कोशिकाओं में TP एवं OP के घटने तथा बढ़ने की क्रियाविधि को विभिन्न वैज्ञानिकों ने निम्नलिखित सिद्धान्तों के अनुसार प्रस्तुत किया है–

(क) प्रकाश संश्लेषणीय उत्पाद का सिद्धान्त

(ख) मण्ड – शर्करा परिवर्तन का सिद्धान्त

(ग) आयन विनिमय परिकल्पना

(क) प्रकाश संश्लेषणीय उत्पाद का सिद्धान्त - यह सिद्धान्त वॉन मोह्ल ने दिया। इस सिद्धान्त के अनुसार द्वार कोशिकाओं में हरितलवक पाये जाने के कारण प्रकाश संश्लेषणीय उत्पाद बनते हैं जिनसे द्वार कोशिकाएं स्फीत हो जाती है और ओपी बढ़ने के फलस्वरूप रन्ध्र खुल जाते हैं। रात्रि या अंधकार में प्रकाश संश्लेषण नही होने से OP घट जाता है और रन्ध्र बन्द हो जाते हैं।

कमियाँ – प्रकाश संश्लेषण के पश्चात् बनने वाले उत्पाद का नाम नहीं दिया गया। जिन द्वार कोशिकाओं में हरितलवक क्रियाशील नहीं होते उनमें भी वाष्पोत्सर्जन होता है।

(ख) मण्ड-शर्करा परिवर्तन का सिद्धान्त – यह सिद्धान्त लॉयड ने दिया तथा सायरे एवं स्टीवॉर्ड ने इसे संशोधित किया।

लॉयड के अनुसार - दिन के समय या प्रकाश की उपस्थिति में मण्ड का परिवर्तन ग्लूकोज मोनोफॉस्फेट में हो जाता है।

ग्लूकोज मोनोफॉस्फेट जल में घुलनशील होता है जिसके कारण OP के बढ़ जाने से रन्ध्र खुल जाते हैं। रात्रि या अंधकार की उपस्थिति में ग्लूकोज मोनोफॉस्फेट, मण्ड में परिवर्तित हो जाता है। मण्ड जल अघुलनशील होता हैं। जिसके फलस्वरूप OP के घट जाने से रन्ध्र बन्द हो जाते हैं।

सायरे के अनुसार - द्वार कोशिकाओं में होने वाला स्टॉर्च का शर्करा में परिवर्तन pH पर निर्भर करता है। स्कॉर्थ तथा स्मॉल ने इस सिद्धान्त का समर्थन किया। दिन के समय प्रकाश संश्लेषण के कारण कार्बन डाई ऑक्साइड का उपयोग होने से द्वार कोशिकाओं का pH बढ़ जाता है और रंध्र खुल जाते हैं। रात्रि के समय प्रकाश संश्लेषण की अनुपस्थिति में रक्षक कोशिकाओं का pH घट जाता है और रन्ध्र बन्द हो जाते हैं। हैन्स ने फॉस्फोराइलेज विकर की खोज की। **यिन** तथा **टुंग** ने फॉस्फोराइलेज की उपस्थिति को द्वार कोशिकाओं में दर्शाया। फॉस्फोराइलेज अधिक pH (7 से 14) पर मण्ड को शर्करा में तथा कम pH पर शर्करा को मण्ड में परिवर्तित करता है–

$$\text{Starch} + \text{ip} \underset{\text{pH} = 5}{\overset{\text{pH} = 7}{\rightleftharpoons}} \text{Glucose-1-PO}_4 \quad (\text{Phosphory lase})$$

स्टीवार्ड के अनुसार - दिन के समय या प्रकाश की उपस्थिति में ग्लूकोज-मोनो-फॉस्फेट का परिवर्तन ग्लूकोज तथा फॉस्फेट में हो जाता है। इस परिवर्तन से रक्षक कोशिकाओं का OP बढ़ने से रन्ध्र खुल जाते हैं। यह परिवर्तन अधिक pH पर फॉस्फोराइलेज की उपस्थिति में होता है- रात्रि के अधंकार में ग्लूकोज एवं फॉस्फेट, हैक्सोकाइनेज की उपस्थिति में ग्लूकोज मोनो फॉस्फेट बनाते हैं। ग्लूकोज मोनोफॉस्फेट के निर्माण के समय ATP तथा O_2 की आवश्यकता होती है। ग्लूकोज मोनो फॉस्फेट कम pH पर मण्ड में बदल जाता है जिससे द्वार कोशिकाओं का OP घटने से रन्ध्र बन्द हो जाते हैं।

कमियाँ- एक बीजपत्री पौधों की द्वार कोशिकाओं में मण्ड का निर्माण नहीं होता। द्वार कोशिकाओं में उपयुक्त OP उत्पन्न करने के लिये शर्करा की उपयुक्त मात्रा एकत्रित नहीं होती। रन्ध्र के खुलने की गति मण्ड शर्करा परिवर्तन की गति से अधिक होती है। द्वार कोशिकाओं में मण्ड के समाप्त होने पर मैलिक अम्ल का निर्माण होता है।

(ग) आयन विनिमय परिकल्पना -फ्यूजिनो ने द्वार कोशिकाओं में K^+ प्रवेश या निकास के द्वारा रन्ध्र खुलने तथा बन्द होने की क्रियाविधि को दर्शाया। लेविट ने इस सिद्धान्त का विस्तृत अध्ययन किया। के राशके के अनुसार K^+ या Cl^- के द्वारा कोशिकाओं में प्रवेश या H^+ के द्वार कोशिका से निकास या मण्ड के स्थान पर द्वार कोशिकाओं में मैलिक अम्ल की उत्पत्ति से ही रन्ध्र खुल जाते हैं। रामदास तथा राघवेन्द्र के अनुसार K^+ तथा द्वार कोशिकाओं में ABA की उपस्थिति में H^+ द्वार कोशिकाओं से बाहर निकल जाते हैं जिसके फलस्वरूप pH बढ़ जाता है। लैविट के अनुसार द्वार कोशिकाओं के हरितलवक में मैलिक अम्ल, प्रकाश की उपस्थिति में मैलेट आयन तथा H^+ में विघटित हो जाता है। H^+ सहायक कोशिकाओं की ओर गति करते हैं तथा वहां से के हरितलवक की ओर प्रवेश करते हैं। K^+ तथा मैलेट आयन से पोटेशियम मैलेट बनता है जिसके रिक्तिका में प्रवेश करने के फलस्वरूप OP बढ़ जाता है। OP के बढ़ने से

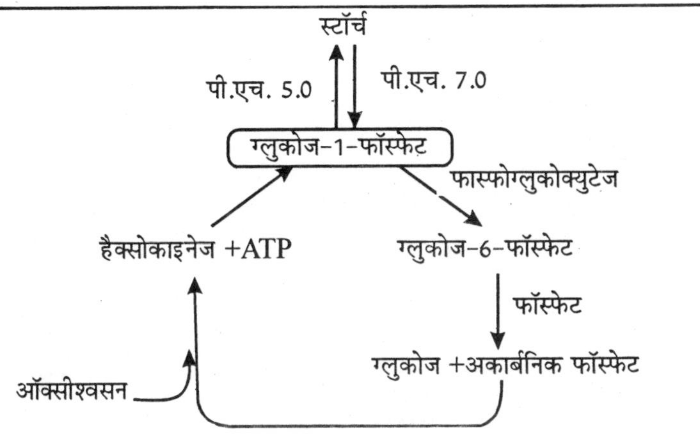

स्टीवार्ड परिकल्पना

अन्तःपरासरण होने लगता है और द्वार कोशिकाओं के स्फीत होने से OP पुनः सहायक कोशिकाओं में चले जाते हैं तथा सहायक कोशिकाओं से H^+ हरितलवक में प्रवेश करते हैं। H^+ मैलेट आयन से मिलकर मैलिक अम्ल बनाता है जिससे द्वार कोशिकाओं की रिक्तिकाओं का OP घट जाता है और रन्ध्र बन्द हो जाते हैं। इस सिद्धान्त को K^+ विनिमय या धनायन विनिमय या प्रकाश सक्रिय प्रोटोन परिवहन का सिद्धान्त भी कहते हैं।

रन्ध्रीय गति को प्रभावित करने वाले कारक – रन्ध्रों के खुलने तथा बन्द होने की क्रिया को निम्नलिखित कारक प्रभावित करते हैं–

(1) प्रकाश – पादपों में प्रायः प्रकाश की उपस्थिति में रन्ध्र खुल जाते हैं तथा अधंकार में बन्द हो जाते हैं। नीले तथा लाल प्रकाश में रन्ध्रीय गति होती है।

(2) कार्बन डाई ऑक्साइड – कम सान्द्रता में रन्ध्र खुलते तथा अधिक सान्द्रता में रन्ध्र बन्द हो जाते हैं।

(3) ताप – लॉफ्टफिल्ड के अनुसार रन्ध्रों के खुलने का तापमान गुणांक होता है।

(4) पत्तियों की जल मात्रा – पत्तियों का जल विभव 7 से 18 बार होने पर द्वार कोशिकाओं में शिथिल अवस्था उत्पन्न होने लगती है जिससे रन्ध्र बंद हो जाते हैं।

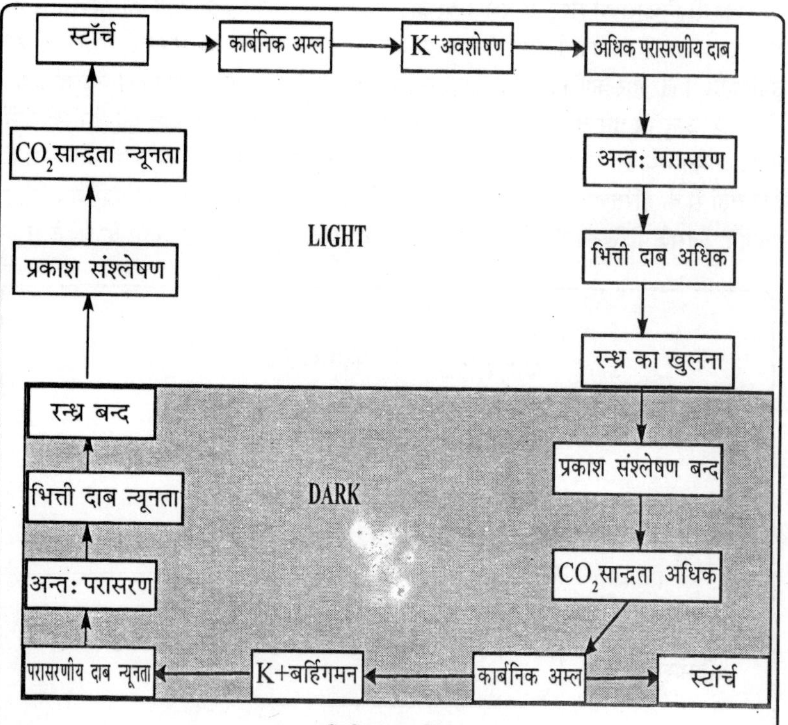

आयन विनिमय परिकल्पना

(5) वृद्धि हार्मोन – साइटोकाइनिन के प्रभाव से K^+ आयनों का प्रवेश बढ़ जाता है और रन्ध्र खुल जाते हैं। ABA रन्ध्रों के बन्द होने को प्रेरित करता है क्योंकि ABA के प्रभाव से द्वार कोशिकाओं का pH कम हो जाता है।

(6) खनिज सान्द्रता – देसाई के अनुसार N, P तथा K^+ की कमी होने पर रन्ध्रों की गति भी कम हो जाती है।

प्रकाश की उपस्थिति में

1. द्वार कोशिकायें स्फीत हो जाती है।
2. द्वार कोशिकाओं का pH बढ़ जाता है।
3. मण्ड का परिवर्तन शर्करा में होता है।
4. अन्तः परासरण द्वारा जल द्वार – कोशिकाओं में प्रवेश करता है।
5. द्वार – कोशिकाओं का आयतन बढ़ जाता है।
6. शर्करा के बढ़ने से तथा जल के प्रवेश से द्वार कोशिकाओं का ओपी बढ़ जाता है।

अंधकार की उपस्थिति में

1. द्वार – कोशिकाएं शिथिल हो जाती है।
2. द्वार – कोशिकाओं का pH कम हो जाता है।
3. शर्करा का परिवर्तन मण्ड में होता है।
4. बाह्य परासरण द्वारा जल रक्षक कोशिकाओं से बाहर निकलता है।
5. द्वार – कोशिकाओं का आयतन घट जाता है।
6. शर्करा के घटने तथा जल के बाहर निकलने से द्वार – कोशिकाओं का OP घट जाता है।

रन्ध्रीय गति की दैनिक आवर्तिता – प्रकाश की निश्चित आवृत्ति पर रन्ध्र दोपहर तक पूरी तरह खुलते हैं तथा दोपहर बाद आंशिक रूप से बन्द होना प्रारम्भ हो जाते हैं। रन्ध्र की दैनिक आवर्तिता का आरेखीय निरूपण वॉन मोहल ने किया।

रोचक विशिष्टताएं – रन्ध्र खुलने के समय द्वार – कोशिकाओं में परासरणीय दाब 30–40 atm के लगभग होता है। सेम में रन्ध्रीय छिद्र का परिमाप 5.4 तथा जई में 27.5 होता है। टमाटर के पौधे द्वारा एक वृद्धि काल में लगभग 155 लीटर एवं मक्का में 245 लीटर जल की हानि होती है। रन्ध्रों का खुलना दृश्य प्रकाश के नीले तथा लाल प्रकाश में होता है जिसमें से नीला प्रकाश लाल प्रकाश की तुलना में अधिक सक्रिय प्रभाव उत्पन्न करता है। यदि पर्ण पर पाये जाने वाले रन्ध्रों की कुल संख्या में से आधे रन्ध्र बन्द हो जाते हैं तो वाष्पोत्सर्जन की दर कम नहीं होती। यदि किसी पादप को CO_2 रहित वायु प्रदान की जाये तो रन्ध्र अन्धकार में भी खुल जाते हैं। दिन के बीच में रन्ध्रों का बन्द होना शर्करा परिवर्तन पर निर्भर नहीं होता। मूल-प्ररोह अनुपात के बढ़ जाने से वाष्पोत्सर्जन की दर भी बढ़ जाती है। जिन पौधों में रन्ध्र अधिकांश समय बन्द रहते हैं उनमें रन्ध्रों का बन्द होना आवशोषण पश्चता के कारण होता है। मरुद्भिद पत्तियों में वाष्पोत्सर्जन

की दर अधिक होती है। प्रौढ़ पत्तियों में तरुण पत्तियों की तुलना में वाष्पोत्सर्जन की दर कम होती है।

वाष्पोत्सर्जन की क्रियाविधि

रन्ध्रों से होने वाला वाष्पोत्सर्जन निम्नलिखित दो चरणों में पूर्ण होता है

(अ) जल का विसरण पर्णमध्योतक कोशिकाओं से अन्तराकोशीय अवकाशों में होता है।

(ब)जल वाष्प का विसरण अन्तराकोशीय अवकाशों से बाह्य वायु में रन्ध्र के माध्यम से होता है। उपत्वचा में पाये जाने वाले क्यूटिन के अणु जल का अन्तःचूषण करके सतह को नम बनाये रखते हैं। दिन के समय उपत्वचा सिकुड़कर सघन हो जाती है जबकि रात्रि में या नमी की उपस्थिति में उपत्वचा फैलकर ढीली हो जाती है। अतः उपत्वचीय वाष्पोत्सर्जन रात्रि में सर्वाधिक होता है। वायुमण्डल की शुष्कता बढ़ने के साथ-साथ DPD भी बढ़ती जाती है ।

वाष्पोत्सर्जन की दर को प्रभावित करने वाले कारक - इकाई समय से इकाई क्षेत्रफल से वाष्पोत्सर्जन द्वारा हुई जल की हानि को वाष्पोत्सर्जन की दर कहते हैं। वाष्पोत्सर्जन की दर बाह्य तथा आन्तरिक कारकों द्वारा प्रभावित होती है।

(अ) बाह्य कारक - बाह्य वातावरण से सम्बन्धित होते हैं-

(1) ताप - वायुमण्डल में ताप के बढ़ने पर वाष्पोत्सर्जन की दर बढ़ जाती है। ताप के द्वारा आपेक्षित आर्द्रता प्रभावित होती है क्योंकि प्रत्येक 10°C पर आपेक्षित आर्द्रता 50 प्रतिशत घट जाती है। ताप के प्रभाव से पादप अंगों से जल वाष्प के विसरण की दर बढ़ जाती है।

(2) प्रकाश - प्रकाश की उपस्थिति में वाष्पोत्सर्जन की दर बढ़ जाती है। नीले रंग का प्रकाश और उसके बाद लाल रंग का प्रकाश रन्ध्रों के खुलने में सर्वाधिक प्रभावी होता है। रन्ध चन्द्रमा के प्रकाश तथा कम तीव्रता के प्रकाश में भी खुल जाते हैं।

(3) वायु - वायु की गति होने से वाष्पोत्सर्जन की दर भी बढ़ जाती है। वायु की गति अधिक (30-50किमी./घण्टा) होने पर वाष्पोत्सर्जन की दर पहले बढ़ने के पश्चात् कम हो जाती है।

(4) जलवाष्प दाब न्यूनता- पर्ण के अन्तराकोशिकीय अवकाशों में पाई जाने वाली संतृप्त वायु तथा वायुमण्डलीय वायु में पाई जाने वाली असंतृप्त वायु के वाष्पदाब के अन्तर को वाष्पदाब न्यूनता कहते हैं। वायुमण्डलीय आर्द्रता के बढ़ने पर यह न्यूनता घट जाती है। वाष्पोत्सर्जन की दर, वाष्पदाब न्यूनता के समानुपाती होती है।

(5) उपलब्ध जल मृदा में जल की कमी होने पर वाष्पोत्सर्जन की दर घट जाती है।

(6) वायुमण्डलीय दाब - वायुमण्डलीय दाब के कम होने के कारण विसरण की दर बढ़ जाने से वाष्पोत्सर्जन की दर भी बढ़ जाती है।

(7) वायुमण्डलीय आर्द्रता- वाष्पोत्सर्जन की दर वायुमण्डलीय आर्द्रता के व्युत्क्रमानुपाती होती है।

(ब) **आन्तरिक कारक** - रन्ध्रों का वितरण, परिमाप तथा रन्ध्रों की संख्या के अतिरिक्त

निम्नलिखित आकारिकीय, शारीरिकीय तथा कार्यिकीय अनुकूलन भी वाष्पोत्सर्जन की दर को कम करते हैं-

(1) आकारिकीय विशेषतायें - पत्तियों का कांटों में रूपान्तरण होना जैसे- नागफनी। पत्तियों का सुई के समान रूपान्तरित होना जैसे- पाइनस। जड़ों का लम्बा होकर गहराई तक पहुंचना, जैसे- अल्फा-अल्फा। पौधों का आकार छोटा होना, शाखा कम होना, कभी-कभी तना मोटा, चपटा, जलग्राही पदार्थों से युक्त और सरस होता है तथा तनों का पर्णाभ - स्तम्भ में रूपान्तरण, जैसे-नागफनी। जड़ों का मांसल व जल का संग्रह करना, जैसे- एसप्रोग्रेस। तनों का बेलनाकार व कठोर होना, जैसे- एसप्रोग्रेस । पत्तियों का लिपटना जैसे- समाघास। पत्तियों का आकार छोटा होना। तनों का कठोर एवं बेलनाकार होना तथा उनमें उभारों तथा खांचों का पाया जाना। पत्तियों का मोटा, रसदार और मांसल होना।

(2) शारीरिकीय विशेषतायें - पत्तियों में स्पंजी मृदुतक एवं वायु कोष्ठ का कम होना और खम्भ ऊतक अधिक होना। पत्तियों एवं स्तम्भ की सतह पर रोम उपस्थित होना, जैसे सीलेक्स। पत्तियों एवं स्तम्भ में बहुस्तरीय अधिचर्म, जैसे- कनेर। पत्तियों एवं स्तम्भ की सतह पर मोम की परत उपस्थित, जैसे- बरगद। रन्ध्रों का गर्तमय होना, जैसे- कनेर, चीड़। पत्तियों एवं स्तम्भ में रबड़क्षीर या म्यूसीलेज का होना, जैसे-एगेव। तनों पर कार्क स्तर जैसे- बबूल। पौधों के स्तम्भ पर कार्क- स्तर का बनना जैसे बबूल, बेर, प्रोसोपिस।

कार्यिकीय विशेषतायें - जड़ द्वारा मृदा में अधिक गहराई पर स्थित जल को अवशोषित किया जाता है। पत्तियों की कोशिकाओं में अधिक परासरण - दाब उपस्थित होता है। प्रतिकूल वातावरण में रन्ध्र बन्द हो जाते हैं। पत्तियों एवं स्तम्भ की कोशिकाओं में जलस्नेही पदार्थ पाये जाते हैं।

मांसलोद्भिद रन्ध्रीय क्रियाविधि - मरुद्भिद पौधों में पत्तियाँ मोटी, रसदार तथा माँसल होती हैं, जिसे अवस्था कहते हैं। इन पौधों में रन्ध्र रात्रि में खुलते हैं जो कि वाष्पोत्सर्जन की दर को कम करते हैं। निशिदा के अनुसार अंधकार में कार्बोहाइड्रेट के अपूर्ण ऑक्सीकरण, कार्बनिक अम्लों के संचयन होने से तथा कार्बन डाई ऑक्साइड के निष्कासित नहीं होने से रन्ध्र खुल जाते हैं।

$$2C_6H_{12}O_6 + 3O_2 \longrightarrow 3C_4H_6O_5 + 3H_2O$$

रात्रि में K^+ का प्रवेश होता है तथा मैलिक अम्ल का निर्माण होता है। दिन में संचित कार्बनिक अम्लों का विघटन होकर CO_2 निष्कासित होती है जिसके फलस्वरूप रन्ध्र बन्द हो जाते हैं।

$$C_6H_4O_5 + 3O_2 \longrightarrow 4CO_2 + 3H_2O$$

दिन में K^+ का निकास तथा मैलिक अम्ल का विघटन होता है।

जल हानि की अन्य विधियाँ -

(1) बिन्दुस्राव– पादप के अक्षतिग्रस्त भाग या पर्ण के किनारों से जल का छोटी बूंदों के रूप में स्रावित होना बिन्दुस्राव कहलाता है। बिन्दुस्राव नाम बर्गरस्टीन ने दिया। यह क्रिया मूल दाब के कारण होती है। बिन्दुस्राव पर्ण के किनारों पर पाई जाने वाली शिरिकाओं के स्थान पर उपस्थित विशेष रन्ध्रों से होता है। इन रन्ध्रों को जलरन्ध्र कहते हैं। जलरन्ध्र रंगहीन अधिचर्मीय कोशिकाओं से बना होता है। जलरन्ध्र के नीचे मृदुतकीय एवं ढीला ऊतक पाया जाता है जिसे एपीथेम कहते हैं। एपीथेम की कोशिकाओं में हरितलवक अनुपस्थित होते हैं। एपीथेम ऊतक से, जड़ द्वारा अवशोषित जल मूल दाब के कारण बूंदों के रूप में निकलता रहता है। जलरन्ध्र

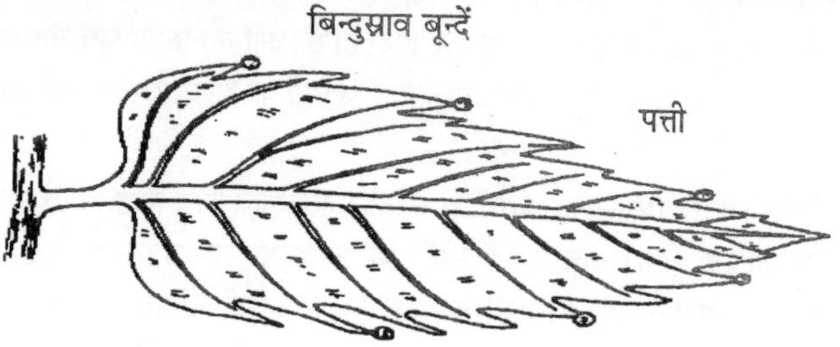

बिन्दुस्राव

सदैव खुले रहते हैं। जल अवशोषण की दर अधिक तथा वाष्पोत्सर्जन की दर कम होने पर बिन्दुस्राव होता है। बिन्दुस्राव काष्ठीय तथा शाकीय पौधों के लगभग 34.5 वंशों में पाया जाता है। यह क्रिया सामान्य रूप से टमाटर, आलू, कचालू, घासों में होती है। एक दिन में लगभग 200 CC जल बिन्दुस्राव द्वारा बाहर निकल जाता है। बिन्दुस्राव में जल के साथ साथ कुछ खनिज लवण भी स्रावित होते रहते हैं जो सुरक्षात्मक आवरण बनाकर सूक्ष्मजीवों से पर्ण की रक्षा करते हैं। यह खनिज लवण पर्ण की सतह पर एकत्रित हो जाते हैं जिससे प्रकाश–संश्लेषण की क्रिया प्रभावित होती है। हैबरलैण्ड के अनुसार जलरन्ध्र निम्नलिखित दो प्रकार के होते हैं

(1) सक्रिय जलरन्ध्र – इन जलरन्ध्र की अधिचर्मीय कोशिकाएँ स्रावीय प्रकार की होती हैं तथा उपत्वचा का अभाव होता है। इनके द्वारा बिन्दुस्राव स्वयं की कोशिकाओं के दबाव से होता है।

(2) निष्क्रिय जलरन्ध्र – इस प्रकार के जलरन्ध्र में एपिथेम कोशिकाएं अधिचर्म के अन्दर संवहन पूलों के सम्पर्क में रहती है। इन जलरन्ध्र को एपीथेम

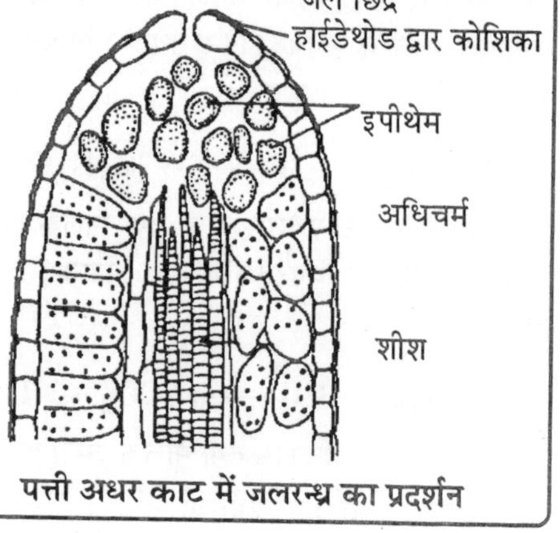

पत्ती अधर काट में जलरन्ध्र का प्रदर्शन

जलरन्ध्र भी कहतें हैं। इनके द्वारा बिन्दुस्राव मूलदाब के कारण होता है।

क्र.सं.	बिन्दुस्राव	वाष्पोत्सर्जन
1.	इसमें जल बूदों के रूप में निकलता है।	जल वाष्प के रूप में निकलता है।
2.	यह प्रातःकाल या रात्रि में होता है।	यह दिन में होता है।
3.	यह जलरन्ध्रों द्वारा होता है।	यह पर्णरन्ध्र वातरन्ध्र तथा क्यूटिकल द्वारा होता है।
4.	जलरन्ध्र सदैव खुले रहते हैं।	पर्णरन्ध्र खुलते तथा बन्द होते रहते हैं।
5.	मूल दाब का प्रभाव होता है।	मूल दाब का कोई प्रभाव नहीं होता।
6.	द्वार कोशिकायें अनुपस्थित होती हैं।	यह क्रिया रक्षक कोशिकाओं द्वारा नियंत्रित होती है।
7.	जल तथा कुछ खनिज पदार्थ भी स्रावित होते हैं।	केवल वाष्प निकलती है।
8.	यह शाकीय पादपों में पाया जाता है।	यह सभी स्थलीय पादपों में होता है।

रस स्त्रावण तथा बिन्दुस्त्राव में अन्तर

रस स्त्रावण	बिन्दुस्राव
(1) यह क्रिया पौधे के क्षतिग्रस्त भाग द्वारा होती है।	यह क्रिया पौधे के अक्षतिग्रस्त भाग द्वारा होती है।
(2) यह नियन्त्रित क्रिया है।	यह अनियन्त्रित प्राकृतिक क्रिया है।
(3) जलीय विलयन या रस का स्रावण होता है।	जल बूंदों के रूप में निकलता है।
(4) जलरन्ध्र अनुपस्थित होते है।	जलरन्ध्रों द्वारा होती है।
(5) यह रात्रि या दिन में हो सकता है।	यह रात्रि या प्रातःकाल में होता है।

बिन्दुस्राव तथा ओस में अन्तर

बिन्दुस्राव	ओस
(1) बिन्दुस्राव पत्ती के कुछ विशिष्ट स्थानों पर होता है।	ओस पौधे के सभी भागों पर पाई जाती है
(2) बिन्दुस्राव बादलों भरी रात में होता है।	यह बादलों भरी रात में नहीं पड़ती ।
(3) बिन्दुस्राव का जल खारा होता है।	ओस का जल मीठा होता है।

(2) रस-स्रावण - पौधे के क्षतिग्रस्त भाग से जल एवं रस स्रावित होना, रस स्रावण

कहलाता है। दक्षिण भारत में टोडी पाम से एल्कोहल पेय टोडी प्राप्त किया जाता है। मैक्सिको में एगेव से एल्कोहल पेय प्लेग प्राप्त किया जाता है। इस क्रिया से शुगर मैपल से शर्करा प्राप्त की एल्कोहल पेय टोडी प्राप्त किया जाता है। मैक्सिको में एगेव से एल्कोहल पेय प्लेग प्राप्त किया जाता है। इस क्रिया से शुगर मैपल से शर्करा प्राप्त की जाती है। सर्वाधिक रस स्रावण (लगभग 50 लीटर प्रतिदिन) (टोडी पाम) के द्वारा तथा एगेव (7 लीटर प्रतिदिन) द्वारा होता है। सबसे कम रस-स्रावण सूरजमुखी (लगभग 1.9 मिली प्रतिदिन) से होता है।

(3) म्लानि - पादप की कोशिकाओं में आंशिक या पूर्ण रूप से वाष्पोत्सर्जन के कारण स्फीतता की हानि होना, म्लानि कहलाता है। गर्मियों में वाष्पोत्सर्जन की दर जल अवशोषण की दर से अधिक हो जाती है। वाष्पोत्सर्जन की दर बढ़ जाने से जब पौधे में स्फीतता कम हो जाती है तथा जिसके लक्षण बाहरी रूप से प्रदर्शित नहीं होते, उसे प्रारम्भिक म्लानि कहते हैं। गर्मियों की दोपहर में वाष्पोत्सर्जन की दर जल अवशोषण की दर से कुछ अधिक हो जाती है। इस दर के बढ़ जाने से पत्तियां मुरझायी सी प्रतीत होती है जिसे अस्थायी म्लानि कहते हैं। इस अवस्था के दौरान स्फीतता की आंशिक रूप से हानि होती है एवं रात्रि के समय पुनः स्फीत होने से वह अवस्था समाप्त हो जाती है।

तेज गर्मियों की तीव्र दोपहर में स्फीतता लगातार कम होती जाती है जिसके फलस्वरूप पौधे के वायवीय भाग तथा भूमिगत भाग की कोशिकाएं शिथिल हो जाती है इसे स्थायी म्लानि कहते हैं। इस अवस्था के दौरान पौधा पूर्ण रूप से मुरझा जाता है। स्थायी म्लानि में पौधों को तुरन्त जल उपलब्ध हो जाये तो यह म्लानि समाप्त हो जाती है।

वाष्पोत्सर्जनरोधी - ऐसे रसायनिक पदार्थ जो प्रकाश संश्लेषण तथा पौधे की वृद्धि को प्रभावित किये बिना वाष्पोत्सर्जन की क्रिया को कम कर देते हैं, वाष्पोत्सर्जनरोधी कहलाते हैं।

प्रमुख वाष्पोत्सर्जनरोधी - 1. एस्प्रिन, 2. एब्सिसिक अम्ल, 3. फिनाइल मरक्यूरिक एसिटेट, 4.सिलिकॉन तेल, 5. मोम, 6. पॉलीएथिलीन, 7. CO_2 8. ABAĐ। सिलिकॉन तेल तथा मोम का पत्तियों पर छिडकाव करने से यह पदार्थ CO_2 और O_2 के प्रति पत्तियों पर पारगम्य परत बना लेते हैं जो जल के लिए अपारगम्य होती है। इनके छिडकाव से पैदावार में वृद्धि हो जाती है।

वाष्पोत्सर्जन का महत्व - वाष्पोत्सर्जन को रोका नहीं जा सकता क्योंकि रन्ध्र गैसीय विनिमय का कार्य करते है तथा गैसीय विनियम श्वसन एवं प्रकाश संश्लेषण के लिए आवश्यक होता है। विभिन्न वैज्ञानिकों ने वाष्पोत्सर्जन को बुराई में होने वाली भलाई नाम दिया है-

(1) कर्टिस के अनुसार,

(2) स्टीवॉर्ड।

वाष्पोत्सर्जन आवश्यक है क्योंकि - वाष्पोत्सर्जन द्वारा फलों की शर्करा में वृद्धि हो जाती है जिसके कारण फल मीठे हो जाते हैं। अधिक वाष्पोत्सर्जन के कारण जड़तंत्र अधिक विकसित हो जाता है। पत्तियों की सतह का ताप नियंत्रित किया जाता है। रसारोहण की क्रिया इसके द्वारा

ही होती है। अधिक जल का निष्कासन हो जाता है। वाष्पोत्सर्जन के द्वारा रबड़क्षीर रेजिन तथा एल्केलॉयड्स जैसे स्वांगीकारी उत्पादों का निर्माण होता है जो मनुष्य के लिये लाभदायक होते हैं। इसके द्वारा यान्त्रिक ऊतकों का निर्माण होता है।

वाष्पोत्सर्जन बुराई है क्योंकि – प्रकाश संश्लेषण की दर घट जाती है क्योंकि विभिन्न प्रकार के एन्जाइम्स उचित मात्रा में नहीं बनते। इससे अत्यधिक मात्रा में जल की हानि होती है। टूमारोव ने बताया कि अधिक वाष्पोत्सर्जन होने पर फसलों की पैदावार कम हो जाती है। अधिक वाष्पोत्सर्जन होने पर म्लानि के फलस्वरूप पत्तियाँ झड़ जाती है। संचित कार्बनिक पदार्थ अत्यधिक वाष्पोत्सर्जन के कारण टूट जाते हैं।

इसके कारण उपापचयी क्रियाओं में कमी आ जाती है। अधिक वाष्पोत्सर्जन से वृद्धि निरोधक का निर्माण होता है। हॉल ने बताया कि वाष्पोत्सर्जन के कारण घातक पदार्थ प्रोलीन बनता है। इससे अत्यधिक मात्रा में जल की हानि होती है। टृमारोव ने बताया कि अधिक वाष्पोत्सर्जन होने पर फसलों की पैदावार कम हो जाती है। अधिक वाष्पोत्सर्जन होने पर म्लानि के फलस्वरूप पत्तियाँ झड़ जाती है। संचित कार्बनिक पदार्थ अत्यधिक वाष्पोत्सर्जन के कारण टूट जाते हैं। इसके कारण उपापचयी क्रियाओं में कमी आ जाती है। अधिक वाष्पोत्सर्जन से वृद्धि निरोधक का निर्माण होता है। हॉल ने बताया कि वाष्पोत्सर्जन के कारण घातक पदार्थ प्रोलीन बनता है।

वाष्पोत्सर्जन का सारांश –पादप के वायवीय भागों में जल का वाष्पीकरण होना वाष्पोत्सर्जन कहलाता है अथवा पादप के वायवीय भागों से जल का वाष्प के रूप में क्षय होना वाष्पोत्सर्जन कहलता है। वातरन्ध्रीय वाष्पोत्सर्जन काष्ठीय स्तम्भ में पाये जाने वाले वातरन्ध्रों द्वारा होता है जिससे कुल वाष्पोत्सर्जन का लगभग 0.1 से 1 प्रतिशत वाष्पोत्सर्जन होता है। उपत्वचीय वाष्पोत्सर्जन शाकीय स्तम्भ तथा पत्तियों पर पाये जानी वाली उपत्वचा या उपचर्म द्वारा होता है जिससे कुल वाष्पोत्सजर्न का लगभग 1 प्रतिशत वाष्पोत्सर्जन होता है।

रन्ध्रीय वाष्पोत्सर्जन शाकीय स्तम्भ तथा पत्तियों की अधिचर्म पर पाये जाने वाले रन्ध्रों द्वारा होता है। यह वाष्पोत्सर्जन की मुख्य विधि है जिसके द्वारा कुल वाष्पोत्सर्जन का लगभग 80-90 प्रतिशत वाष्पोत्सर्जन पाया जाता है। रन्ध्र पौधों की अधिचर्म पर सूक्ष्म दीर्घवृत्तीय छिद्रों के रूप में पाये जाते हैं। प्रत्येक छिद्र दो विशेष वृक्काकार कोशिकाओं से घिरा रहता है जिनको रक्षक या द्वार कोशिकायें कहते हैं।

जल निमग्न पौधों (जैसे हाइड्रिला) में यह अनुपस्थित या क्रियाविहीन होते हैं। शैवाल तथा कवक में रन्ध्र नहीं पाये जाते । एकबीजपत्री पौधों में पर्णरन्ध्र समानान्तर क्रम में तथा पर्ण की ऊपरी एवं निचली अधिचर्म पर स्थित होता है। द्विबीजपत्री पौधों में पर्णरन्ध्र बिखरे हुए, अनियमित व्यवस्था वाले एवं पर्ण की केवल निचली अधिचर्म पर पाये जाते हैं। एकबीजपत्री पौधों के रन्ध्र में रक्षक कोशिकाएं दीर्घित या डम्बलाकार होती है जिनको ग्रेमिनेसियस रन्ध्र कहते हैं। मरूद्भिद पौधों में रन्ध्र खाँच या गर्त में स्थित होते है जिनको गर्तमय रन्ध्र कहा जाता है, जैसे-कनेर, चीड़ साइकस, कैज्युराइना। रक्षक कोशिकाओं के स्फीत होने से रन्ध्र खुल जाते हैं तथा शिथिल होने

से रन्ध्र बन्द हो जाते हैं। प्रकाश संश्लेषणीय उत्पाद का सिद्धान्त वॉन मॉल ने दिया। इस सिद्धान्त के अनुसार, द्वार कोशिकाओं में हरितलवक पाये जाने के कारण प्रकाश संश्लेषण की क्रिया होती है। दिन के समय या प्रकाश की उपस्थिति में प्रकाश संश्लेषणीय उत्पाद बनते हैं जिनसे द्वार कोशिकाएँ स्फीत हो जाती हैं और OP बढ़ने के फलस्वरूप रन्ध्र खुल जाते हैं। लॉयड के अनुसार दिन के समय या प्रकाश की उपस्थिति में मण्ड का परिवर्तन ग्लूकोज मोनोफॉस्फेट में हो जाता है। ग्लूकोज मोनोफॉस्फेट जल में घुलनशील होता है जिसके कारण OP के बढ़ जाने से रन्ध्र खुल जाते हैं। सायरे के अनुसार द्वार कोशिकाओं में होने वाला स्टॉर्च का शर्करा में परिवर्तन पीएच पर निर्भर करता है।

स्टीवार्ड के अनुसार, दिन के समय या प्रकाश की उपस्थिति में ग्लुकोज मोनो–फॉस्फेट का परिर्वतन ग्लूकोज तथा फॉस्फेट में हो जाता है। आयन विनियम परिकल्पना फ्यूजिनो ने दी जिसके अनुसार द्वार कोशिकाओं में K^+ प्रवेश या निकास के द्वारा रन्ध्र खुलते तथा बन्द होते हैं। मांसल मरुद्भिद पौधों में रन्ध्र रात्रि में खुलते हैं जो कि वाष्पोत्सर्जन की दर को कम करते हैं। निशिदा के अनुसार अंधकार में कार्बोहाइड्रेट के अपूर्ण ऑक्सीकरण, कार्बनिक अम्लों के संचयन होने से तथा कार्बनडाई आक्साइड के निष्कासित नहीं होने से रन्ध्र खुल जाते हैं। पादप के अक्षतिग्रस्त भाग या पर्ण के किनारों से जल का छोटी बूंदों के रूप में स्राववित होना बिन्दुस्राव कहलाता है। बिन्दुस्राव नाम बर्गरस्टीन ने दिया।

यह क्रिया मूल दाब के कारण होती है। बिन्दुस्राव पर्ण के किनारों पर पाई जाने वाली शिरिकाओं के स्थान पर उपस्थित विशेष रन्ध्रों से होता है। इन रन्ध्रों को जलरन्ध्र कहते हैं। पौधे के क्षतिग्रस्त भाग से जल एवं रस स्रावित होना रसस्रावण कहलाता है। पादप की कोशिकाओं में आंशिक या पूर्ण रूप से वाष्पोत्सर्जन के कारण स्फीतता की हानि होना, म्लानि कहलाता है। गर्मियों में वाष्पोत्सर्जन की दर जल अवशोषण की दर से अधिक हो जाती है। वाष्पोत्सर्जन की दर बढ़ जाने से जब पौधे की स्फीतता कम हो जाती है जिसके लक्षण बाहरी रूप से प्रदर्शित नहीं होते उसे प्रारम्भिक म्लानि कहते हैं।

गर्मियों की दोपहर में वाष्पोत्सर्जन की दर जल अवशोषण की दर से कुछ अधिक हो जाती है। इस दर के बढ़ जाने से पत्तियां मुरझायी सी प्रतीत होती है जिसे अस्थायी म्लानि कहते हैं। तेज गर्मियों की तीव्र दोपहर में स्फीतता लगातार कम होती जाती है जिसके फलस्वरूप पौधे के वायवीय भाग तथा भूमिगत भाग की कोशिकाएं शिथिल हो जाती है, इसे स्थायी म्लानि कहते हैं। **कर्टिस के अनुसार- स्टीवॉर्ड के अनुसार** – पत्तियों पर रन्ध्रों का क्षेत्रफल ज्ञात के करने के लिये पोटोमीटर का उपयोग किया जाता है। वाष्पोत्सर्जन की दर को पोटोमीटर द्वारा मापा जाता है। यह पोटोमीटर इस सिद्धान्त पर आधारित होते हैं कि सामान्य रूप से वाष्पोत्सर्जन की दर जल अवशोषण की दर के लगभग बराबर होती है। फॉर्मर, गेनांग तथा ब्रोस द्वारा बनाये गये पोटोमीटर मुख्य रूप से प्रयोग में लिये जाते हैं। कोबाल्ट क्लोराइड पेपर विधि– वाष्पोत्सर्जन दर की तुलना के लिए उपयोग में ली जाती है जिसमें रन्ध्रों से निकलने वाली नमी के कारण नीले रंग का कोबाल्ट क्लोराइड पेपर गुलाबी हो जाता है।

आपेक्षिक वाष्पोत्सर्जन – रन्ध्रीय वाष्पोत्सर्जन की दर की वाष्पीकरण की दर से तुलना को आपेक्षिक वाष्पोत्सर्जन कहते हैं। इसे टी/डबल्यू द्वारा दर्शाते हैं। पौधे के इकाई शुष्क भार के बढ़ने में होने वाली जल की हानि को वाष्पोत्सर्जन अनुपात कहते हैं।

पर्ण के इकाई क्षेत्र से इकाई समय में वाष्पोत्सर्जन द्वारा होने वाली जल की हानि को वाष्पोत्सर्जन प्रवाह कहा जाता है। पर्ण की इकाई क्षेत्रफल की सम्पूर्ण अधिचर्म पर पाई जाने वाली रन्ध्रों की प्रतिशत मात्रा को रन्ध्र सूचकांक कहते हैं। पत्तियों की सतह दोपहर में प्रकाश के समानान्तर रहती है इसलिए ताप का प्रभाव कम होता है। मण्ड- शर्करा परिवर्तन सिद्धान्त को प्राचीन सिद्धान्त कहते हैं।

विलिस तथा येम के अनुसार जल के कम होने पर पर्णमध्योतक में अधिक शर्करा एवं द्वार कोशिकाओं में अधिक मण्ड पाया जाता है। मूल-प्ररोह अनुपात का अर्थ मूल तंत्र की सतह तथा प्ररोह तंत्र के अनुपात से होता है। जैलिश ने रन्ध्रों के खुलने तथा बन्द होने की क्रियाविधि के लिये ग्लाइकोलिक अम्ल सिद्धान्त दिया। स्कार्थ के अनुसार में 0.8^0C पर प्रकाश में भी रन्ध्र नहीं खुलते तथा 38^0-40^0C पर प्रकाश की अनुपस्थिति में भी रन्ध्र खुल जाते हैं। खुले हुये रन्ध्रों का परासरणी दाब K^+, Cl^- अथवा मैलेटे के कारण होता है।

❑❑❑

अध्याय 4

पादप में खनिज पोषण

पौधों का शरीर कोशिकाओं तथा इन्हीं विभिन्न प्रकार की कोशिकाओं द्वारा स्त्रावित एवं उत्सर्जित पदार्थों से संगठित है। अत: पौधे का रसायनिक संगठन वास्तव में उसकी विभिन्न प्रकार की कोशिकाओं का रसायनिक संगठन है।

रसायनिक विश्लेषण -

पौधों में शुष्क पदार्थों की तुलना में जल की मात्रा अत्यन्त अधिक होती है। किसी भी पौधे या पौधों के विभिन्न भागों को तोलकर पहले उनका पूर्ण भार ज्ञात कर लेने के पश्चात्, फिर इन्हीं भागों को धीरे-धीरे लगभग 110°C ताप पर रखकर भली-भांति सुखा लें (जिससे कि समस्त जल वाष्प बन कर उड़ जाए) तथा बचे हुए शुष्क भाग का भार लेकर जल तथा इस भाग की मात्रा को ज्ञात कर सकते हैं।

इस प्रकार के प्रयोगों के निष्कर्ष से पता चलता है कि पौधों में जल की मात्रा बहुत अधिक होती है, अर्थात् काष्ठीय भागों में लगभग 40 से 50 प्रतिशत, शाकीय भागों में 50 से 80 प्रतिशत गूदेदार तथा रसीले पौधों एवं फलों में 85 से 95 प्रतिशत, जलीय पौधों विशेषकर शैवालों में 75 से 98 प्रतिशत जल की मात्रा हो सकती है। पौधों के शुष्क भाग में कार्बनिक तथा अकार्बनिक यौगिकों को ज्ञात करने के लिए उसे सावधानी से 400°C. से 600°C. तक के ताप पर लौ के ऊपर जलाते हैं, धीरे-धीरे यह शुष्क भाग जलकर चारकोल में परिवर्तित हो जाता है। इस प्रकार जलाने से दहनशील कार्बनिक यौगिक जैसे-कार्बोहाइड्रेट्स, प्रोटीन तथा वसाएं आदि जलकर कार्बन-डाई-ऑक्साइड, सल्फर-डाई-ऑक्साइड, जल की वाष्प तथा अमोनिया अथवा स्वतंत्र नाइट्रोजन में परिवर्तित हो जाते हैं। इन गैसों को सावधानी से एकत्रित करके उनके संगठन को ज्ञात किया जाता है।

अदहनशील अकार्बनिक यौगिक राख के रूप में शेष रह जाते हैं। इस खनिज राख की मात्रा बहुत कम रहती है जो कि लगभग 1 से लेकर 17 प्रतिशत तक हो सकती है पर अधिकांश पौधें में यह 5 प्रतिशत से अधिक नहीं रहती। इस राख का विश्लेषण करके अन्य तत्वों की उपस्थिति भी ज्ञात कर ली जाती है। इस प्रकार रसायनिक विश्लेषण द्वारा पता चलता है कि पौधों में 50 से अधिक प्रकार के तत्व पाये जा सकते हैं पर इनमें लगभग 34 तत्व ही सभी पौधों में थोड़ी बहुत मात्रा में पाये जाते हैं। इनमें केवल निम्न 14 तत्व ही योग्य मात्रा में मिलते हैं शेष तो लेशमात्र ही रहते हैं।

धातु-1. कैल्शियम, 2.पोटैशियम, 3.मैग्निशियम, 4. लोहा, 5. सोडियम।

अधातु-1.कार्बन, 2.हाइड्रोजन, 3.ऑक्सीजन, 4.नाइट्रोजन, 5.गन्धक

6. फास्फोरस, 7. क्लोरीन, 8. आयोडीन, 9. सिलिकॉन।

लेशमात्र तत्वों में बोरॉन, मैंगनीज, तांबा, जस्ता, एल्यूमिनियम तथा मालीब्डेनम विशेष महत्वपूर्ण हैं।

परजीवी तथा मृतोपजीवी पौधों को छोड़कर शेष सभी स्वपोषी अर्थात् हरे पौधे अपने पोषण तत्वों को अकार्बनिक रूप में ही प्राप्त करते हैं। कार्बन की प्राप्ति वायुमण्डल से कार्बन-डाई-ऑक्साइड के रूप में (जल निमग्न पौधों में जल में घुली कार्बन-डाई-ऑक्साइड से) होती है, हाइड्रोजन तथा ऑक्सीजन प्रमुख मात्रा में जल के रूप में तथा श्वसन हेतु ऑक्सीजन वायुमण्डल से ही प्राप्त की जाती हैं, शेष सभी तत्व खनिजों के रूप में प्राप्त किये जाते हैं। नाइट्रोजन सही अर्थों में खनिज तो नहीं है लेकिन इसकी भी प्राप्ति पौधे यौगिक रूप में भूमि से ही करते हैं अतः इसे भी खनिजों के साथ ही सम्मिलित कर लिया जाता है।

सवंर्द्धन प्रयोग -

पौधों में पाये जाने वाले सभी तत्व पौधों के लिये अति आवश्यक नहीं भी हो सकते हैं, इनमें कौनसे तत्व वास्तव में आवश्यक है इनका पता संवर्द्धन प्रयोगों से चल सकता है। इन प्रयोगों में या तो आसुत जल जिसमें कि आवश्यक तत्वों के लवण घुले हो उपयोग में लिया जाता है या शुद्ध घुली हुई तथा कीटाणु एवं किसी भी प्रकार के अन्य तत्वों से रहित बालू लेकर उसमें सवंर्द्धन घोल मिला दिये जाते हैं। सैच तथ नॉप के संवर्द्धन घोल अधिक प्रचलित रहे हैं।

बालू संवर्द्धन प्रयोग -

इन प्रयोगों में बालू को पहले भली-भांति पानी से धो लिया जाता है जिससे कि उसमें उपस्थित सभी घुलित तत्व निकल जाते हैं। इसके बाद के कई घंटों तक गर्म कीटाणुनाशक घोल डालकर उसे फिर शुद्ध जल से अनेक बार धो लेते हैं। अब इस बालू में न तो कोई धुलित तत्व रहते हैं और न ही जीवाणु या कवक आदि अन्य जीव रह जाते हैं। पोरसेलीन के गमलों में इस बालू को भरकर इसमें उचित मात्रा में संवर्द्धन घोल मिला दिये जाते हैं तथा उनमें अंकुरित पौधा लगा दिया जाता है। विभिन्न गमलों में इच्छानुसार तत्वों को दिया जा सकता है।

इस प्रकार सवर्द्धन प्रयोगों द्वारा निष्कर्ष निकलता है कि पौधों में पर्याप्त मात्र में पाये जाने वाले 14 तत्वों में केवल निम्नांकित 10 तत्व अति आवश्यक है-

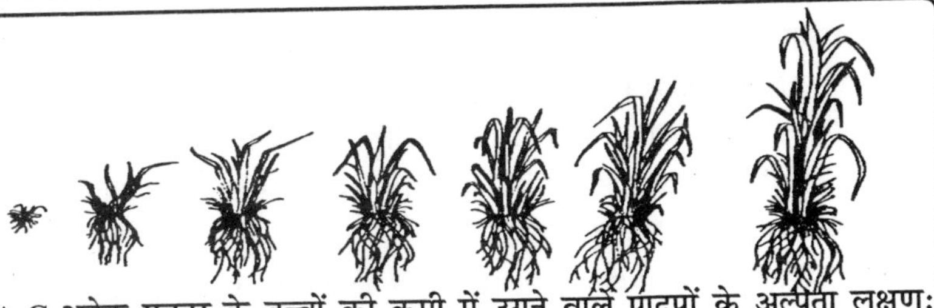

A-G अनेक प्रकार के तत्त्वों की कमी में उगने वाले पादपों के अल्पता लक्षण: (A)कैल्शियम(B)पौटेशियम(C)नाइटोजन(D)लोहा (E) मैग्नीशियम (F) फॉस्फोरस (G) पौधे की वृद्धि के लिए सभी तत्त्व

अधातु – कार्बन, हाइड्रोजन, ऑक्सीजन, नाइट्रोजन, गन्धक तथा फास्फोरस।

धातु – कैल्शियम, मैग्नीशियम, पोटैशियम तथा लौह। शेष तत्व जैसे- सोडियम, क्लोरिन, तथा आयोडिन अनावश्यक प्रतीत होते हैं।

वास्तव में संवर्द्धन घोलों में लिये गये लवण पूर्णतः विशुद्ध नहीं थे, उनमें अशुद्धियों के रूप में अन्य तत्व भी लेश मात्र में उपस्थित थे। अतएव आधुनिक समय में इन लवणों को विशुद्ध रूप से लेकर धोलने पर पता चला कि इन आवश्यक तत्वों के अतिरिक्त कुछ अन्य तत्व भी पौधों की सामान्य वृद्धि के लिये चाहिए पर उनकी मात्रा इतनी सूक्ष्म है कि उनका अनुपात इन तत्वों से 1/1000 या 1/10000 तक या इससे भी कम हो सकता है, इन्हे लेशमात्र या सूक्ष्म तत्व कहा जाता है।

इन सूक्ष्म तत्वों में निम्नलिखित प्रमुख है मैगनीज, जस्ता, तांबा, मॉलीब्डेनम तथा बोरान को छोड़कर शेष सभी तत्व जड़ों द्वारा भूमि से प्राप्त होते हैं। अतः भूमि में इन सभी आवश्यक तत्वों की मात्रा पर्याप्त रूप से बनी रहनी चाहिए तभी उसमें उत्पन्न पौधे सफलतापूर्वक वृद्धि कर सकते हैं तथा फूल और बीज दे सकते हैं।

खनिज तत्वों के सामान्य कार्य –

(1) जीवद्रव्य एवं कोशिका भित्ति का निर्माण- C, H, O, N, S,और P आदि तत्व जीवद्रव्य एवं कोशिका भित्ति के पदार्थों का निर्माण करते हैं।

(2) कोशिका के परासरण दाब पर प्रभाव – कोशिका रस में घुले तत्व परासरण दाब का नियंत्रण करते हैं।

(3) pH पर प्रभाव – कुछ आयन pH का संतुलन करते हैं।

(4) उत्प्रेरक कार्य – Fe, Mn, Mg, Zn, Mo, Cl, Cu, Al तत्व एन्जाइम क्रियाओं को उत्प्रेरित करते हैं।

(5) विरोधी या संतुलन कार्य – Ca, Mg, K, Na आदि तत्व विषैले अम्लों या क्षार को उदासीन करते है तथा आयनों की सान्द्रता का सन्तुलन करते है।

(6) अनेक तत्व जीवद्रव्यी – झिल्लियों की पारगम्यता को प्रभावित करते हैं।

अनिवार्य तत्वों के कार्य –

(1) कार्बन – पौधों में लगभग 45 प्रतिशत शुष्क भार कार्बन का होता है। पौधों द्वारा कार्बन–डाई–ऑक्साइड के रूप में प्राप्त होकर, प्रकाश–संश्लेषण क्रिया द्वारा यह तत्व विभिन्न कार्बनिक यौगिकों में पहुंचता है तथा जड़ों द्वारा अवशोषित नहीं होता।

(2) हाइड्रोजन – यह जल के रूप में पौधों को मिलता है तथा लगभग सभी प्रकार के कार्बनिक पदार्थों को बनाने में आवश्यक है।

(3) ऑक्सीजन – यह वायु, जल अथवा कुछ ऋणायनों के रूप में प्राप्त होता है और बहुत से कार्बनिक पदार्थों में होता है।

(4) नाइट्रोजन- यह वायु, जल और मृदा तीनों से पौधों को मिलता है। स्वतंत्र नाइट्रोजन अधिकतर पौधे उपयोग नहीं कर पाते परन्तु कुछ जीवाणुओं, नील हरित शैवालों तथा उच्च पादपों द्वारा इसका सीधा स्थिरीकरण होता है।

पौधों के अमीनों अम्लो, प्रोटीन न्यूक्लिक- अम्ल (DNA, RNA) क्लोरोफिल, विटामिन कुछ हार्मोन आदि पदार्थों के बनाने के लिए N तत्व आवश्यक होता है। इसकी कमी से पहले पुरानी (वृद्ध) और बाद में नई (युवा) पत्तियाँ पीली हो जाती है और कोशिका विभाजन कम हो जाता है।

(5) फॉस्फोरस- यह जल या मिट्टी से H_2PO_4 और HPO_4 आयनों के रूप में मिलता है तथा न्यूक्लिक-अम्लों (DNA, RNA) फास्फोलिपिड, विटामिन, ATP, NADP, शर्करा-फॉस्फेट, आदि पदार्थों में होता है। यह श्वसन, प्रकाश-संश्लेषण, ऊर्जा स्थानान्तरण और प्रोटीन संश्लेषण करने में सहायक होता है। फॉस्फोरस की कमी से पौधे की वृद्धि कम होती है और वह छोटा बौना एवं कमजोर रहता है एवं पत्तियाँ गहरे हरे रंग की, लाल - भूरे धब्बों से युक्त, शीघ्र गिरने वाली हो जाती है।

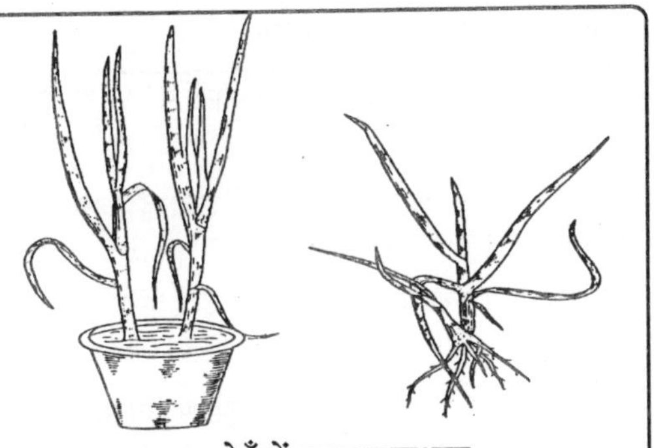

A-B. गेहूँ में अल्पता लक्षण
(A) कैल्शियम, (B) फास्फोरस,

(6) पोटैशियम - यह मिट्टी में K^+ आयन रूप में प्राप्त होता है तथा विभज्योतक भागों में अधिक मिलता है ।.यह किसी कार्बनिक पदार्थ में नहीं होता। प्रोटीन, स्टॉर्च और शर्करा. पदार्थों के निर्माण में भाग लेने वाले लगभग 40 एन्जाइमों के सहकारकों के रूप में यह तत्व कार्य करता है। यह अमीनो अम्ल से प्रोटीन संश्लेषण के सहकारक के रूप में कोशिका - विभाजन नाइट्रेट-अपचयन, क्लोरोफिल निर्माण और रन्ध्रों की गति में उपयोगी होता है। इस तत्व की अनुपस्थिति में प्रोटीन और कार्बोहाइड्रेट संश्लेषण कम हो जाता है और श्वसन दर बढ़ जाती है तथा पौधे की जड़ें कम विकसित होती है।

(7) कैल्शियम - यह मिट्टी में Ca^{++} आयन रूप में एनाथाइट से मिलता है तथा यह कोशिका भित्ति के निर्माण, गुणसूत्रों के संगठन और कोशिका विभाजन और कोशिका वर्द्धन की क्रियाओं में उपयोगी होता है। यह कोशिका भित्ति तथा मध्य-पटलिका में Capectate लवण के रूप में होता है। जड़ों की वृद्धि में और गुठलीदार फलों में गुठली बनाने के लिए आवश्यक होता है। इसकी कमी से युवा पत्तियों के किनारों पर हरिमहीनता और ऊतक क्षय विभज्योतक प्रदेशों का विघटन और मृत्यु, युवा पत्तियों में असमान वृद्धि होती है।

(8) मैग्नीशियम - यह मिट्टी Magnesite ($MgCO_3$) Olivine [$Mg_2Fe_2SIO_4$]

A-B. अल्पता लक्षण : (A) चुकन्दर में कैल्शियम की कमी के लक्षण , (B) टमाटर में पोटेशियम की कमी के लक्षण।

Dolomite ($MgCO_3$, $CaCO_3$) खनिजों में होता है और Mg^{++} आयन रूप में अवशोषित होता है।

यह क्लोरोफिल की संरचना में होता है जिसकी उपस्थिति प्रकाश-संश्लेषण के लिए आवश्यक होती है। इसकी अनुपस्थिति में पत्तियों में पीले धब्बे तथा ऊतक क्षय के धब्बे बन जाते हैं। इसके बिना क्लोरोफिल नहीं बनता और पत्तियों में शिराओं के बीच में हरिमहीनता हो जाती है।

(9) लौह - यह तत्त्व सल्फाइड फ्लैवोप्रोटीन आदि वर्णकों में होता है और पौधों में साटोक्रोम फ्लैवोप्रोटीन आदि वर्णकों में होता है जो श्वसन में उपयोगी होते हैं।

फेरौडॉक्सिन पदार्थ में संलग्न रहकर या प्रकाश-संश्लेषण में भाग लेता है। यह फेरस दशा में मिट्टी से अवशोषित होता है। इसकी अनुपस्थिति में युवा पत्तियों में हरिमहीनता हो जाती है।

(10) सल्फर - यह मिट्टी में Pyrite, Cobalite, Gypsum, Epsomite आदि खनिजों में होता है।

पौधों में यह तत्व कुछ अमीनों-अम्लों तथा बहुत से प्रोटीनों में होता है। मिट्टी से यह SO_4 आयनो रूप में अवशोषित होता है। इसका कार्य कुछ ऑक्सीकरण तथा उपचयन घटनाओं में और जड़ों की उत्पत्ति में होता है। यह वसा संश्लेषण, क्लोरोफिल संश्लेषण और संरचना बनाने में भाग लेता है। इसकी अनुपस्थिति में युवा पत्तियों में हरिमहीनता और पीलापन हो जाता है।

(11) मैगनीज - यह मैग्नेट आयन के रूप में मिट्टी से मिलता है और पत्तियों के क्लोरोफिल के निर्माण में कार्य करता है। इसका प्रमुख कार्य Nitrate-metabolism होता है। इसकी अनुपस्थिति में युवा और प्रौढ़ पत्तियों में हरिमहीन और ऊतकक्षय के कारण पीली और भूरी (उनमें चितकबरापन) हो जाती है।

(12) बोरोन - यह बोरेट ऋणायन के रूप में अवशोषित होता है तथा इसका कार्य शर्करा के स्थानान्तरण में होता है।

मटर-कुल (Leguminosae) के पौधों की जड़ों में नाइट्रोजनस्थिरीकरण करने वाली बैक्टीरिया युक्त गांठ बनाने में भी इसका निर्माण होता है। इसकी कमी से जड़ों और प्ररोह के अग्रस्थ भाग का मृत होना, जड़ें कम विकसित होना, पुष्पों की संख्या कम रहना, फलों का आकार छोटा रहना, पत्तियों में भंगुरता हो जाती है।

(13) जिंक – यह मिट्टी में मेजनेटीट, बॉयोटीट, बोरोन खनिजों में होता है। इसका कार्य श्वसन उपापचय की क्रियाओं में तथा वृद्धिवृद्धक हार्मोन IAA (Indole Acetic Acid) के निर्माण में होता है। इसके अभाव में छोटे फल, बौने पौधे (पर्व छोटे), पत्तियों में चितकबरापन व पीलापन (अन्तर शिरीय भागों में) छोटी पत्ती रोग एवं कम बीज निर्माण होता है।

(14) कॉपर – यह खनिज में होता है और मिट्टी से धनायन रूप (Cu^{++}) में मिलता है। यह तत्व अधिक मात्रा में विषाक्त होता है किन्तु न्यून मात्रा में आवश्यक होता है। हरितलवक के साथ प्रकाश-संश्लेषण के इलेक्ट्रोन स्थानान्तरण में भाग लेता है। इसकी अनुपस्थिति में पत्तियाँ सिरे और किनारों पर पीली ओर मुरझा जाती हैं, क्योंकि क्लोरेफिल निर्माण नहीं होता। इसके अतिरिक्त नींबू में तनों और पत्तियों पर भूरे दाग उत्पन्न हो जाते हैं।

(15) मोलिब्डेनम – यह मालिब्डेनम ऋणायन रूप में मिट्टी से मिलाता है। यह प्रोटीन संश्लेषण में और नाइट्रेट से अमोनिया बनने के लिए आवश्यक होता है। इसका कार्य Rhizobium बैक्टीरिया द्वारा सम्पन्न की जाने वाली नाइट्रोजन स्थिरीकारक घटना होती है और इसकी अनुपस्थिति से निचली पत्तियों में क्लोरोसिस हो जाती है।

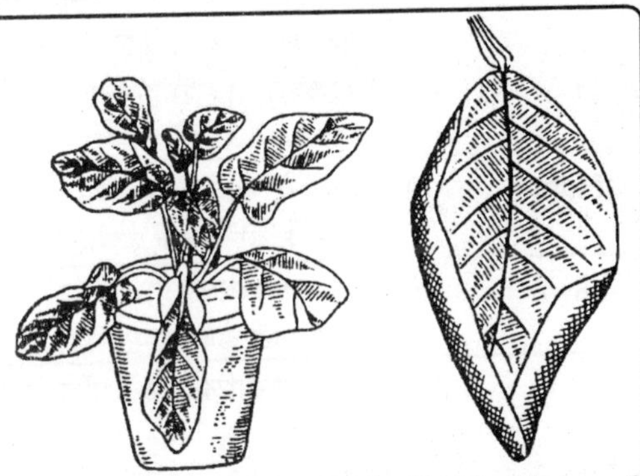

A-B. अल्पता के लक्षण : (A) पत्तियों में मैग्नीशियम की कमी के लक्षण, (B) सिट्रस में मोलिब्डेनम की कमी के लक्षण

हाइड्रोपोनिक्स

यह शब्द सर्वप्रथम गैरिक ने दिया। इस विधि के अन्तर्गत पौधों को जल तथा बालू संवर्द्धन में उगाया जाता है इसलिए इसे पौधों की मृदा रहित वृद्धि भी कहते हैं। इस संवर्द्धन में प्रयोग किये जाने वाले विलयन में सभी आवश्यक तत्व उपस्थित होते हैं। कुछ वर्षों से इस विधि द्वारा टमाटर, गाजर, गुलाब तथा आलू को व्यापारिक स्तर पर उगाया जा रहा है। इस विधि की मुख्य उपयोगिताएं निम्नलिखित हैं –

(1) जीवाणु तथा कवक संक्रमण को रोका जा सकता है।

(2) सूखा, बाढ़ तथा अपरदन जैसी प्राकृतिक विपदाओं का कोई प्रभाव नहीं होता।

विभिन तत्व तथा उनके प्रभाव

तत्त्व	लक्षण
1	2
	I. प्रमुख प्रभाव पुरानी वृद्ध (निचली) पत्तियों पर
	(अ) प्रभाव सम्पूर्ण पौधे पर
नाट्रोजन	(i) पत्तियाँ हल्की हरी, निचली पत्तियों में हरिमहीनता और लाल भूरे धब्बे, सूखी और भूरी शीघ्र झड़ने वाली, डण्ठल छोटी या पतली तथा छोटी।
फॉस्फोरस	(ii) पत्तियाँ गहरी हरी, बैंगनी वर्ण के धब्बे, निचली पत्तियाँ पीली, सूखकर भूरी हरी शीघ्र झड़ने वाली, डण्ठल पतली तथा छोटी।
	(ब) प्रभाव सीमित
मैग्नीशियम	(i) पत्तियों में अन्तर शिरीय भागों में चितकबरापन या हरिमहीनता, कभी-कभी लाली या निर्जीव स्थान, सिरा और किनारा ऊपर मुड़ा या प्यालाकार, डण्ठल पतली। (ii) चितकबरी या हरिमहीन पत्तियाँ, उसमें बड़े या छोटे निर्जीव ऊतक के धब्बे।
पोटैशियम	(a) पत्तियों के शीर्ष पर या शिराओं के बीच में या किनारे पर निर्जीव ऊतक के छोटे धब्बे, डण्ठल पतली।
जिंक	(b) धब्बे सभी स्थानों पर तेजी से बढ़ते हुए, शिरिकाओं के बीच में पत्तियाँ मोटी डण्ठल पतली।
	II. नयी तथा कलिका की पत्तियों पर प्रभावी लक्षण सीमित क्षेत्रों में
	(अ) अन्तस्थ कलिका की मृत्यु।
कैल्शियम	(i) नयी पत्तियों में हुक का आकार दिखाई पड़ना, बाद में सिरे तथा किनारे से अंगमारी आरम्भ होकर पीछे बढ़ना अन्त में इन स्थानों का कटा-फटा होना तथा कलिका की मृत्यु।
बोरोन	(ii) नयी पत्तियों का आधार हल्का हरा, फिर उस आधार पर विघटन होना, फिर मरोड़पन होना, अंत में कलिका की मृत्यु।
	(ब) अन्तस्थ कलिका जीवित रहना या मृत होना तथा मुर्झाना, निर्जीव धब्बे होना, शिराये हल्की या गहरी रंग की।
कॉपर	(i) युवा पत्तियों का मुर्झाना धब्बे या हरिमहीनता नहीं डण्ठल कमजोर और गिर जाने वाली अग्रस्थ कलिका की मृत्यु। (ii) युवा पत्तियों में मुर्झान नहीं परन्तु हरिमहीनता होना, अग्रस्थ कलिका जीवित।

विभिन तत्व तथा उनके प्रभाव

1	लक्षण
मैगनीज	(a) पत्ती में निर्जीव धब्बे पत्तों पर छितरे हुए, शिरिकायें हरी रहना तथा जालरूपी दिखाई पड़े। (b) पत्ती में निर्जीव धब्बे नहीं होते, उसकी शिराकाओं में हरिमहीनता होना, उनमें हल्का गाढ़ा हरापन।
सल्फर	(a) युवा पत्तियों की शिराओं और अन्तरा-शिरा स्थानों में हल्का हरापन।
आयरन	(b) युवा पत्तियों में हरिमहीनता, मुख्य शिरायें हरी, डण्ठल पतले और छोटे।

खाद्य पदार्थों का स्थानान्तरण

भोजन के तीन प्रमुख रूप - कार्बोहाइड्रेट्स, प्रोटीन्स तथा वसाऐं है। भोजन का मुख्य निर्माण हरी कोशिकाओं में हैक्सोज शर्कराओं के रूप में होता है तथा इन्हीं सरल शर्कराओं के विभिन्न प्रकार के संघनन से अन्य कार्बोहाइड्रेट्स निर्मित होते हैं। इन्हीं से रसायनिक परिवर्तनों द्वारा वसाएं बनती है और इन्हीं से नाइट्रोजनयुक्त यौगिकों की सहायता से प्रोटीन आदि भी बनते हैं।

खाद्य का स्थानान्तरण

उच्चवर्गीय पौधों में पत्तियों की मीजोफिल की मृदुतक कोशिकाओं द्वारा प्रकाश संश्लेषण से सरल शर्कराएं बनती है। वहीं पर इनका अधिकांश भाग मंड रूपी अघुलनशील कार्बोहाइड्रेट में बदल जाता है, इसके अतिरिक्त इन पौधों में पत्तियों में ही प्रोटीन तथा वसाएँ आदि भी निर्मित होती है। प्रकाश-संश्लेषण को छोड़कर अन्य प्रकार के खाद्य संश्लेषण की क्रिया पौधों की समस्त जीवित कोशिकाएँ कर सकती है , पर यह जरूरी नहीं है कि किसी कोशिका की आवश्यकता का भोजन उसी द्वारा संश्लेषित हो। अत: पौधों के एक भाग की कोशिकाओं द्वारा बना अथवा संचित भोजन दूसरे भाग की कोशिकाओं तक स्थानान्तरित होता रहता है। यह निश्चित है कि कोशिकाएँ जब भी किसी भोजन को अपने अन्दर अघुलनशील रूप में रखती या संचित करती है तो वे उसे उस रूप में अपने भीतर ही संश्लेषित करती है । इसी प्रकार उस भोजन का स्थानान्तरण उन कोशिकाओं से अन्य कोशिकाओं तक तभी हो सकता है जब वे घुलनशील तथा विलयशील रूप में हो जाएँ। इन अघुलनशील एवं अविलयशील भोज्य पदार्थों का घुलनशील एवं विलयशील रूप में परिवर्तन पाचन कहलाता है जो विकरणों की सहायता से पूरा होता है। साधारणत: उच्चवर्गीय तथा स्वपोषित पौधों में पाचन अंत:कोशिकीय विधि है जैसे - पत्तियों की हरी कोशिकाएं शर्करा को मंड के रूप में पचित करके अन्य भागों को स्थानान्तरित कर देती है। पौधे के विभिन्न अंगों की अन्य कोशिकाएं इस प्राप्त ग्लूकोज को घुलित रूप में ले लेती है, यदि यह उनकी ऊर्जा सम्बन्धी एवं अन्य जैविक कार्यों की आवश्यकता से अधिक हुआ तो उसे वे फिर मंड रूप में संग्रह कर लेती है। इस प्रकार अन्य संचित अंगों की कोशिकाओं से भी जब वृद्धि

सम्बन्धित कोशिकाओं तक भोजन का स्थानान्तरण होता है तो उन कोशिकाओं में पहले इसका अंत: कोशिकीय पाचन होना जरूरी है।

स्थानान्तरण की दिशायें -

उच्च पौधों में भोज्य पदार्थों का स्थानान्तरण अनेक दिशाओं में होता है जिनमे से प्रमुख निम्न हैं -

(अ) नीचे की ओर स्थानान्तरण - पत्तियों में निर्मित कार्बनिक खाद्य पदार्थ नीचे की ओर जाते हैं और तनों,जड़ों, फलों एवं नीचे की पत्तियों में पहुंचते हैं। भोज्य पदार्थों का कुछ भाग पोषण में उपयोग हो जाता है। भोजन का शेष भाग अघुलित भोज्य पदार्थों के रूप में परिवर्तित होकर संचायक अंगों में संचित हो जाता है जैसे जड़ों में गाजर, मूली, तनों में आलू का कन्द, अरबी का प्रकन्द आदि।

(ब) ऊपर की ओर स्थानान्तरण - अंकुरण के समय बीजों से अथवा भूमिगत संचायक अंगों से नये बनते तनों, पत्तियों नई कलिकाओं और फलों अथवा तने की ऊपरी पत्तियों से शीखाग्र की ओर भोज्य पदार्थों का स्थानान्तरण नीचे से ऊपर की ओर होता है।

(स) पार्श्वीय दिशा में स्थानान्तरण - तनों और जड़ों में कुछ भोज्य पदार्थ पार्श्वीय दिशा में मज्जा से कॉर्टिक्स की ओर चलता है। यह कार्य मज्जा किरणों के मार्ग में होता है।

स्थानान्तरण का मार्ग

उच्च पौधों में भोज्य पदार्थों के स्थानान्तरण के लिये संवहन-तंत्र का विकास हुआ है जो जड़ों से लेकर तनों, पत्तियों एवं फलों में संवहन पूलों से बने जाल के रूप, अविरत ढंग से व्यवस्थित होकर बनता है। इस तंत्र में जाइलम तथा फ्लोएम प्रकार के उत्तक प्रमुख होते हैं। जाइलम भाग में वाहिका वाहिनिका जाइलम मृदुतक आदि नलिका समान कोशिकाओं की व्यवस्था होती है। फ्लोएम भाग में फ्लोएम-मृदुतक चालनी-नलिकायें तथा सह-कोशिकायें होती हैं।

(अ) नीचे की ओर खाद्य-पदार्थों के स्थानान्तरण का मार्ग- डिक्सन ने पहले यह बताया था कि भोज्य पदार्थों का स्थानान्तरण जाइलम के मार्ग से होता है। कुर्टिस ने प्रयोगों द्वारा सिद्ध किया कि यह स्थानान्तरण ऊपर और नीचे दोनों ओर पोषवाह के ही मार्ग से होता है। इसके निम्नलिखित प्रमाण हैं-

(1) अन्य ऊतकों का विलोपन - फ्लोएम को छोड़ अन्य ऊतक स्थानान्तरण में कार्य नहीं करते क्योंकि उनमें यह कार्य नहीं हो सकता। जाइलम वाहिकाओं और वाहिनिकाओं में लवणों का जलीय घोल होता है जो ऊपर की ओर चलता है। अत: इसमें कार्बनिक पदार्थ नीचे नहीं चल सकते। अन्य भरण ऊतक में घुलनशील कार्बनिक पदार्थ बहुत कम या बिल्कुल नहीं होते जिनका स्थानान्तरण हो सके। अत: अब केवल फ्लोएम ऊतक ही बचता है जिसमें स्थानान्तरण हो सकता है।

(2) स्थानान्तरण के लिए फ्लोएम की उपयुक्त-संरचना- जाइलम ऊतक की कोशिकायें लम्बान दिशा में ही लम्बी और नलिकाकार होती हैं और ऊपर या नीचे दोनों ओर खाद्य पदार्थों

का स्थानान्तरण के लिये विशेष उपयुक्त नहीं होती। फ्लोएम में चालनी – नलिकाओं का क्रम एक के बाद एक करके कतार में जुड़ा होता है और बीच-बीच में चालनी पट होते हैं जिसमें बहुत से सूक्ष्म छिद्र होते हैं। एक चालनी – नली से दूसरी में पदार्थों का चालान इन छिद्रों के मार्ग से हो सकता है। फलों में स्पष्ट बड़ी चालनी नलिकायें होना और कुकरबिटेसी कुल के लम्बे पतले प्रतानरूपी तनों में उभय फ्लोएम का कार्य स्थानान्तरण में अधिक कुशलता से हो सकता है।

(3) फ्लोएम का रसायनिक विश्लेषण – कपास की पत्ती में शर्करा और कार्बनिक नाइट्रोजन के परिवर्तनों के साथ तनों के फ्लोएम में कुछ काल बाद परिवर्तन होता है परन्तु जाइलम में सान्द्रता समान रहती है। तनों के फ्लोएम से कीड़े सूंड द्वारा शर्करा चूसते हैं।

जो पदार्थ पत्ती में बनते हैं, जैसे – शर्करा वे तनों के फ्लोएम भाग में पहुंच जाते हैं। यह तथ्य रेडियो एक्टिव समस्थानिक की ट्रेसिंग विधि से पता लगता है। इस विधि में पत्तियों को C^{14} (चौदह परमाणु भार) वाले कार्बन तत्व से बनी $C^{14}O_2$ दी जाती है, जो प्रकाश – संश्लेषण द्वारा विभिन्न कार्बनिक पदार्थों में पहुंच जाती है। तब ये पदार्थ तनों में पहुंच जाते हैं तो वहाँ कार्बन-डाई -ऑक्साइड गैस की उपस्थिति रेडियो एक्टिवता नापने के यन्त्रों द्वारा प्रकट हो जाती हैं। फ्लोएम के रस का रसायनिक विश्लेषण करने से उनमें वही पदार्थ मिलते हैं जो पत्तियों की कोशिकाओं में बनते हैं। जब तने पर एक भाग जल की गर्म वाष्प से मृत किया जाता है तो फ्लोएम मृत हो जाने से उपरोक्त परिवहन नहीं हो पाता जबकि जाइलम में पहले समान होता है।

(4) वलयन प्रयोग – इस विधि में पौधे के मुख्य तने पर पत्तियों के नीचे फ्लोएम तथा छाल के ऊतकों को काटकर इस प्रकार से निकाल देते हैं कि केवल जाइलम तथा उसके अन्दर का पिथ भाग बचा रहे।

(i) एक काष्ठीय पौधे के तने के लगभग 3-4 सेमी. भाग में दारू के बाहर का सम्पूर्ण ऊतक वलय के रूप में छीलकर हटा देते हैं।

(ii) छिले हुए भाग पर कपड़ा लपेटकर उसे सदैव नम रखते हैं। कुछ पौधों में इस फूलें भाग से उपस्थानिक जड़ भी निकलने लगती है।

(iii) वलय के ठीक नीचे के भाग के ऊतक सूखने लगते हैं।

(iv) इस प्रयोग में पत्तियों को जल तथा खनिज निरंतर मिल रहे हैं पर उनमें निर्मित भोजन (कार्बोहाइड्रेटस तथा प्रोटीन इत्यादि) वलय के केवल ऊपरी भाग तक पहुंच रहे हैं और फ्लोएम के छिल जाने के कारण नीचे नहीं पहुंच पा रहे हैं।

(v) ये पदार्थ नीचे न जा सकने के कारण वलय के ठीक ऊपर के भाग में अधिक मात्रा में एकत्रित हो जाते हैं जिससे कि तने का यह भाग फूल जाता है।

(vi) वलय के नीचे का भाग पहले तो अपने संचित भोजन पर आश्रित रहता है पर जब जैविक क्रियाओं में यह धीरे-धीरे समाप्त हो जाता है तो यह भाग धीरे-धीरे सूखने लगता है तथा अन्त में भोजन के अभाव में जड़ें मर जाती है फलस्वरूप पूरा पौधा ही मर जाता है।

(vii) भोजन की अधिक उपलब्धि के कारण कुछ पौधों में वलय के ऊपर के फूले हुए भागों

से नई अपस्थानिक जड़े निकल पड़ती है।

(ब) ऊपर की ओर पदर्थों के स्थानान्तरण का मार्ग –

डिक्सन के अनुसार खाद्य पदार्थों का ऊपर की ओर स्थानान्तरण जाइलम के मार्ग से होता है परन्तु यह मान्य नहीं है। कर्टिस ने बाद में प्रयोग द्वारा दिखाया कि खाद्य पदार्थ ऊपर की ओर भी फ्लोएम के मार्ग से ही चलते हैं।

इस सम्बन्ध में उन्होंने निम्न तीन प्रकार के वलयन प्रयोग किये–

(i) प्रथम पौधे में मुख्य तने के एक स्थान पर फ्लोएम का वलयन किया गया और ऊपर की पत्तियां हटा दी गयीं। जाइलम को नष्ट नहीं होने दिया गया।

(ii) दूसरे पौधें में मुख्य तने के एक स्थान पर फ्लोएम का भाग नही हटाया परन्तु जाइलम भाग को हटा दिया गया। ऊपर की पत्तियां हटा दी गयी।

(iii) तीसरे पौधें में फ्लोएम और जाइलम दोनों भाग सामान्य दशा में रहने दिये गये तथा पत्तियां नहीं हटाई गयीं।

उपरोक्त दशाओं में यह देखा गया कि वलयन से ऊपर के भागों में वृद्धि, शुष्क भार तथा शर्करा की मात्रा प्रयोग (अ) के पौधों में सबसे कम थी। अतः स्पष्ट है कि फ्लोएम हटा देने से ऊपर की ओर खाद्य पदार्थो का स्थानान्तरण रुक गया। मेसन एण्ड मैस्केल ने देखा कि जब वृद्धि करती कलिकायें हटा दी जाती है तो फ्लोएम में भोज्य पदार्थ संचित होता है। रबीडेन एण्ड बर्र के रेडियोधर्मी $C^{14}O_2$ के उपयोग वाले प्रयोग से भी फ्लोएम में ही ऊपर की ओर भोजन स्थानानतरण होना सिद्ध होता है।

स्थानान्तरण की क्रियाविधि

वैज्ञानिकों ने फ्लोएम ऊतक में पदार्थों के स्थानान्तरण की कियाविधि के सम्बन्ध में अपने मत दिये हैं इसमें से निम्नलिखित प्रमुख हैं–

1. विसरण परिकल्पना – इस परिकल्पना के अनुसार फ्लोएम की चालनी नलिकाओं में भोज्य पदार्थों का स्थानान्तरण विसरण के सिद्धान्तों के कारण होता है। भोज्य पदार्थ उच्च सान्द्रता (जहां वे निर्मित होते हैं- स्पलाई एंड)से कम सान्द्रता की ओर (जहां उनका उपभोग या अघुलित रूप से संचय होता है –कन्जेप्शन एडं)चलते हैं। यह परिकल्पना मान्य नहीं है क्योंकि विसरण के कारण हुए स्थानान्तरण का वेग, फ्लोएम में होने वाले स्थानानतरण के वास्तविक वेग से (लगभग 10 सेमी. प्रतिघंटा) अत्यधिक कम (लगभग 1000 गुना कम) होता है।

2. सक्रिय विसरण मत – मेसन तथा फिलिस ने उपरोक्त परिकल्पना में थोड़ा संशोधन करके कहा कि चालनी नलिका के जीवद्रव्य की क्रिया, विसरण करने वाले अणुओं को श्वसन द्वारा ऊर्जा (एटीपी) देकर अधिक सक्रिय और तेजी से विसरण प्रेरित करती है। इस मत के प्रायोगिक प्रमाण कम है।

3. जीवद्रव्यी- धारा प्रवाह का मत– डिब्रीज तथा कर्टिस के अनुसार घुलित भोज्य पदार्थ चालनी–कोशिकाओं में एक सिरे से दूसरे सिरे तक जीवद्रव्य की धारा प्रवाह गति द्वारा

तैरते हुये चलते है और एक चालनी – नलिका से दूसरी में चालनी – पटों के मार्ग से होकर इसी धारा में चलते है। इस तरह नीचे दोनों तरफ भोज्य पदार्थ चल सकते है। इस मत के विरोध में कहा गया कि धारा – प्रवाह की गति बहुत धीमी होती है जो वास्तविक प्रवाह से अत्यधिक कम होती है। थेन ने चालनी नलिकाओं को लम्बान दिशा में देखा जिनमें धारा प्रवाह होता है और निकट स्ट्रेन्डो में विपरीत दिशाओं में विलेय कणों का स्थानान्तरण देखा था। थेन के अनुसार इन स्ट्रैन्डो में माइटोकॉन्ड्रिया होते है जिनमें श्वसन द्वारा उत्पन्न एटीपी की ऊर्जा के उपयोग में विलय कणों का आवागमन होता है। ईसाऊ के अनुसार विलेय पदार्थ चालनी नलिकाओं के जीवद्रव्य में नहीं चलते बल्कि उनकी रिक्तिकाओं में चलते हैं।

मुन्च की व्यापक वहन परिकल्पना

खाद्य पदार्थों के स्थानान्तरण को समझाने हेतु 1930 में जर्मन वनस्पतिज्ञ अर्नेस्ट मुन्च ने एक परिकल्पना प्रस्तुत की। इस परिकल्पना के अनुसार इस प्रयोग में पानी से भरे दो बर्तनों को एक नली डी के द्वारा सम्बन्धित कर दिया जाता है। नली सी के मुड़े सिरों पर अर्ध पारगम्य झिल्ली की थैलियां बांध कर थैली ए तथा थैली बी में क्रमशः शर्करा का सान्द्र और तनु घोल या केवल पानी से भर देते है। अब इस थैलियों वाली मुड़ी नली को उपरोक्त जल से भरे बर्तनों में डुबा दिया जाता है। थैली ए के सान्द्र घोल का परासरण दाब अधिक होने से बाहर के बर्तन का जल उसमें परासरण द्वारा प्रवेश करता है। इसके फलस्वरूप थैली ए से शर्करा का घोल नली सी से बहता हुआ थैली बी में पहुंचता है।

थैली बी में घोल के इस आगमन के कारण उसमें से जल निकल कर बाहर के बर्तन में आ जाता है और बाहर आए हुए जल के कारण पुनः जल की व्यापक धारा थैली ए की ओर बढ़ती है। यह व्यापक वहन तब तक बना रहता है जब तक दोनों थैलियां के घोल की सान्द्रता समान नहीं हो जाती, इस बहाव को बनाए रखने के लिए थैली ए में शर्करा मिलाते रहना तथा थैली बी में से निकालते रहना पड़ता है। मुन्च ने पौधों में थैली ए की तुलना पत्तियों के मीजोफिल कोशिकाओं से, नली सी की फ्लोएम के चालिनी नलिकाओं से, थैली बी की जड़ों की कोशिकाओं से तथा जल से भरे बर्तनों की दारू वाहिकाओं से की। अतः उपरोक्त सिद्धान्त के द्वारा सरल भोज्य पदार्थो का वहन मीजोफिल कोशिकाओं से चलिनी नलियों द्वारा जड़ों की कोशिकाओं में तथा जड़ से जल का वहन पुनः मीजोफिल की ओर होता रहता है।

5. विद्युतीय-परासरण परिकल्पना – फ्रेन्सम (1977) तथा स्पेनर (1958, 1970) के अनुसार चालनी पटों के विपरीत पक्षों के बीच विद्युत – विभव का अन्तर उत्पन्न होने से जल और विलेयों की गति होती है। इस प्रकार का ध्रुवीकरण आयनों के प्रवेश और निकास के कारण होता है। चालनी पट के निचली सतह वाली चालनी नली से पोटेशियम आयनों का सक्रिय – पम्पन द्वारा स्राव (एटीपी की ऊर्जा लेकर) सहकोशिका से चालनी नली में होता है। इस तरह चालनी पट के छिद्रों में ऊपर से नीचे दाब बढ़ने से विलेय का प्रवाह होता है। बाउलिग ने विटीस वेनेफेरा के प्राथमिक फ्लोएम की चालनी पटों की दोनों सतहों के बीच विद्युत का अन्तर लगभग 50 मिलीवोल्ट पाया है, जो इस मत के पक्ष में हैं। यह सिद्धान्त मान्य नही हैं।

खाद्य संचयन - पौधों की पत्तियों में प्रकाश संश्लेषण द्वारा कार्बोहाइड्रेट - खाद्य पदार्थों का निर्माण इतनी अधिक मात्रा में होता है जितनी की उपयोगिता नहीं होती। निर्मित खाद्य का कुछ भाग वृद्धिकारी अंगों की ओर चला जाता है और कुछ भाग श्वसन तथा उपापचयी क्रियाओं में उपयोग होता है। निर्मित खाद्य का शेष भाग किसी अंग में अघुलित अवस्था में संचित हो जाता है। यह संचय लगभग सभी प्रकार के पौधों में होता है, परन्तु कुछ पौधों में संचय करने के लिये विशेष संचायक अंग होते हैं। संचित भोजन का उपयोग आवश्यकता पड़ने पर जब नये अंगों की वृद्धि होती है, पुनः होता है। पौधों में संचित खाद्य पदार्थों के अनेक प्रकार होते हैं - जैसे कार्बोहाइड्रेट ,मण्ड, शर्करायें, वसा, तेल प्रोटीन, कार्बनिक अम्ल और विटामिन इत्यादि।

खाद्य संचायक अंग - अधिकतर पौधों में भोजन का संचय पतली भित्ति वाले जीवित मृदुतक कोशिकाओं में होता है जो लगभग सभी अंगों में पाया जाता है। जड़ों और तनों के कॉर्टेक्स तथा मज्जा भाग में ऐसी कोशिकायें मुख्य रूप से मिलती है। इन कोशिकाओं में अनेक प्रकार के एन्जाइम होते हैं जो खाद्य को घुलनशील अथवा अघुलनशील रूपों में बदल सकते हैं जैसी कि आवश्यकता हो।

तनों की अन्तस्त्वचा - मज्जा रश्मि, जाइलम-मृदुतक, पत्तियों की संवहन पूलों के पूल आच्छद, आदि में प्रायः खाद्य एकत्र होता है। खाद्य - संचय विभिन्न अंगों में होता है जो निम्न हैं-

1. **पत्ती**- अधिकतर पौधों में खाद्य - संचय पत्तियों में नहीं होता क्योंकि प्रकाश संश्लेषण क्रिया में बाधा होती है। कुछ पत्तियां खाद्य संचय करती है जैसे - प्याज और लहुसन के बल्ब तथा धीक्वार, पत्तागोभी, अजूबा, विगोनिया आदि में रसदार पत्तियां होती है।
2. **जड़**- बहुत से पौधों की जड़ों में खाद्य एकत्र होता हैं, जैसे - मूली, गाजर, शलजम, चुकन्दर आदि की प्राथमिक मूसला जड़ें और शकरकन्द, शतावर, डहेलिया आदि की कन्दिल अपस्थानिक जड़ें।
3. **तना**- बहुत से पौधों के तनों में खाद्य एकत्र होता है। पर्णकाय़स्तम्भ, नागफनी, कैक्टाई, प्रकन्द-अदरक, हल्दी, केला, फर्न पौधे। घनकन्द- वेन्डा, धुइया, जिमीकन्द। पत्रकन्द रामबांस, रतालू।
4. **पुष्प**- फूलगोभी में खाद्य पदार्थ पुष्पों में होती है।
5. **फल**- ऐसी पुष्पी पादपों की संख्या बहुत है जिनके फलों में खाद्य एकत्र होता हैं जैसे- अमरूद, नाशपती, आम, संतरा आदि।
6. **बीज**- लगभग सभी पुष्पी पादपों के बीजों में खाद्य पदार्थ एकत्र होता हैं। यह पदार्थ या तो बीजपत्र में या भ्रूणपोष में संचित होता है। बीज के अंकुरण के समय इन खाद्य पदार्थों का उपयोग भ्रूण की वृद्धि में होता है।

❑❑❑

अध्याय 5

पादपों में एन्जाइम का योगदान

एन्जाइम शब्द की उत्पत्ति ग्रीक भाषा से हुई है। कोशिका में विभिन्न प्रकार की रसायनिक अभिक्रियायें एक निश्चित क्रम में विशेष पदार्थों या कार्बनिक उत्प्रेरकों द्वारा उत्प्रेरित होती रहती है। रसायनिक क्रियाओं को उत्प्रेरित करने वाले कार्बनिक उत्प्रेरक विकर कहलातें हैं।

या

सजीव कोशिकाओं में पाया जाने वाला वह उत्प्रेरक जो जैविक क्रियाओं को उत्प्रेरित करता है उसे एन्जाइम कहते हैं।

या

क्रिया की दर को प्रत्यक्ष अथवा अप्रत्यक्ष रूप से बढ़ाने वाला प्रोटीनयुक्त उत्प्रेरक पदार्थ एन्जाइम कहलाता है।

या

कार्बनिक उत्प्रेरक को एन्जाइम कहते हैं।

एन्जाइम जिस रसायनिक यौगिक पर क्रिया करते हैं उन यौगिकों को आधारीय पदार्थ या क्रियाधार कहते हैं।

एन्जाइम का इतिहास —

सर्वप्रथम एन्जाइम शब्द का प्रयोग **कुहने** ने किया।

पाश्चर ने एन्जाइम की वैज्ञानिक व्याख्या दी।

नोबल पुरस्कार प्राप्त **बुचनर** ने यीस्ट कोशिकाओं से विशिष्ट एन्जाइम निष्कर्षित तथा क्रिस्टलीकृत करके जाइमेज नाम दिया।

नोबल पुरस्कार प्राप्त **समनर** ने एन्जाइम की प्रोटीनीय प्रकृति को बताया तथा यूरिएज एन्जाइम निष्कर्षित तथा क्रिस्टलीकृत किया।

फ्रिट्ज लिप मैन ने सह-एन्जाइम को खोजा।

एमिल फिशर ने एन्जाइम्स की क्रिया के लिए ताला-कुंजीवाद दिया।

नोर्थ्रोप तथा **कुण्ट्ज** ने पैप्सिन एवं ट्रिप्सिन एन्जाइम का क्रिस्टलीकरण किया।

पाएन तथा **परसोज** ने डाएस्टेज एन्जाइम को खोजा।

सम्बन्धित परिभाषाएं —

समविकर - ऐसा एन्जाइम जो कि असंख्य बहुविकल्पीय आण्विक स्वरूपों में पाया जाता है उसे समविकर कहते हैं। यह रसायनिक दृष्टि से एक- दूसरे भिन्न होते हैं। इस प्रकार के

एन्जाइम सामान्यत: एक जीव में रहकर एक आधारीय पदार्थ या क्रियाधार पर विशिष्टता दर्शाते हैं। समविकर विभिन्न जीन्स से निर्मित रहते हैं तथा सामान्यत: चतुर्तयी प्रोटीन्स होते हैं जिनमें दो या दो से अधिक पॉलीपेप्टाइड होते हैं।

उदाहरण – (1) गेहूँ के भ्रूणपोष में पाये जाने वाले एल्फा – एमाइलेज में सोलह समविकर होते हैं। (2) मक्का में एल्कोहल डिहाइड्रोजिनेज चार समविकर होते हैं। (3) लैक्टेट डिहाइड्रोजिनेज में पाँच समविकर होते हैं।

बर्हिकोशिकीय एन्जाइम – ऐसे एन्जाइम जिनकी सक्रियता निर्माण करने वाली कोशिका के बाहर होती है उसे बर्हिकोशिकीय एन्जाइम या एक्सोएन्जाइम कहते हैं। यह एन्जाइम उच्च पौधों में कीटभक्षी पौधों, कवक तथा जीवाणुओं में पाये जाते हैं।

अन्त:कोशिकीय एन्जाइम – ऐसे एन्जाइम जो कोशिका में ही उत्पन्न होकर उसी कोशिका में क्रियाशील रहते हैं तो उनको एण्डोएन्जाइम या अन्त:कोशिकीय एन्जाइम कहते हैं।

उदाहरण – (1) कोशिकाद्रव्य में पाये जाने वाले ग्लाइकोजिनोलिसिस, ग्लाइकोजिनेसिस तथा वसीय संश्लेषण के एन्जाइम। (2) माइटोकॉन्ड्रिया में पाये जाने वाले ETC, क्रैब्स चक्र, β–ऑक्सीकरण, यूरिया चक्र तथा ऑक्सीय फॉस्फीकरण के एन्जाइम। (3) केन्द्रक में पाये जाने वाले NAD, RNAतथा हिस्टोन संश्लेषण के एन्जाइम।

प्रो-एन्जाइम या जाइमोजन – कोशिका में निष्क्रिय अवस्था में पाये जाने वाले पूर्वगामी पदार्थों को जाइमोजन या प्रो-एन्जाइम कहते हैं।

जैसे – (1) ट्रिप्सिनोजन की सक्रियता एन्टीरोकाइनेज के माध्यम से होने पर यह जाइमोजन ट्रिप्सिन में परिवर्तित हो जाता है। (2) पैप्सिनोजन का परिवर्तन पैप्सिन में हो जाता है।

क्या आप जानते हैं?

एन्जाइम्स को जैव उत्प्रेरक या कार्बनिक क्रिया के नियंत्रक भी कहा जाता है। जॉन फैफर ने एन्जाइम्स को जैव-रसायनिक मध्यस्थ नाम दिया। को-एन्जाइम को सहक्रियाधार या द्वितीय क्रियाधार कहते हैं। बर्हिकोशिकीय एन्जाइम्स को Organised ferments तथा अन्त:कोशिकीय एन्जाइम्स को Unorganised ferments कहा जाता है। कोशिका में पाये जाने वाले कुल एन्जाइम की मात्रा में से 70 प्रतिशत एन्जाइम्स केवल माइटोकॉन्ड्रिया में पाये जाते हैं।

एन्जाइम्स की प्रकृति – एन्जाइम मुख्य रूप से प्रोटीन के बने होते हैं जिनमें एक या एक से अधिक पॉलीपैप्टाइड शृंखला होती है। प्रोटीन भाग के अतिरिक्त एन्जाइम्स में कार्बनिक एवं अकार्बनिक पदार्थों के समूह या परमाणु या आयन पाये जा सकते हैं। एन्जाइम वृहिद् अणु होते हैं जिनका आण्विक भार उच्च होता है। एन्जाइम्स का आण्विक भार अत्यधिक भिन्नता दर्शाता है,

जैसे- कैटालेज = 250000, यूरियेज = 4,83,000, परऑक्सीडेज = 40,000,

फैरोडॉक्सिन = 11,500, जीवाणु फैरोडॉक्सिन = 6000

एन्जाइम्स के गुण – एन्जाइम्स निम्नलिखित विशिष्ट गुण प्रदर्शित करते हैं–

(1) **जैवीय उत्पत्ति**–एन्जाइम्स का निर्माण केवल सजीव कोशिकाओं में ही होता है इसलिए एन्जाइम्स जैवीय उत्पत्ति प्रदर्शित करते हैं।

(2) **प्रोटीन प्रकृति** – एन्जाइम्स मुख्य रूप से प्रोटीन के बने होते हैं इसलिए यह अमीनो अम्ल के माध्यम से क्रियाधार या आधारीय पदार्थ से दुर्बल बन्ध द्वारा जुड़े रहते हैं।

(3) **उत्प्रेरक प्रकृति** – एन्जाइम्स क्रिया को उत्प्रेरित करने के पश्चात् अपरिवर्तित रहते हैं।

$$\text{Enzyme + Substrate} \longrightarrow \text{End product + Enzyme}$$

(4) **कलिलीय प्रकृति** – एन्जाइम्स की कलिलीय प्रकृति के कारण अभिक्रियाओं के लिए विशाल सतह प्रदान की जाती है।

(5) **आण्विक भार** – एन्जाइम्स का आणविक भार उच्च होता है क्योंकि एन्जाइम्स के अणु वृहद् अणुओं के रूप में होते हैं।

(6) **उभयधर्मी स्वभाव** – एन्जाइम्स उभयधर्मी होने के कारण अम्लीय अर्थात् धनायन एवं क्षारीय अर्थात् ऋणायन दोनों प्रकार के पदार्थों से क्रिया करते हैं।

(7) **आण्विकी सक्रियता या Turn Over Number**– एन्जाइम के एक अणु द्वारा एक मिनट में जितने क्रियाधार परिवर्तित होते हैं उसे एन्जाइम की आण्विकी सक्रियता कहते हैं। उदाहरण – (i) सर्वाधिक Turnover Number कार्बोनिक एनहाइड्रोज का 36 million/min. होता है। (ii) कैटालेज का Turnover Number, 5 million/ (iii) सुक्रोज का Turnover Number, 10,000 /min. होता है। (iv) फ्लेवोप्रोटीन का Turnover Number, 50 /min. होता है। (iv) सबसे कम Turnover Number लाइसोजाइम का 30 /min. होता है।

(8) **ताप विशिष्टता** – एन्जाइम ताप के प्रति संवदेनशील होते हैं। 0°C पर एन्जाइम निष्क्रिय हो जाते हैं तथा 25–30°C के बीच अनुकूलतम सक्रिय रहते हैं। 60°C से अधिक ताप पर एन्जाइम क्रियाविहीन हो जाते हैं। एन्जाइम्स के लिए सामान्य तापमान परास 25-60°C.होती है। शुष्क बीज तथा बीजाणुओं में एन्जाइम्स 120°C. ताप तक भी सक्रिय रहते हैं।

(9) **pH** – सभी एन्जाइम्स pH द्वारा प्रभावित होते हैं। कुछ एन्जाइम अम्लीय माध्यम में तथा कुछ क्षारीय माध्यम में सक्रिय होते हैं। अधिकांश एन्जाइम की सक्रियता 5 से 7.5 या 8 pH के बीच होती है। उदाहरण पैप्सिन 1.5 pH पर तथा ट्रिप्सिन 8.0 pH पर सक्रिय रहता है। प्रत्येक एन्जाइम के pH का अनुकूलतम मान भिन्न–भिन्न होता है जिसके परिवर्तन से एन्जाइम की सक्रियता घट जाती है।

(10) **क्रिया की उत्क्रमणीयता** – एन्जाइम के द्वारा उत्प्रेरित होने वाली क्रियायें उत्क्रमणीय तथा तेजी से दोनों दिशाओं में हो सकती हैं।

(11) **एन्जाइम्स विशिष्टता** – एन्जाइम्स क्रियाओं को पूर्व निर्धारित रूप में ही उत्प्रेरित करते है। एन्जाइम्स निम्नलिखित दो प्रकार की विशिष्टता दर्शाते हैं–

( ) पूर्ण विशिष्टता- एक एन्जाइम केवल एक अभिक्रिया को उत्प्रेरित करता है तो इसे पूर्ण विशिष्टता कहते हैं। जैसें - यूरियेज-यूरिया निर्माण को, माल्टेज-माल्टोज निर्माण को, कैटालेज - हाइड्रोजनपर ऑक्साइड निर्माण को तथा आर्जिनेज-आर्जिनीन निर्माण को उत्प्रेरित करता है।

( ) समूह विशिष्टता - एक एन्जाइम एक से अधिक अभिक्रियाओं को उत्प्रेरित करता है तो इसे समूह विशिष्टता कहते है। इस प्रकार के एन्जाइम सामान्यत: प्रोटीनीय अभिक्रियाओं को उत्प्रेरित करते हैं, जैसे - एमाइलेज, पैप्सिन, ट्रिप्सिन तथा लाइपेज।

एन्जाइम की संरचना -

एन्जाइम्स की संरचना निम्नलिखित प्रकार के घटकों से मिलकर बनती है-

सरल विकर - ऐसे एन्जाइम जो केवल प्रोटीन के बने होते हैं उनको सरल एन्जाइम कहते हैं, जैसे- ट्रिप्सिन, पैप्सिन, यूरियेज, एमाइलेज तथा लाइपेज ।

संयुग्मित एन्जाइम -एन्जाइम में जब प्रोटीनीय तथा अप्रोटीनीय भाग जुड़े रहते हैं तो ऐसे एन्जाइम को संयुग्मित एन्जाइम कहते हैं।

$$\text{Enzyme} + \text{Non-protien} \longrightarrow \text{Conjugated Enzyme}$$

एपोएन्जाइम - संयुग्मित एन्जाइम में पाया जाने वाला प्रोटीनीय भाग एपोएन्जाइम कहलाता है। यह भाग प्रोटीन से दृढ़ता के साथ जुड़ा रहता है।

प्रोस्थैटिक समूह - संयुग्मित एन्जाइम में पाया जाने वाला अप्रोटीनीय भाग प्रोस्थैटिक समूह कहलाता है।

होलोएन्जाइम -एपोएन्जाइम तथा प्रोस्थैटिक समूह को संयुक्त रूप से होलोएन्जाइम कहते हैं। यह स्वतंत्र रूप से कार्य करने में सक्षम नही होते।

$$\text{Apoenzyme} + \underset{\text{(or Co- enzyme)}}{\text{Prosthetic group}} \longrightarrow \text{Holoenzyme}$$

सह - एन्जाइम या सह-कारक - सह एन्जाइम या को-एन्जाइम की खोज लिपमैन ने की। जब प्रोस्थैटिक समूह कार्बनिक पदार्थ के रूप में होता है तो उसे सह-एन्जाइम या सह - कारक कहा जाता है। सह एन्जाइम एपोएन्जाइम से शिथिलता से जुड़े रहते हैं तथा विटामिन या विटामिन जैसे पदार्थ होते हैं। यह निम्नलिखित दो प्रकार के होते हैं -

1. **समूह स्थानान्तरण करने वाले सहविकर** - यह पूर्ण समूह का स्थानान्तरण करते हैं, जैसे- ATP, TPP, Co-A तथा बायोटिन।
2. **हाइड्रोजन स्थानान्तरण करने वाले सह विकर** - यह हाइड्रोजन का स्थानान्तरण करते हैं, जैसे- NAD या DPN, या Co-I, NADP या TPN या Co-II, FAD, FMNतथा Co-Q।

सक्रियकारक- जब प्रोस्थैटिक समूह अकार्बनिक पदार्थ या धातु के रूप में होता है तो उसे सक्रियकारक कहते हैं। यह धातु सहकारक या धातु सक्रियकारक भी कहलाते हैं।

रोचक विशिष्टताएं-पादप में पाये जाने वाले यूरियेज एन्जाइम की सक्रियता 60^0 से. पर होती हैं। एन्जाइम्स केवल क्रिया की सक्रियता बढ़ाते है तथा एन्जाइम्स के द्वारा न तो क्रिया प्रारम्भ होती और न ही एन्जाइम्स क्रिया की दिशा बदलते हैं। एन्जाइम्स जल अनुरागी होते हैं। सभी एन्जाइम्स प्रोटीनीय नहीं होते, जैसे राइबोजाइम। राइबोजाइम-यह एन्जाइम आरएनए है जिसकी खोज थॉमस सैच तथा सिडनी आल्टमैन ने टैट्राहाइमिना थर्मोफिला प्रोटोजोअन से की । इस खोज पर इन वैज्ञानिकों को 1989 में नोबल पुरस्कार प्राप्त हुआ।

लाइसोजाइम - यह दूध में, आंसुओं में, अण्डे की सफेदी में,पाचक रसों में तथा ऊतकों में पाया जाता है जिसका अणुभार 15000 एवं Turnover Number 30/min. होता है। यह वायु में उत्पन्न होने वाले G^+ जीवाणुओं की कोशिका भित्ति को नष्ट करता है।

सक्रिय स्थल - एन्जाइम्स के वृहद् अणुओं का वह छोटा अंश (3-12 अमीनो अम्लयुक्त) जो क्रियाधार के सम्पर्क में आता हैं, उस अंश को सक्रिय स्थल कहते है। एक एन्जाइम पर एक या एक से अधिक सक्रिय स्थल पाये जाते हैं, जैसे - पेप्सिन में केवल टाइरोसिन अमीनो अम्ल ही सक्रिय स्थल होता है।

एन्जाइम्स की क्रियाविधि

एन्जाइम्स क्रिया में उपयोग हुए बिना ही क्रिया की दर को बढ़ाते हैं तथा क्रिया के पश्चात् गुणात्मक या मात्रात्मक परिवर्तन के बिना ही पुनः निर्मित हो जाते है। अधिकांश रसायनिक अभिक्रियाएं ऊर्जा अवरोध पाये जाने के कारण स्वतः स्वतंत्र रूप से नहीं होती। क्रियाधारों में पाया जाने वाला ऊर्जा अवरोध, प्रतिकर्षण बल तथा क्रियास्थल अत्यन्त सूक्ष्म होने के कारण उत्पन्न होता है इसलिए क्रिया पूर्ण करने के लिए अत्यधिक टकराहट की आवश्यकता होती है। क्रियाधारों के अणुओं में न्यूनतम ऊर्जा का वह मान जो क्रियाधारों के अणुओं को क्रिया में भाग लेने के लिए प्रेरित या सक्रिय करता है, उस मान को सक्रियण ऊर्जा कहते हैं। सक्रियण ऊर्जा अभिक्रिया की दर के व्युत्क्रमानुपाती होती है अर्थात् सक्रियण ऊर्जा का मान कम होने पर एन्जाइम्स की क्रिया बढ़ जाती है। जैसे - सूक्रोज के जल अपघटन हेतु सक्रियण ऊर्जा का मान 32,000 Cal/mole होता है किन्तु इनवर्टेज एन्जाइम की उपस्थिति में यह मान 9400 Cal/mole रह जाता है।

क्रियाविधि से सम्बन्धित सिद्धान्त

एन्जाइम की क्रियाविधि को समझाने हेतु निम्न तीन सिद्धान्त बताये गये हैं -

1. एन्जाइम-क्रियाधार सम्मिश्र सिद्धान्त - यह सिद्धान्त माइकेलिस तथा मेन्टन ने दिया। इस सिद्धान्त के अनुसार, एन्जाइम्स में कुछ क्रियाशील स्थल पाये जाते हैं जो क्रियाधार के अणुओं के साथ सम्मिश्र बना लेते हैं। इस सम्मिश्र को एन्जाइम-क्रियाधार सम्मिश्र कहते हैं। इस सम्मिश्र के उपरान्त अन्तिम उत्पाद बनता है तथा एन्जाइम पुनः प्राप्त हो जाता है।

$$\text{Enzyme + Substrate} \rightleftharpoons \text{Enzyme-Substrate Complex}$$

$$\text{Enzyme-Substrate Complex} \rightleftharpoons \text{Enzyme + Substrate}$$

2. ताला-कुन्जी सिद्धान्त - यह सिद्धान्त एमिल फिशर ने प्रस्तुत किया। फिल्ड्ज एवं

वुड्ज ने इसका विस्तृत अध्ययन किया। इस सिद्धान्त के अनुसार एन्जाइम तथा क्रियाधार के बीच ताले तथा कुन्जी के समान सम्बन्ध होता है। अत: जिस तरह एक विशेष कुन्जी ही ताले को खोल सकती है उसी तरह एक विशेष क्रियाधार के साथ एक विशेष एन्जाइम ही कार्य करता है। प्रोटीन की सतह अनियमित ढंग से मुड़े होने के कारण अतिविशिष्ट आण्विक सक्रिय स्थल के रूप में ताला बनाती है जिसमें विशिष्ट प्रकार का एन्जाइम ही सक्रिय स्थल से जुड़ सकता है।

3. अनुरूप प्रेरण सिद्धान्त – यह सिद्धान्त कोशलैण्ड ने दिया। इस सिद्धान्त के अनुसार एन्जाइम प्रोटीन के क्रियाशील स्थलों में सूक्ष्म ज्यामितीय परिवर्तन होते है क्योंकि एन्जाइम का क्रिया स्थल लचीला होता है। सक्रिय स्थल पर अवलम्बन समूह तथा उत्प्रेरक समूह पाये जाते हैं। एन्जाइम-क्रियाधार सम्मिश्र के निर्माण में अवलम्बन समूह सक्रिय रहता है। उत्पादन बनने के पश्चात् सक्रिय स्थल पुन: अपनी पूर्व स्थिति में आ जाता है तथा उत्पाद और एन्जाइम एक-दूसरे से अलग हो जाते हैं।

विभिन्न प्रकार के सक्रिय कारक

क्र. सं.	धातु आयन (सक्रिय कारक)	क्रियाशील एन्जाइम
1.	मैग्निशियम	फास्फेट्स ATP अभिक्रिया, क्लोरोफिल।
2.	जिंक	विभिन्न डिहाइड्रोजिनेजेज, पेप्टाइडेजेज, कार्बोनिक एन्हाइड्रेजेज
3.	पोटेशियम	फास्फोपायरूवेट, ट्रांस्फास्फोराइलेज, फ्रक्ओकाइनेज।
4.	आयरन	साइटोक्रोम, हीमोग्लोबिन, माइटोकॉन्ड्रिया का इलेक्ट्रॉन अभिगमन
5.	मैगनीज	पेप्टाइडेजेज, साइट्रिक अम्ल चक्र के कुछ एन्जाइम।
6.	कॉपर	ट्रायोसाइनेज,. अकशेरुकीय जन्तुओं की श्वसनीय प्रोटीन।
7.	कैल्शियम	एक्टोमायोसिन।
8.	कोबाल्ट	पेप्टाइडेजेज B_{12} विटामिन।
9.	माल्विडेनियम	नाइट्रेट्स का अपचयन, जैन्थीन ऑक्सीडेजेज।

एन्जाइम्स को प्रभावित करने वाले कारक – एन्जाइम की क्रिया को प्रभावित करने वाले कारक मुख्यत: निम्न हैं –

1. ताप : 25°– 30°C. के बीच एन्जाइम्स की क्रिया सर्वाधिक होती अत: Q_{10} का मान 2–2.5 होता है। -60°C. से अधिक एन्जाइम की तृतीयक या चतुष्क संरचना नष्ट हो जाने से एन्जाइम्स की सक्रियता समाप्त हो जाती है।

2. क्रियाधार की सान्द्रता – एन्जाइम की मात्रा अधिक होने पर क्रियाधार बढ़ाने से अभिक्रिया की दर बढ़ जाती है।

3. एन्जाइम की सान्द्रता – क्रियाधार की मात्रा अधिक होने पर एन्जाइम बढ़ाने से अभिक्रिया की दर बढ़ जाती है।

4. pH- एन्जाइम की क्रियाओं पर अम्लीयता तथा क्षारीयता का प्रभाव होता है। एक विशेष pH की समी पर एन्जाइम कार्य करते हैं। pH का मान 5-7.5 या 8 से कम या अधिक होने पर एन्जाइम की सक्रियता कम हो जाती है।

5. जलवियोजन- अनुकूलतम बिन्दु तक आर्द्रता या जलवियोजन के बढ़ने से एन्जाइम्स की सक्रियता बढ़ जाती है। एन्जाइम की क्रिया शुष्क बीजों में बहुत कम होती है तथा शुष्क बीजों को जल में डालने पर सर्वाधिक होती है।

6. प्रोटीन विष - भारी धातु जैसे - सीसा, पारा, तांबा, जस्ता तथा चांदी एन्जाइम की क्रिया घटाते हैं।

7. सक्रियकारक - यह एन्जाइम तथा क्रियाधार के जुड़ने में सहायक होते हैं, इसलिए एन्जाइम सक्रियता को बढ़ाते हैं।

8. अन्तिम उत्पाद का संग्रहण - अन्तिम उत्पादों के संचय होने से एन्जाइम सक्रियता कम हो जाती हैं।

9. विकिरण - एक्स किरणें, UV-किरणें तथा गामा किरणें एन्जाइम्स की सक्रियता को कम करते हैं।

10. एन्जाइम संदमक - यह सक्रिय स्थलों को संदमित करके एन्जाइम की सक्रियता को घटाते हैं, जैसे - फॉर्मेल्डिहाइड तथा सायनाइड।

एन्जाइम्स का नामकरण -

एन्जाइम का नामकरण निम्नलिखित विभिन्न विधियों द्वारा किया जाता है -

1. उत्पत्ति के आधार पर - एन्जाइम जिस पादप में उत्पन्न होते हैं उस पादप के वानस्पतिक नाम के आधार पर एन्जाइम्स का नामकरण किया जाता है जैसे - फाइकस से फाइसिन, पपाया से पैपेइन तथा बेसिलस सबटाइलस से सबटाइलिन।

2. डक्लक्स के अनुसार एन्जाइम का नामकरण एन्जाइम के नाम के अन्त में एज जोड़कर किया जाता हैं, जैसे - एमाइलम का जल अपघटन करने वाला **एमाइलेज**, वसाओं का जल अपघटन करने वाला **लाइपेज**। प्रोटीन का जल अपघटन करने वाला प्रोटीएज। सुक्रोज का जल अपघटन करने वाला **सुक्रेज**।

3. परम्परागत विधि द्वारा - एन्जाइम का नामकरण अनियमित ढंग से किया जाता है जैसे-पेप्सिन, ट्रिप्सिन, कैटालेज।

4. अभिक्रियाओं के आधार पर - अभिक्रियाओं में प्रयोग किये जाने वाले एन्जाइम का नामकरण अभिक्रियाओं के आधार पर किया जाता हैं, जैसे - ऑक्सीकरण अभिक्रियाओं के एन्जाइम **ऑक्सीडेज**। हाइड्रोजन को अलग करने वाले **डिहाइड्रोजिनेज**। समावयवी में परिवर्तन करने वाले **आइसोमेरेज**।

5. आधुनिक नामकरण पद्धति - इसके अनुसार, एन्जाइम का नाम क्रियाधार तथा क्रिया की प्रकृति दोनों के आधार पर किया जाता है, जैसे सक्सीनेट डिहाइड्रोजिनेज द्वारा सक्सिनिक

अम्ल से फ्यूमेरिक अम्ल में परिवर्तन तथा फॉस्फोग्लूकोम्यूटेज द्वारा ग्लूकोज मोनोफॉस्फेट का ग्लूकोज - 6 फॉस्फेट में परिवर्तन ।

एन्जाइम्स का वर्गीकरण

एन्जाइम्स का वर्गीकरण निम्नलिखित दो पद्धतियों के अनुसार किया जाता है 1. पुरानी पद्धति, 2. आधुनिक पद्धति।

1. पुरानी पद्धति - इस पद्धति के अनुसार एन्जाइम्स को दो समूहों में बांटा जाता है -

अ. जल अपघटनी एन्जाइम्स

ब. डेस्मोलाइजिंग एन्जाइम

(अ) जल अपघटनी एन्जाइम्स - ऐसे एन्जाइम जो कि जल के उपयोग से जटिल कार्बनिक पदार्थों से सरल यौगिक का निर्माण करने वाली अभिक्रियाओं का उत्प्रेरण करते हैं उनको जल अपघटनी एन्जाइम कहते हैं। इन एन्जाइम्स को निम्नलिखित चार समूहों में बांटा जाता है -

1. कार्बोहाइड्रेजेज - यह एन्जाइम्स कार्बोहाइड्रेट्स का जल अपघटन करते हैं।

2. एस्ट्रेजेज - यह एन्जाइम एस्टर बंधयुक्त पदार्थो का जल अपघटन करते हैं, जैसे- लाइपेज, फास्फेटेज, लेसिथिनेज, राइबोन्यूक्लिएज, क्लोरोफिलेज, पेक्टेज आदि।

3. प्रोटोलिटिक एन्जाइम - यह एन्जाइम प्रोटीन का जल अपघटन करते हैं।

4. एमाइडेजेज - यह एमाइडों का जल अपघटन करते हैं ।

(ब) डेस्मोलाइजिंग एन्जाइम - यह एन्जाइम्स C–C बन्ध को तोड़ते हैं तथा मुख्य रूप से श्वसन एवं किण्वन से सम्बन्धित होते हैं, जैसे - Hydrase, Dehdrogenase, Kinase, Oxidase, Carboxylase, Peroxidase, Transferase, Catalase इत्यादि।

2. आधुनिक पद्धति - अन्तर्राष्ट्रीय जैव-रसायन संगठन जेनेवा (इटली) ने एन्जाइम्स को निम्न 6 वर्गों में वर्गीकृत किया-

1. ऑक्सीडो-रिडक्टेज, 2. ट्रांसफरेजेज, 3.हाइड्रोलेजेज 4. लाइगेजेज, 5. आइसोमरेजेज, 6. लाइगेजेज या सिन्थटेजेज। प्रत्येक वर्ग को 4 से 13 उपवर्गों में विभाजित किया गया है। प्रत्येक एन्जाइम का एक वर्गीकृत कोड होता हैं, जैसे

1. E.C. 2.7.1.1

E.C. = Enzyme Commission

2 = वर्ग → ट्रान्सफरेज

7 = उपवर्ग → फॉस्फेट का स्थानान्तरण

1 = उप-उपवर्ग → फॉस्फेटग्राही एल्कोहल

1 = एन्जाइम श्रेणी की संख्या → हेक्सोकाइनेज

2. E.C. 1.6.6.1

1 = वर्ग → ऑक्सीडो-रिडक्टेज

6 = उपवर्ग ⟶ NADP पर क्रिया करने वाले एन्जाइम

6 = उप-उपवर्ग ⟶ नाइट्रोजन समूह को e^- का स्थानान्तरण

1 = एन्जाइम श्रेणी की संख्या ⟶ नाइट्रेट रिडक्टेज

(1) ऑक्सीडो रिडक्टेज - इस प्रकार के एन्जाइम एक पदार्थ से O, H & e^- का स्थानान्तरण करते हैं जिनको निम्नलिखित तीन उपवर्गों में विभाजित किया गया है

(A) आक्सीडेज - यह एन्जाइम पदार्थ की आण्विक O_2 से ऑक्सीकरण करते हैं जैसे - ऑक्जेलेट ऑक्सीडेज।

$$AH_2 + \frac{1}{2}O_2 \rightarrow A + H_2O_2$$

(B) डिहाइड्रोजिनेज - यह पदार्थ से हाइड्रोजन अलग करके ऑक्सीकरण करते हैं, जैसे - सक्सिनिक डिहाइड्रोजिनेज।

$$AH_2 \rightarrow A + 2H^+$$

(C) रिडक्टेज - यह एन्जाइम इलैक्ट्रॉन का जुड़ना या हाइड्रोजन का जुड़ना प्रेरित करते है।

$$NO_3^- + NADH_2 \rightarrow NO_2^- + NAD + H_2O$$

(2) ट्रांसफरेजेज - यह एन्जाइम्स विशिष्ट रसायनिक समूहों का स्थानानतरण करते है जैसे-

$$\text{Glucose + ATP} \xrightarrow{\text{Hexokinase}} \text{Glucose-6-p + ADP}$$

$$\text{Glumatic acid + Oxalocetic acid} \xrightarrow{\text{Transminase}} \alpha\text{-Ketoglutaric acid + Aspartic acid}$$

(3) हाइड्रोलेजेज - यह एन्जाइम जल के अणु द्वारा जटिल कार्बनिक पदार्थों का सरल यौगिक में परिवर्तन प्रेरित करते है। जैसे -

$$\text{Sucrose} \xrightarrow[= \beta\text{- fructosidase}]{\text{Sucrase = Invertase}} \text{Glucose + Fructose}$$

(4) लाइगेसेस - यह एन्जाइम C– C, C– O, C– N तथा C– S बन्धों के टूटने से समूहों का विस्थापन करते हैं। इनके द्वारा समूह विस्थापन से डबल बन्ध बनता है या डबल बन्ध से समूह जुड़ जाता है जैसे

$$\text{Fructose-1,6-Diphosphate} \xrightarrow{\text{Aldolase}} \text{PGAL + DHAP}$$

(5) आइसोमरेजेज – यह एन्जाइम पदार्थ की आन्तरआण्विकी या अन्तः आण्विकी पुनर्व्यवस्था को प्रेरित करते हैं।

$$\text{Glucose 6-P} \xrightarrow{\text{Isomerase}} \text{Fructose 6–P}$$

(6) लाइगेजेज या सिन्थेटेजेज – यह एन्जाइम C– N, C– C, C– S, C– O बन्ध युक्त ATP/GTP विघटन वाली अभिक्रियाओं को प्रेरित करते हैं जिनमें यौगिकों की नई शृंखला बनती है –

$$\text{GTP + CoA + Succinic acid} \xrightarrow{\text{Thiokinase}} \text{Succinyl CoA}$$

$$\text{Aspartic Acid} + NH_3 + \text{ATP} \xrightarrow{\text{Asparagine Synthetase}} \text{Asparagine + AMP + PP}$$

माइकेलिस-मेन्टन नियतांक – एन्जाइम के द्वारा प्रेरित अभिक्रियाओं की प्रारम्भिक दर पर क्रियाधार की सांद्रता का प्रभाव सर्वप्रथम माइकेलिस मेन्टन ने प्रदर्शित किया जिसे माइकेलिस मेन्टन वक्र कहते हैं। माइकेलिस मेन्टन ने वक्र के आधार पर निम्नलिखित समीकरण दिया –

$$V_i = \frac{V_{max} + (S)}{K_m + (S)}$$

V_i = क्रिया की प्रारम्भिक गति

V_{max} = क्रिया की अधिकतम गति

S = क्रियाधार की सान्द्रता

K_m = माइकेलिस नियतांक

अधिकांश एन्जाइम्स के लिए K_m का मान 10^{-2} से 10^{-5} m क्रियाधार सांद्रता होता है तथा यह नियतांक एन्जाइम क्रिया व्युत्क्रमानुपाती होता है। माइकेलिस मेन्टन के अनुसार एन्जाइम्स द्वारा प्रेरित क्रियाओं का मान निम्नानुसार होता है –

1. सा म्मिश्र निर्माण के लिए K+1
2. साम्मिश्र विघटन के लिए K–1
3. अन्तिम उत्पाद निर्माण के लिये K+2

$$\text{Enzyme + Substrate} \underset{K-1}{\overset{K+1}{\rightleftharpoons}} \text{E-S complex} \xrightarrow{K+2} \text{End product + Enzyme}$$

सारांश -

सजीव कोशिकाओं में पाया जाने वाला वह उत्प्रेरक जो जैविक क्रियाओं को उत्प्रेरित करता है उसे एन्जाइम कहते हैं। एन्जाइम जिस रसायनिक यौगिक पर क्रिया करते हैं उनको आधारीय पदार्थ या क्रियाधार कहते हैं। सर्वप्रथम एन्जाइम शब्द का प्रयोग कुहने ने किया। पाश्चर ने एन्जाइम की वैज्ञानिक व्याख्या दी। नोबल पुरस्कार प्राप्तकर्ता बुचनर ने यीस्ट कोशिकाओं से विशिष्ट एन्जाइम निष्कर्षित तथा क्रिस्टलीकृत करके जाइमेज नाम दिया। नोबल पुरस्कार प्राप्तकर्ता एन्जाइम की प्रोटीनीय प्रकृति को बताया। ऐसा एन्जाइम जो कि असंख्य बहुविकल्पीय आण्विक स्वरूपों में पाया जाता है उसे समविकर कहते हैं। ऐसे एन्जाइम ज़िनकी सक्रियता निर्माण करने वाली कोशिका के बाहर होती है उसे बर्हिकोशिकीय एन्जाइम या एक्सोएन्जाइम कहते हैं।

ऐसे एन्जाइम जो कोशिका में ही उत्पन्न होकर उसी कोशिका में क्रियाशील रहते हैं तो उनको एण्डोएन्जाइम कहते हैं। कोशिका में निष्क्रिय अवस्था में पाये जाने वाले पूर्णगामी पदार्थों को जाइमोजन या प्रो-एन्जाइम कहते हैं। ऐसे एन्जाइम जो केवल प्रोटीन के बने होते हैं उनको सरल एन्जाइम कहते हैं, जैसे- ट्रिप्सिन, पैप्सिन, यूरियेज, एमाइलेज तथा लाइपेज। एन्जाइम में जब प्रोटीनीय तथा अप्रोटीनीय भाग जुड़े रहते हैं तो ऐसे एन्जाइम को संयुग्मित एन्जाइम कहते हैं। संयुग्मित एन्जाइम में पाया जाने वाला प्रोटीनीय भाग एपोएन्जाइम कहलाता है।

संयुग्मित एन्जाइम में पाया जाने वाला अप्रोटीनीय भाग प्रोस्थैटिक समूह कहलाता है। एपोएन्जाइम तथा प्रोस्थैटिक समूह को संयुक्त रूप से होलोएन्जाइम कहते हैं। जब प्रोस्थैटिक समूह कार्बनिक पदार्थ के रूप में होता है तो उसे सह-विकर या सह-कारक कहा जाता है। एन्जाइम - क्रियाधार सम्मिश्र सिद्धान्त माइकेलिस तथा मेन्टन ने दिया। इस सिद्धान्त के अनुसार, एन्जाइम्स में कुछ क्रियाशील स्थल पाये जाते हैं जो क्रियाधार के अणुओं के साथ सम्मिश्र बना लेते हैं।

ताला-कुन्जी सिद्धान्त एमिल फिशर ने प्रस्तुत किया जिसके अनुसार, एन्जाइम तथा क्रियाधार के बीच ताले तथा कुन्जी के समान सम्बन्ध होता है। अनुरूप प्रेरण सिद्धान्त कोशलैण्ड ने दिया जिसके अनुसार, एन्जाइम प्रोटीन के क्रियाशील स्थलों में सूक्ष्म ज्यामितीय परिवर्तन होते हैं क्योंकि एन्जाइम का क्रिया स्थल लचीला होता है।

अतिरिक्त लक्षण -

हिमोग्लोबिन में पाया जाने वाला हीम कार्बनिक प्रोस्थैटिक समूह होता है। NAD या Co-I या DPN को इलूमर ने निष्कर्षित किया। NADP या Co-II को TPN नाम बॉरबर्ग ने दिया। होलोएन्जाइम के गुण उनके प्रोस्थैटिक समूहों के कारण पाये जाते हैं। एन्जाइम की वह मात्रा जो 1μ mole क्रियाधार को एक मिनट में पूर्ण रूप से उत्पाद में परिवर्तित कर सकती है, उसे एन्जाइम इकाई कहते हैं। कीलेन व मॉन ने पराऑक्सीडेज का क्रियाधार की अनुपस्थिति में अवशोषण स्पेक्ट्रम खोजा जो 498.598 व 645 mu था। पेप्सिन अम्लीय वातावरण में, ट्रिप्सिन

क्षारीय वातावरण में एवं डायस्टेज उदासीन वातावरण में कार्य करते हैं। एन्जाइम का एलोस्टिरिक प्रारूप जैकब तथा मोनॉड ने दिया जिनके अनुसार एन्जाइम में सक्रिय स्थल क्रियाधार के जुड़ने के लिये तथा एलोस्टिरिक स्थल अन्तिम उत्पाद के संचयन के लिए होते हैं। सायनाइड तथा फॉर्मेल्डिहाइड सक्रिय स्थलों को नष्ट या संदमित करते हैं इसलिए इनको अनुत्क्रमणीय एन्जाइम संदमक कहते हैं।

ऐसे संदमक जो कि क्रियाधार से संरचना में समानता रखते हैं तथा एन्जाइम के सक्रिय स्थल के लिये प्रतिस्पर्धा करते हैं उनको प्रतियोगितात्मक उत्क्रमणीय संदमक कहते हैं जैसे- प्रतिजीवाणुवीय औषधियां तथा सक्सिनिक अम्ल एवं सक्सिनिक अम्ल डिहाइड्रोजिनेज के बीच होने वाली क्रिया में मैलिक अम्ल प्रतियोगितात्मक संदमक के रूप में कार्य करता है। कई उपापचयी क्रियाओं के अन्तिम उत्पाद स्वयं का उत्पादन नियंत्रित कर सकते हैं जिसे कि फीड बैक इनहिब्सन्स कहते हैं। ऐसे संदमक जो अभिक्रिया से सम्बन्धित एन्जाइम के अतिरिक्त अन्य एन्जाइम से संयोजन करते हैं उनको Non-competitive Inhibitors कहा जाता है।

❑❑❑

अध्याय
6

पादपों में प्रकाश संश्लेषण

पर्णहरित युक्त कोशिकाओं द्वारा सूर्य के प्रकाश में CO_2 व H_2O द्वारा सरल कार्बोहाइड्रेट का निर्माण करना "**प्रकाश संश्लेषण**" कहलाता है।

"वह क्रिया जिसके प्रदीप्त क्लोरोप्लास्ट में सूर्य के प्रकाश की उपस्थिति में CO_2 व H_2O की सहायता से कार्बनिक भोजन का निर्माण करना एवं O_2 का निष्कासन होना होता है, **प्रकाश संश्लेषण** कहलाती है।"

$$6CO_2 + 12H_2O \xrightarrow[\text{Chloroplast}]{\text{Light, 686 kcal}} C_6H_{12}O_6 + 6O_2 + 6H_2O$$

प्रकाश संश्लेषण में Light energy का Chemical energy में परिवर्तन होता है।

प्रकाश संश्लेषण एक रेडॉक्स क्रिया होती है, जिसमें ऑक्सीकरण व अपचयन दोनों क्रियायें होती है। इसमें H_2O का ऑक्सीकरण होकर O_2 बनती है व CO_2 का उपचयन होकर कार्बोहाइड्रेट (Sugar) बनता है।

प्रकाश संश्लेषण की क्रिया सर्वप्रथम Cyanobacteria (BGA) में ज्ञात की गई।

यह एक अपचयी (Anabolic) तथा ऊर्जाशोषी क्रिया होती है।

इतिहास (History) -

(1) **Aristotle** -इन्होंने "Humus theory" दी जिसके अनुसार पौधे अपना भोजन केवल मृदा से ही प्राप्त करते हैं। (Root द्वारा कार्बनिक पदार्थों का अवशोषण)

(2) **Von Helmont (1648)** -इन्होंने सर्वप्रथम प्रकाश संश्लेषण का विचार प्रस्तुत किया। इन्होंने सबसे पहले पुरानी विचारधारा पर खण्डन करके बताया कि पौधे अपना भोजन मिट्टी व इसमें उपस्थित जल से प्राप्त करते हैं।

इन्होंने अपना प्रयोग "विलो" (Willow-Salix) नामक पौधे पर किया।

(3) **J. Wood word (1699)** - इनके अनुसार पौधे कुछ विशेष स्थलीय पदार्थों से बने होते हैं, मिट्टी व जल से नहीं बने होते हैं।

(4) **Stephen Hales (1727)** -इन्होंने पौधों के लिए हरी पत्तियों का महत्व बताया। पौधे अपना भोजन पत्तियों द्वारा बनाते हैं, जिसमें प्रकाश भी कुछ योगदान करता है।

(5) **J- Priestley (1772)** -इन्होंने बताया कि प्रकाश संश्लेषण में O_2 का निष्कासन होता है। इसका बेलजार प्रयोग द्वारा प्रदर्शन किया। इस प्रयोग में एक बंद बेलजार में जीवित चूहा रखने पर वह मर जाता है। इसमें जीवित पौधा रखने पर वह भी मर जाता है, लेकिन

यदि बेलजार में चूहा तथा पुदीने (Mint) का पौधा दोनों एक साथ रखें जाये तो दोनों जीवित रहते हैं क्योंकि O_2 व CO_2 का संतुलन बना रहता है। इन्होंने ही बताया कि जन्तु श्वसन के दौरान मुक्त दूषित वायु पौधों द्वारा ही शुद्ध की जाती है।

(6) **Ingen -Housz (1779)** - इसके अनुसार पौधों के हरे भागों से प्रकाश की उपस्थिति में ही O_2 मुक्त होती है तथा दूषित वायु शुद्ध होती है।

(7) **Jean Sonebier (1782)** - इसके अनुसार हरे प्रदीप्त पौधों से केवल CO_2 की उपस्थिति में ही O_2 मुक्त होती है। प्रकाश की उपस्थिति में CO_2 का अवशोषण व O_2 का निष्कासन होता है। इस क्रिया में लाल प्रकाश अधिक उपयोगी होता है।

(8) **Nicolars de Saussure (1804)** - इन्होंने प्रकाश संश्लेषण में जल के उपयोग को बताया, इस क्रिया में CO_2 का उपयोग होता है व O_2 का निष्कासन होता है। अवशोषित CO_2 की मात्रा = निष्कासित O_2 इस क्रिया में पौधे के शुष्क भार में वृद्धि होती है।

(9) **Dutrochet (1937)** -इन्होंने कार्बन स्वांगीकरण (Assimilation) में क्लोरोफिल का महत्व बताया।

(10) **Liebig (1840)** - इसके अनुसार पौधों की समस्त कार्बन का स्त्रोत वायुमण्डल की CO_2 होती है।

(11) **J. Robert Mayer (1845) :-** इन्होंने बताया कि हरे पौधे सूर्य की प्रकाश ऊर्जा को रासायनिक ऊर्जा (Chemical Energy) में बदलते हैं। जो कार्बनिक पदार्थों में संचित हो जाती है।

(12) **Julius Sachs (1862)** -इन्होंने क्लोरोप्लास्ट को प्रकाश संश्लेषण का स्थल बताया। इनके अनुसार अधिकांश पौधों में प्रकाश संश्लेषण का प्रथम दृश्य (visible) उत्पाद स्टार्च (Starch) होता है।

इन्होंने ही बताया कि Chloroplast CO_2 के अवशोषण व O_2 के निष्कासन स्थल है।

(13) **Caventou (1830)** - इन्होने हरे पौधों से क्लोरोफिल को पृथक् (Isolate) किया। क्लोरोफिल की खोज की।

(14) **Nehemiab Grew (1882)** - वास्तव में सर्वप्रथम क्लोरोफिल का निष्कर्षण इन्हीं के द्वारा किया गया है।

(15) **Wilstatter, Stall and Fischer (1912)** - इन्होंने क्लोरोफिल की रासायनिक संचरना, कार्य व गुणों का विस्तृत अध्ययन किया। इसके लिए इन्हें नोबल पुरस्कार भी प्राप्त हुआ।

(16) **F.F. Blackman (1905)** - इन्होंने प्रकाश संश्लेषण की क्रिया को प्रकाश अभिक्रिया (Light reaction) व अप्रकाशीय अभिक्रिया (Dark reaction) में विभाजति किया। Dark reaction को "Blackman reaction:" भी कहते हैं। इन्होंने सीमाकारी कारक का सिद्धान्त (Principle of limiting factor) दिया।

(17) **Warburg (1919) :-** इन्होंने Blackman के निष्कर्षों की प्रयोगों द्वारा पुष्टि की।

(18) Robert Hill and Bendall - इन्होंने प्रकाश संश्लेषण की light reaction का विस्तृत अध्ययन किया, इसे "Hill reaction" कहते हैं। इनके अनुसार इस क्रिया में दो स्वतंत्र प्रकाश तन्त्र (Photo system) कार्य करते हैं। इन्होंने प्रकाश तन्त्रों के कार्य करने की "Z-Scheme" बतायी। हिल के अनुसार क्लोरोप्लास्ट द्वारा प्रकाश में जल का ऑक्सीकरण होता है तथा O_2 प्रकाश की उपस्थिति में जल से निकलती है। हिल ने Stellaria media नामक पौधे से क्लोरोप्लास्ट पृथक् कर बताया कि CO_2 की अनुपस्थिति में क्लोरोप्लास्ट को हाइड्रोजन ग्राही पदार्थ की उपस्थिति में प्रकाशित करने पर O_2 मुक्त होती है।

(19) Ruben, Kemen and Hassid (1941) - इन्होंने रेडियो ट्रेसर विधि द्वारा O^{18} नामक रेडियोएक्टिव O_2 का उपयोग करके सिद्ध किया कि प्रकाश संश्लेषण के दौरान O_2 की उत्पत्ति H_2O से होती है, न कि CO_2 से।

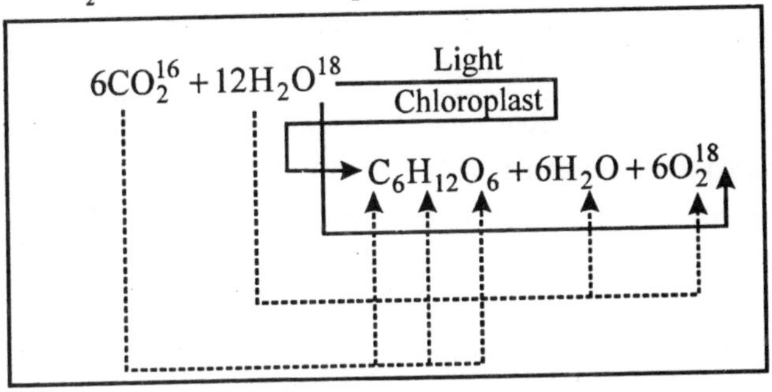

(20) Emerson (1957) - इनके अनुसार क्लोरोप्लास्ट में कुछ प्रकाश संश्लेषी इकाइयाँ पायी जाती हैं। इन्होंने Light reaction में दो वर्णक तन्त्रों (Pigment system) की खोज की। इन्होंने "Red drop" (लाल पतन) के बारे में बताया।

(21) Govindji and Robinowitch (1960) - इन्होंने दो वर्णक तन्त्रों की सूक्ष्म संरचना (Ultra structure) का अध्ययन कर उनका विस्तृत वर्णन किया। ये वर्णक तन्त्र PS I (P_{700}) तथा PS II (P_{680}) हैं।

(22) Park and Pon (1961) or Park and Biggions (1963) - इन्होंने प्रकाश संश्लेषी इकाईयों को क्वान्टासोम (Quantasome) नाम दिया।

(23) Arnon (1941) :- इन्होंने "Photo phosphorylation" की खोज की।

प्रकाश संश्लेषी क्रियाविधि (Pholosynthetic Mechanism) - प्रकाश संश्लेषण की क्रिया दो चरणों में होती है–

(A) प्रकाशीय अभिक्रिया हिल अभिक्रिया (Light reaction / Hill reaction)

(B) अप्रकाशीय अभिक्रिया (Dark reaction / Blackman reaction)

(A) प्रकाशीय अभिक्रिया (Light reaction)

इसे Photo chemical reaction या Hill reaction भी कहते हैं। यह क्लोरोप्लास्ट के

ग्रेना (Grana) भाग में होती है। इसमें Light की आवश्यकता होती है व सूर्य की Radient energy, Chemical energy में परिवर्तिन होती है। Chemical energy, ATP & $NADPH_2$ के दो रुपों में प्रकट होती है। इसमें O_2 का निष्कासन होता है।

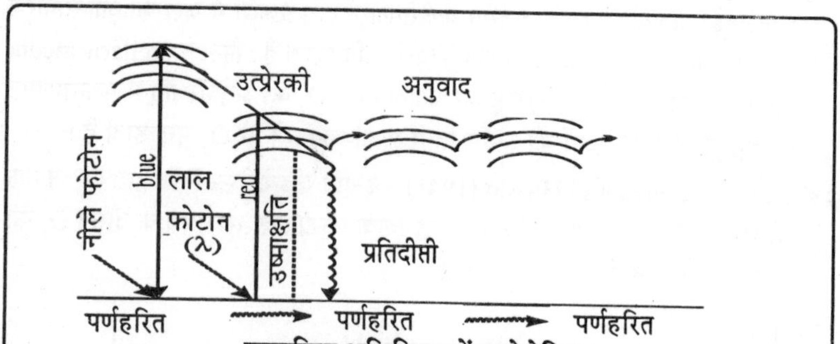

प्रकाशिय अभिक्रिया में क्लोरोफिल

रेड ड्रोप या इमरसन प्रभाव (Red drop, Emerson effect or Photo synthetic enhancement) -Emerson et al (1957) ने विभिन्न तरंगदैर्ध्य के प्रकाश में क्वांटम लब्धि (Quantum yield) ज्ञात की। प्रत्येक प्रकाश क्वांटम के उपयोग से जितने इलेक्ट्रोन या ऑक्सीजन अणु मुक्त होते हैं, वह उस क्रिया की क्वांटम लब्धि कहलाती हैं। इमरसन ने पाया कि जब एकवर्णी प्रकाश पुंज (Monochromatic light beam) जिसकी तरंगदैर्ध्य 680 nm से अधिक, का अकेले उपयोग करने पर प्रकाश संश्लेषण या Quantum yield में तेजी से कमी आती है। यह तरंगदैर्ध्य दृश्य स्पैक्ट्रम के लाल क्षेत्र की होने के कारण इसे "Red drop" (लाल पतन) कहते हैं। इमरसन ने बताया कि लाल क्षेत्र की इस क्वान्टम दक्षता को पुनः प्राप्त किया जा सकता है, जब कम तरंगदैर्ध्य की प्रकाश पुंज को भी साथ-साथ प्रयोग किया जाये।

जब 680 nm से अधिक तरंगदैर्ध्य के साथ लघु तरंगदैर्ध्य (650 nm) भी दी जाये तो प्रकाश संश्लेषण में वृद्धि होती है, यह वृद्धि दोनों तरंगदैध्यों को पृथक्-पृथक् देने से होने वाले प्रकाश संश्लेषण के योग से भी अधिक होती है। यह वृद्धि इमरसन प्रभाव या "Photo synthetic enchancement" कहलाता है। इसके अनुसार भिन्न-भिन्न तरंगदैध्यों वाली प्रकाश पुंजों के समकालिक (Simultaneous) प्रयोग से प्रकाश संश्लेषण की वृद्धिमय सक्रियता होती है। यह प्रभाव दो वर्णक तन्त्र की उपस्थिति के कारण होता है, जो भिन्न प्रकाशीय क्रियायें करते हैं।

वर्णक तन्त्र (Pigment system) PS -प्रकाश संश्लेषण की दो Photochemical reaction, दो भिन्न वर्णक तन्त्रों PS I व PS II द्वारा सम्पन्न होती है। वर्णकों का समूह वर्णक तन्त्र कहलाता है व वर्णक तन्त्र में होने वाली Photochemical reaction को Photo systme कहते हैं। दोनों PS एक-दूसरे से सम्बन्धित होते हैं, परन्तु दोनों की प्रकाश ऊर्जा की आवश्यकता भिन्न-भिन्न होती है।

(a) वर्णक तन्त्र-I(Pigment system / Photo system-I) -यह ग्रेना व स्ट्रोमा दोनों में पाया जाता है (C Park & Sane, 1971) इसमें प्रकाश ऊर्जा को अवशोषित करने वाले मुख्य वर्णक

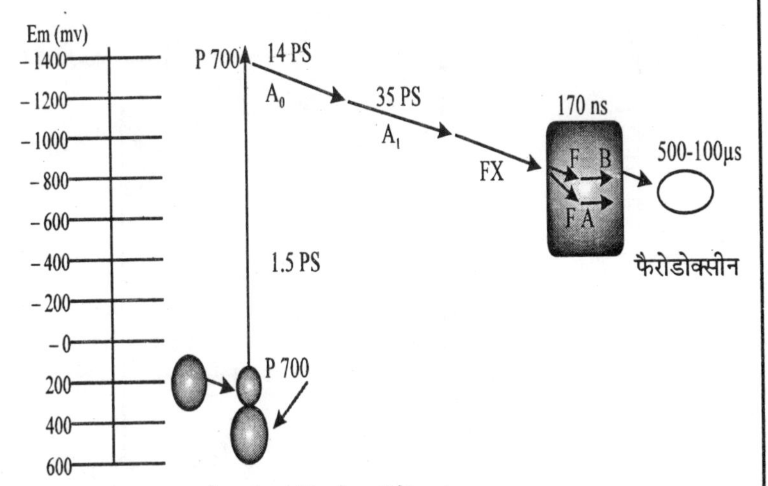

वर्णक तंत्र I में इलेक्ट्रॉनों का स्थानान्तरण

हैं- chl-a 670, chl-a 683, chl-a 690, chl-a 700, कुछ chl-b, carotenoid, cyt-b_6 cyt-F, plastocyanin (cu युक्त प्रोटीन), Ferredoxin (Fe युक्त प्रोटीन) होते हैं। इसमें chl-a का एक विशिष्ट अणु होता है जो 700 nm की तरंगदैर्ध्य को अवशोषित करता है इसे P_{700} कहते हैं। P_{700} अणु को Trap centre (फन्दाकेन्द्र) या Reaction Centre (प्रतिक्रिया केन्द्र) कहते हैं। P_{700} अणु लगभग 50–100 अन्य chl-a अणुओं से घिरा रहता है जिन्हें Harvesting molecules कहते हैं। P_{700} अणु अत्यधिक उत्तेजनशील होते हैं ये प्रकाश अवशोषित करके एक इलेक्ट्रोन बाहर निकालते हैं। यह स्वतंत्रतापूर्वक Cylic Photophsphorylation करता है लेकिन यह Non cyclic Photophsphorylation में भी भाग लेता है।

(b) वर्णकतन्त्र-II (Pigment system-II /PS-II)

यह क्लोरोप्लास्ट के ग्रेना भाग में पाया जाता है। इसमें प्रकाश अवशोषित करने वाले मुख्य वर्णक chl-a 660, chl-a 670, chl-a 682, chl-a 690, Phycobilins, प्लास्टोक्विनॉन (PQ), cyt-b_6 (cyt 559), cyt-f, chl-b आदि होते हैं। Govindji व Robinowitch के अनुसार इसमें chl-a & chl-b समान मात्रा में होते हैं। इसमें chl-a का एक विशिष्ट अणु होता है जो 682 nm की तरंगदैर्ध्य को अवशोषित करता है इसमें P_{682} (कुछ वैज्ञानिकों के अनुसार P_{680} कहते हैं। P_{682} का अणु Trap center या Reaction centre कहलाता है, यह अन्य वर्णकों से प्रकाश ऊर्जा ग्रहण करता है। इसमें Mn^{+2} व Cl^- आयन भी पाया जाता है। यह Non cylic Photophsphorylation में भाग लेता है।

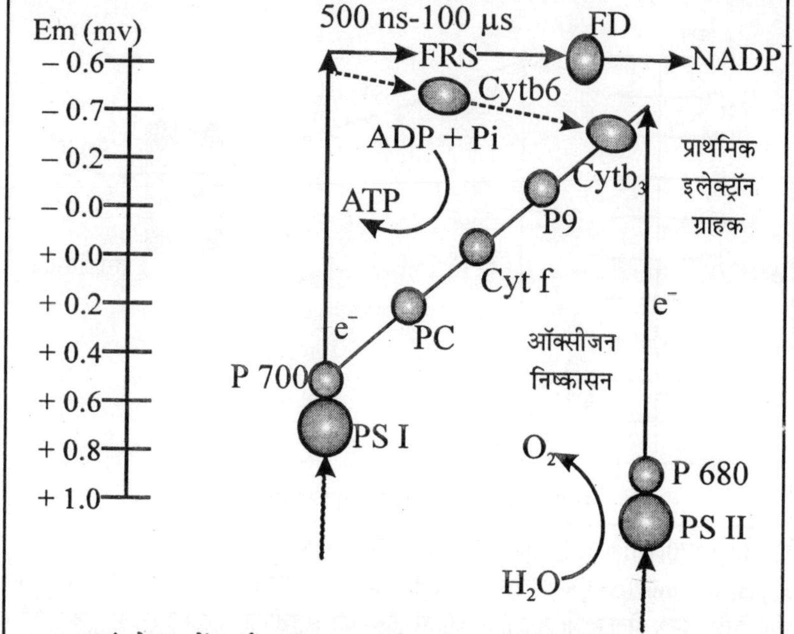

प्रकाश संश्लेषण में वर्णक तंत्र I व वर्णक तंत्र II में इलेक्ट्रॉनों का स्थानान्तरण

क्वांटासोम (Quantasome) : Photosynthetic unit

वर्णक अणुओं का यह सबसे छोटा समूह है जो प्रकाश रासायनिक क्रिया में भाग लेता है या प्रकाश ऊर्जा के अवशोषण व स्थानान्तरण के लिये आवश्यक होता है, क्वांटासोम कहलाता है।

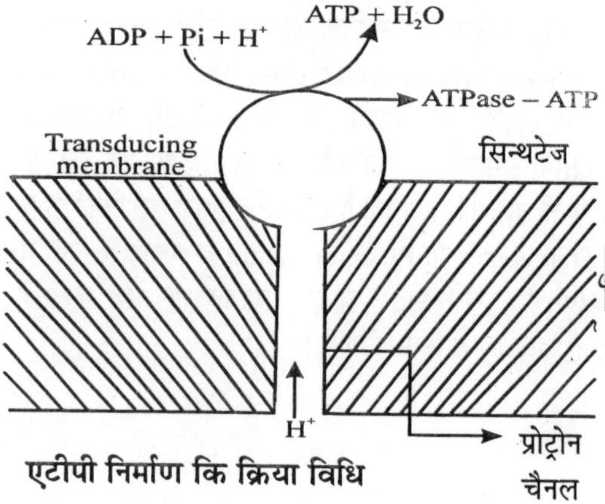

एटीपी निर्माण कि क्रिया विधि

Park and Pon / Park and Biggins (1963) ने इन्हें क्वांटासोम नाम दिया Kok and businger (1957) ने Photosynthetic unit कहा (PSU) एक PSU में लगभग 23 Chloroyphll अणु होते हैं। प्रत्येक PSU में एक Trap centre होता है जो लगभग 200 Harvesting-pigment अणुओं से घिरा रहता है व इनसे ऊर्जा प्राप्त करता है। Trap centre दीर्घ तरंगदैर्ध्य की प्रकाश ऊर्जा ग्रहण करता है जबकि Harvestingmolecule लघु तरंगदैर्ध्य की प्रकाश ऊर्जा ग्रहण करता है।

फोटो फोस्फोरिलीकरण (Photo Phosphorylation) -

प्रकाश की उपस्थिति में ATP का बनना Photo phosphorylation कहलाता है।

$$ADP + ip \xrightarrow[\text{chlorophyll}]{\text{Light}} ATP + H_2O$$

इसकी खोज Arnon (1954) ने की। यह तीन प्रकार का होता है–मिथ्या

(a) चक्रिय फोस्फोरिलीकरण Cyclic, (b) अचक्रिय फोस्फोरिलीकरण Non cylic,

(c) मिथ्या चक्रिय फोस्फोरिलीकरण Pseudo cyclic

(a) चक्रिय फोस्फोरिलीकरण (Cylic Photo Phosphorylation) - फेरेडॉक्सिन एक लौह युक्त प्रोटीन है जिसे पूर्व में PNR (Photosynthetic pyridine Nucleotide Reductase) कहा जाता था। P_{700} से निकले इलेक्ट्रॉन को Fd या X(Un identified electron aceptor) ग्रहण करके उपचयति हो जाता है व P_{700} इलेक्ट्रॉन देने के कारण ऑक्सीकृत हो जाता है। इसमें 2 ATP अणु बनते हैं, परन्तु Fd से Cyt b_6 पर इलेक्ट्रॉन स्थानान्तरण के समय व दूसरा अणु cyt b_6 से cyt f पर इलेक्ट्रॉन स्थानान्तरण के दौरान बनता है। इसमें PS-1 (P_{700}) भाग लेता है। इससे निकला इलेक्ट्रॉन पुनः इसमें आ जाता है। Chromatium नामक प्रकाश संश्लेषी जीवाणु में ATP के रुप में ऊर्जा प्राप्त करने का यही एकमात्र स्त्रोत है। उच्च पादपों में यह क्रिया प्रदीप्त पत्तियों में उस समय होती है जब CO_2 की आपूर्ति बन्द हो जाती है या कम हो जाती है अर्थात् जब Stomata (रन्ध्र) बन्द होते हैं। इसमें न तो O_2 निकलती है तथा न ही जल का प्रकाशीय अपघटन होता है तथा न ही $NADPH_2$ का निर्माण होता है।

(b) अचक्रिय फोस्फोरिलीकरण (Noncyclic Photophosphorylation) - इसमें PS-I (P_{700}) व PS II (Pi or 682) दोनों भाग लेते हैं। उच्च पादपों में सामान्य होता है। इसमें जल का प्रकाशीय अपघटन होता है और O_2 का निष्कासन होता है।

इसमें क्लोरोफिल अणु से उत्सर्जित उत्तेजित इलेक्ट्रॉन वापस लौटकर नहीं आता। इसमें एक ATP अणु बनता है (Plastoquinone से cyt-f को e^- स्थानान्तरण के समय या cyt + b_{559} से cyt-f को e^- के स्थानांतरण दौरान) इसमें NADPH +इसकी अपचयित अवस्था Colourless होती है जबकि ऑक्सीकृत oxidised अवस्था Blue होती है। इसे shape के आधार पर Hill तथा Bendall (1960) ने 'Z-Scheme' नाम दिया गया। DCMU (Dichloro Phenyl dimethyl urea) PS II की क्रियाशीलता को रोक देता है, जिसके कारण $NADPH_2$ का निर्माण बन्द हो जाता है और Non-cyclic Photophosphorylation रुक जाता है, इसके कारण O_2 भी मुक्त

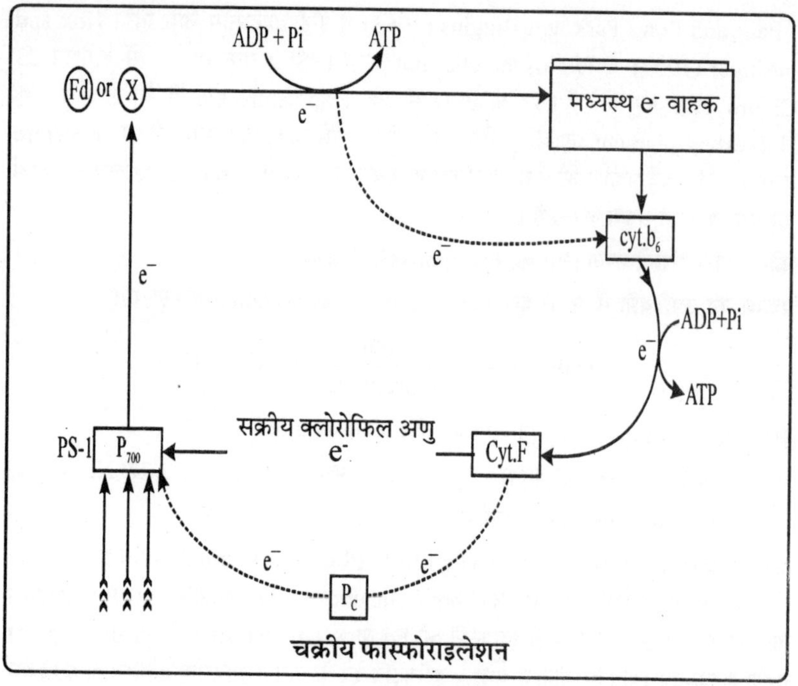

नहीं होती है।

(c) मिथ्या चक्रिय फोस्फोरिलीकरण (Pseudocyclic photophosphorylation) -

यह O_2 पर निर्भर Photophosphorylation होता है। FMN एक स्वऑक्सीकृत हाइड्रोजन ग्राही (Auto-oxidisable Hydrogen acceptor) होता है। प्रकाश व क्लोरोफिल की H^+ ($NADPH_2$) के दो अणु भी प्राप्त होते हैं। ATP तथा $NADPH_2$ अणुओं का उपयोग Dark reaction में CO_2 का अपचयन करके Glucose बनाने में होता है।

PS-II के P_{680} से निकला इलेक्ट्रॉन सर्वप्रथम Q (शान्त पदार्थ) ग्रहण करता है लेकिन Devlin and Witham (1986) व Salisbury and Ross (1986) के अनुसार P_{680} से निकले e^- को एक non-mg chl-a अणु (Phaleophytin) ग्रहण करता है तथा इससे e^- (Quinone) PQ, cyt-f, Pc से होते हुए P_{700} तक पहुँचता है। Plasto Cyanin (PC) एक Cu युक्त प्रोटीन होती है। सहायता से FMN जल के अणु को तोड़कर $FMNH_2$ व O_2 बनाता है। $FMNH_2$, O_2 द्वारा ऑक्सीकृत होकर FMN व जल बनाता है।

हिल अभिक्रिया की क्रियाविधि (Hill reaction Mechanism)

क्लोरोप्लास्ट की थायलेकॉइड में होती है। इसके दो पद होते हैं–

(a) जल का प्रकाश अपघटन (Photoylsis of Water) - प्रदीप्त क्लोरोप्लास्ट में जल का हाइड्रोजन व ऑक्सीकरण में टूटना जल का प्रकाशीय अपघटन कहलाता है। इस क्रिया में

Mn^{+2} व Cl^-, Carotenoids व Enzyme complex z सहायक होते हैं H^+ PS-I से अपचयित Fd से इलेक्ट्रॉन ग्रहण करके Co-enzyme NADP से संयुक्त होकर $NADPH_2$ बनाते हैं।

(b) प्रकाशीय फोस्फोरिलीकरण (Photophosphorylation) - प्रकाशीय अभिक्रिया में $NADP^+$ अन्तिम e^- ग्राही होता है।

(c) NADP का अपचयन (Reduction of NADP)

(B) अप्रकाशीय अभिक्रिया (Dark reaction)

इसे कार्बन स्वांगीकरण (C-assimilation), Calvin cycle, C_3 cycle, Calvin Benson cycle, Black man reaction आदि नाम से जाना जाता है। यह क्लोरोप्लास्ट के स्ट्रोमा वाले भाग में होती है। इसमें Light reaction में बने ATP & $NADPH_2$ का उपयोग होता है। इसमें O_2 का स्वांगीकरण एवं अपचयन होता है, परिणामस्वरूप कार्बोहाइड्रेट का निर्माण होता है। यह प्रकाश की अनुपस्थिति में होती है। Ruben (1939) ने प्रारंभ में C^{11} की सहायता से कार्बन स्वांगीकरण के मुख्य पथ का अपचयन किया लेकिन C^{11} की अर्द्धआयु अत्यल्प (22 min.) होने के कारण इन्हें सफलता नहीं मिली। Ruben & Kamen (1940) ने C^{14} की खोज की जिसकी अर्द्ध आयु 5000 वर्ष होती है। केल्विन व इनके सहयोगियों ने $C^{14}O_2$ की सहायता से कार्बन स्वांगीकरण के मुख्य पक्ष की खोज की। इसके लिए इन्होंने हरि-शैवाल Chlorella & Scenedesmus का उपयोग में लिया। यह एल्गी अंधेरे में CO_2 का अपचयन कर सकती है।

CO_2 का स्थिरीकरण (Fixation) निम्न प्रकार होता है-

(A) Calvin-Benson cycle (C_3 cycle)

(B) Hatch-slack cycle (C_4 cycle)

(C) Crassulacean Acid Metabolism (CAM)

(A) C_3 cycle - इसकी खोज Calvin & Benson (1948) ने की। इसको इसके लिये 1961 में नोबल पुरस्कार मिला।

इसे पेन्टोज फॉस्फेट पथ कहते हैं, CO_2 का स्थिरीकरण यौगिक RUDP (Ribulose 1,5-Diphosphale) होता है जो 5-C यौगिक होता है। जिन पौधों में C_3 cycle पाया जाता है, उन्हें C_3 Plant कहते हैं। C_3 Plants अधिकतर Mesophytes व Halophytes श्रेणी के होते हैं। इस cycle में CO_2 का स्थिरीकरण का प्रथम स्थायी उत्पाद 3-C वाला 3-PGA होता है अत: इसे C_3 cycle कहा जाता है। यह Cycle Chloroplast के Stroma में होती है।

3-PGA पादप उपापचय का मध्यवर्तीय यौगिक होता है जिसे प्रकाश संश्लेषण के 5 sec. पश्चात पहचाना जा सकता है। स्थायी शर्करा सुक्रोज के रूप में प्राप्त होती है। PGAL सबसे सरलतम कार्बोहाइड्रेट होता है यद्यपि Dark reaction का प्रथम स्थायी उत्पाद PGA होता है लेकिन यदि PGAL पौधों को आवश्यकतानुसार प्राप्त होता रहे तो बिना प्रकाश संश्लेषण के ही उनका काम चलता रहता है। शर्करा प्रकाश संश्लेषण की क्रिया का अन्तिम उत्पाद होता है परन्तु यह स्टार्च के रूप में संग्रहीत होता है अर्थात् प्रकाश संश्लेषण का दृश्य अन्तिम उत्पाद स्टांर्च होता है।

पद (Step)

(1) कार्बोक्सिलीकरण Carboxylation or Fixation of CO_2 – सर्वप्रथम RUDP (Ribulose 1, 5 Dip), RUDP Carboxylase एंजाइम की उपस्थिति में CO_2 ग्रहण करके 2 अणु 3-PGA बनाता है। RUDP Carboxylase enzyme (Rubisco) अत्यन्त बड़ा प्रोटीन अणु है तथा Chloroplast में पायी जाने वाली प्रोटीनों में इसकी सबसे अधिक मात्रा (16%) उपस्थिति होती है। यह पृथ्वी पर सबसे अधिक पायी जाने वाली प्रोटीन है।

(2) Reduction of 3-PGA

(3) Formation of Hexoses

(4) Regeneration of Ribulose 5-P (RUMP)

3PGA→1, 3 - Di PGA बनने के लिए 2ATP अणुओं की आवश्यकता होती है, जो Light reaction से आते हैं। प्रकाशीय अभिक्रिया में उत्पन्न ATP का अन्य अणु RUMP→RUDP के परिवर्तन में आवश्यक है। 2 अणु 3-PGAसे 3-PGAL बनते हैं इसके लिये 2 अणु NADPH की आवश्यकता होती है जो Photo chemical reaction से प्राप्त होते हैं। इस प्रकार एक अणु CO_2 के Fixation व Reduction के लिये 3 अणु ATP व 2 अणु NADPH की आवश्यकता होती हैं जो Photo chemical reaction से प्राप्त होते हैं।

इस Cycle में 3-PGAL की विशिष्ट स्थिति होती है, यह हरित लवक के बाहर स्थानान्तरित हो सकता है और कई प्रकार के Hexoses (Glucose, Sucrose, Fructose) एवं Cell wall के Carbohydrates (Cellulose, Pectin) में परिवर्तित होता है। यह यौगिक क्लोरोप्लास्ट के अन्दर Starch का भी संश्लेषण कर सकता हैं। एक ग्लूकोस अणु के निर्माण के लिए 6 केल्विन चक्र की आवश्यकता होती है।

CO_2 के एक अणु के स्थिरीकरण के लिये 3ATP अणु व 2 $NADPH_2$ अणु की आवश्यकता होती है, अतः CO_2 के 6 अणुओं के स्थिरीकरण हेतु 12 $NADPH_2$ व 18 ATP अणुओं की आवश्यकता होती है।

एक ग्लूकोस अणु बनने के लिये 54 ATP की ऊर्जा आवश्यक होती है–

$$\because \; 1NADPH_2 = 3ATP$$
$$\therefore \; 12NADPH_2 = 36\,ATP$$
$$\text{and Direct ATP consumed} = 18\,ATP$$
$$54\,ATP$$

$$6CO_2 + 18ATP + 12NADPH_2 \rightarrow C_6H_{12}O_6 + 6H_2O + 18iP + 12\,NADP$$

(B) C_4 चक्र (C_4 cycle) - यह CO_2 fixation का alternate cycle है।

प्रारम्भ में Kortyschak etal (1965) ने पाया कि Sugar cane की पत्तियों में प्रकाश संश्लेषण के दौरान प्रथम स्थायी उत्पाद 3-C वाला 3 PGA न होकर 4-C वाला यौगिक OAA (Oxalo acetic acid) होता है। उन्हें $C^{14}O_2$ का प्रयोग कर प्रेक्षण किया। डाइकार्बोक्सलिक

Table (2) Different between C_3 and C_4 Plant

	C_3 Plants	C_4 Plants
1.	CO_2 का Fixation एक बार होता है।	इनमें दो बार होता है।
2.	CO_2 संतुलन बिन्दु (Compensation point) 50-150 ppm होता है।	इसमें 0-10 ppm होता है।
3.	प्रकाश श्वसन की दर उच्च होती है।	नगण्य होती है।
4.	पूर्ण प्रकाश पर Net photosynthesis की दर कम होती है।	उच्च होती है।
5.	Full Sunlight के 10-50% पर संतृप्त बिन्दु स्थापित हो जाता है।	Full Sunlight पर भी संतृप्त बिन्दु स्थापित नहीं होता।
6.	क्लोरोप्लास्ट युक्त पूलाच्छद नहीं पायी जाती है।	पूलाच्छद पायी जाती है।
7.	Dimorphic Chloroplast absent.	Present
8.	क्लोरोप्लास्ट में Peripheral reticulum उपस्थिति होता है।	Absent
9.	कम ताप पर अधिक उत्पाद प्राप्त होता है लेकिन उच्च ताप पर कम हो जाता है।	कम ताप पर C_3 Plant की अपेक्षा कम प्रभावी लेकिन उच्च ताप पर उत्पाद बढ़ जाता है।
10.	इनमें केवल C_3 - Path पाया जाता है, प्रथम स्थायी उत्पाद 3-PGA (3C) होता है।	इनमें C_3 व C_4 दोनों Path पाये ज़ाते हैं। प्रथम स्थायी उत्पाद OAA (4C) होता है।
11.	CO_2 के एक अणु के स्वांगीकरण के लिए 2 $NADPH_2$ व 3 ATP अणुओं की आवश्यकता होती है।	इनमें 2 $NADPH_2$ व 5 ATP अणुओं की आवश्यकता होती है।
12.	O_2 की atm. conc. (21%) होने पर प्रकाश श्वसन की क्रिया होने के कारण प्रकाश संश्लेषण कम हो जाता है।	O_3 की atm. conc.का कोई प्रभाव नहीं पड़ता अर्थात प्रकाश श्वसन नहीं होता है।
13.	ये प्रकाश संश्लेषण के लिये कम दक्ष होते हैं।	अधिक दक्ष होते हैं।
14.	इनमें CO_2 ग्राही RUBP होता है। ये अधिक वाष्पोत्सर्जन दर दर्शाते है।	इनमें PEP व RUBP CO_2 ग्राही होते हैं, ये कम वाष्पोत्सर्जन दर दर्शाते हैं।
15.	इनमें केवल reductive pentose phosphate cycle ही होता है।	इनमें PP cycle व Dicorboxylicacid cycle दोनों होते हैं।
16.	इनमें दोनों Pigment system present होते हैं।	इनमें के PS-1 present.
17.	eg. प्रायः सभी पादपों में C_3 cycleपाया जाता है।	SugarCane,Maize,Barley, Euphorbia,Amaranthu Chenopoolium, Kochia, Atriplexs.

अम्ल ,जैसे –मैलिक अम्ल, एस्पार्टिक अम्ल भी Sugar cane में उपस्थित थे। इस चक्र का विस्तृत अध्ययन Hatch & Slack (1966, 67, 71) ने किया अत: इसे Hatch-Slack Cycle भी कहा जाता है। इसमें प्रथम स्थायी उत्पाद 4-C वाला OAA होने के कारण इसे C_4 चक्र कहते हैं व जिन पौधों में यह पाया जाता है, उन्हें C_4-Plants कहते हैं।

OAA में Dicarboxylic acid group पाये जाने के कारण इसे DCA cycle (Dicarboxylic acid cycle) भी कहते हैं। इसे Dicarboxylation Pathway भी कहते हैं। C_4 सामान्यत: Xerophytes होते हैं, यह चक्र प्राय: Tropical Plants में पाया जाता है। C_4 Plants में "Kranz antomay" पायी जाती है – इनमें leaves के vascular bundle, मृदुतकीय फूल आच्छद द्वारा घिरे रहते हैं। ये कोशिकायें अरीय व्यवस्थित होती है। Mesophyll व Bundle sheath की कोशिकाएँ प्लाज्मोंडेसमटों द्वारा जुड़ी रहती हैं। इन की पत्तियों में द्विरूपी हरित लवक (Dimorphic Cholorplast) पाये जाते हैं, अर्थात् दो प्रकार के हरित लवक पाये जाते हैं –

(a) Mesophyll Chloroplast - मीजोफील के क्लोरोप्लास्ट छोटे, संख्या में ज्यादा व ग्रेना युक्त होते हैं। इनमें झिल्लीयों की एक जालिका भी होती है, जिसे Peripheral reticulum (परिधिय जालिका) कहते हैं, इनमें Calvin cycle के enzyme absent होते हैं।

(b) Bundle Sheath Chloroplast:- ये हरितलवक बड़े, संख्या में कम व बिना ग्रेना के होते हैं। इनमें परिधिय जालिका अल्प विकसित होती है व Starch grains बहुतायत होते हैं। इसमें केल्विन चक्र के एंजाइम पाये जाते हैं।

C_4— चक्र का महत्व (Significance of C_4—cycle)

C_4 पादपों में C_3 पादपों की तुलना में 3 गुना उत्पादन ज्यादा होता है। C_4 पादप कम CO_2 सांद्रता व प्रकाश की उच्च तीव्रता पर भी सामान्य प्रकाश संश्लेषण करते हैं। C_4 पादपों में C_3 Plants की तुलना में अधिक ATP की आवश्यकता होती है। C_3Plants में CO_2 के 1 अणु के अपचयन में 5 ATP खर्च होते हैं अर्थात् C_3 Plant में एक ग्लूकोस अणु के संश्लेषण में 18 ATP आवश्यक होते हैं जबकि C_4 Plants में 30 ATP अणुओं की आवश्यकता होती है।

C_4 Plant में PEP Carboxylase enzyme, CO_2 के प्रति अधिक सुग्राही होते हैं अत: C_4 cycle में बाहरी वातावरण की CO_2 व श्वसन में मुक्त CO_2 दोनों का उपयोग होता है। RUDP carboxylase enzyme, CO_2 के प्रति कम सुग्राही होता है। C_4 पथ द्वारा RUDP के लिये अधिक CO_2 प्रदान की जाती है। C_4 Plants मरुस्थलों में पाये जाते हैं, जहां लवणों की अधिकता, उच्चताप, जल की न्यूनता, उच्च प्रकाश तीव्रता पायी जाती है, उच्चताप व उच्च प्रकाश तीव्रता में प्रकाश श्वसन की क्रिया प्रेरित होती है, जिससे केल्विन चक्र के मध्यवर्ती पदार्थ टूट जाते हैं और यह चक्र पूर्ण नहीं हो पाती है लेकिन C_4 Plant में प्रकाश श्वसन नहीं होता अत: C_4 चक्र प्रकाश श्वसन से बचने का एक अनुकूलन होता है।

C_3 cycle जल की कमी से प्रभावित होता है लेकिन C_4 Plant अप्रभावित रहते हैं, क्योंकि पूल आच्छद में C_3 cycle होता है। यह पूलाच्छद जल आपूर्ति के स्त्रोत के (Xylem) निकट होने

के कारण जल की कमी का कोई प्रभाव नहीं पड़ता है। C_4 Plants की उच्च प्रकाश संश्लेषण क्षमता व अनुकूलता होती है। अत: इन्हें "Efficient plant" ''दक्ष पादप'' भी कहा जाता है।

(C) काम पथ (Crassulacean Acis Metabolism (CAM)- Pathway

इसकी खोज Bardbeer, Ranson तथा Stiller (1958) ने की ।इसे सर्वप्रथम Crassulacae family के सदस्यों (Sedum, Kalanchoe) में ज्ञात किया गया इसलिए इसे Crassulacean acid metabolism कहते हैं। जिन Plant में यह पाया जाता है वे CAM plants कहलाते हैं। ये पादप मांसल व मरुद्भिद होते हैं, इनमें रंध्र रात्रि में खुलते हैं। (Scoto active stomata) इन Plants में रात्रि के समय C_4cycle व दिन में C_3 cycle होते हैं तथा दोनों चक्रों के एंजाइम Mesophyll में पाये जाते हैं।

CAM Plants रात्रि के समय CO_2 की अत्यधिक मात्रा अवशोषित करने के लिए सक्षम होते हैं। इनमें Stomata दिन में बन्द व रात्रि में खुले रहते हैं। रात्रि के समय प्राप्त CO_2 को तुरन्त कार्बनिक अम्ल में स्थिर किया जाता है। इनमें CO_2 का स्थिरीकरण प्रकाश व अंधेरे दोनों में होता है। रात्रि के समय atm CO_2,मीजोफिल में उपस्थित Stroma में पाये जाने वाले PEP carboxylase की उपस्थिति में fixation होता है, जिससे OAA बनता है जो Malic acid में बदल जाता है। दिन के समय एक मैलिक अम्ल पुन: PEP में परिवर्तित होता है और CO_2 मुक्त होती है।

यह CO_2 Mesophyll के Stroma में उपस्थित RUDP द्वारा RUDP carboxylase enzyme की उपस्थिति में स्थिर होती है व C_3 cycle द्वारा कार्बोहाइड्रेट बनता है। Rouhani (1972) व Black (1973) के अनुसार CAM Plants रात्रि के समय में Double carboxylation (CO_2 दोबार fixation) होता है, प्रथम बार CO_2, RUDP से मिलती है व 3- PGA बनता है। 3- PGA से PEP बनता है जो CO_2 का दूसरा अणु ग्रहण करके OAA बनता है। CAM Plants में CO_2 का स्थिरीकरण दो बार होता है तथा प्रथम स्थिरीकरण रात्रि में व अन्तिम स्थिरिकरण दिन में होता है। C_4 व CAM Plants में समान प्रकार का प्रकाश संश्लेषण होता है, CAM plants C_4 Plants से निम्न में भिन्न होते हैं।

जीवाण्विय प्रकाश संश्लेषण (Bacteria Photosynthesis):- प्रकाश संश्लेषी जीवाणुओं की सर्वप्रथम खोज Englemann (1883) ने की बाद में Van Niel (1931) ने इनका अन्वेषण किया। बैक्टीरिया के तीन समूह है जो प्रकाश ऊर्जा का उपयोग करके CO_2 द्वारा अपना भोजन बनाते हैं।

(a) Purple- S Bacteria - इनमें Bacteriochlorophyll व Carotenoids होते हैं। ये कम तरंगदैर्ध्य की ऊर्जा अवशोषित करते हैं। Trap centre p_{690} होता है। इनमें CO स्वांगीकरण S–यौगिकों व आण्विक हाइड्रोजन की उपस्थिति में होता हैं। H^+ donor H_2S या $Na_2S_2O_3$ होता है।

$$\xrightarrow[\text{Bacteria Chl-a}]{\text{Light}}$$

$$C_6H_{12}O_6 + 6H_2O + 6NaHSO_4$$

Phodopseudomonas viridis में Bacteriochl-a अनुपस्थित होता है व इसमें Bacteriochl-b पाया जाता है।

(b) Green sulphur Bacteria - इनमें Bacterioviridin (Chlorobium Chlorophyll) वर्णक होता है। इनमें Bacteriochl-a व Cortenoid भी कम मात्रा में होता है। इसमें ट्रेप सेंटर Baceriochl-a का बना होता है। इनमें भी H^+ दाता S-यौगिक होते हैं।

$$6CO_2 + 12H_2S \xrightarrow[\text{Bacterioviridin}]{\text{Light}} C_6H_{12}O_6 + 6H_2O + 12S$$

2

□□□

अध्याय 7

प्राणियों, पादपों एवं सूक्ष्मजीवों में प्रकाश ग्राहिता

इस ग्रह पर उपस्थित सभी जीवों का जीवन विद्युत चुम्बकीय स्पेक्ट्रम के संकरे बैण्ड (Narrov band) पर निर्भर करता है। यह जीवन प्रत्यक्ष या अप्रत्यक्ष रुप से प्रकाश द्वारा संचालित होता है। इस प्रक्रिया में सूर्य के प्रकाश द्वारा ऊर्जा पादप कोशिकाओं को प्रदान की जाती है एवं कार्बनिक अणुओं का निर्माण होता है।

प्राणियों एवं कुछ पादप कोशिकाओं में प्रकाश संश्लेषण क्रिया नहीं होती है तथा ये प्रकाश संश्लेषी पादपों पर परजीवी के रूप में निर्भर रहते हैं। पादपों में इस प्रकाश को ग्रहण करने की क्षमता के आधार पर ही हम इस ग्रह जीवन को देख पाते हैं। विद्युत चुंबकीय विकिरणों का दृश्य भाग प्रकाश (Light) कहलाता है। इसकी परास 380–760 nm होती है। वर्तमान में Photo-Biology एक नया क्षेत्र है जो प्राणियों, पादपों एवं सूक्ष्मजीवों में प्रकाश के ग्रहण (Reception) से संबंधित है। पादपों का प्रकाश की तरफ मुड़ना, विशिष्ट ऋतु में फूलों का खिलना, प्राणियों का प्रकाश की तरफ या प्रकाश से दूर गमन इत्यादि घटनायें Photobiology से संबंधित होती है।

प्रकाश (Light) – प्रकाश एक विद्युत चुंबकीय विकिरण है। विद्युत चुंबकीय विकिरणों की ऊर्जा, तरंगों की λ के विलोमानुपाती होती है। प्रकाश अपनी तरंग गति द्वारा विशिष्टीकृत होता है तथा इसका स्पैक्ट्रम λ या आवृति द्वारा पहचाना जाता है। प्रकाश ऊर्जा के छोटे–छोटे पैकेट के रूप में काम करता है जिन्हें क्वांटा या फोटोन कहते हैं। फोटोन में कोई आवेश नहीं होता है एवं इसमें बहुत कम द्रव्यमान (Mass) होता है। प्रत्येक फोटोन में उपस्थित ऊर्जा को $E = hc/\lambda$ द्वारा निरुपित किया जाता है।

$$E = hc/\lambda$$

यहाँ पर E = Energy

h = Plack's constant

c = Velocity of Light

λ = Wavelength

λ के आधार पर विद्युत चुंबकीय स्पैक्ट्रम को अलग–अलग क्षेत्रों में बांटा गया है। जिन तरंगों की कमी होती है उनकी ऊर्जा अधिक होती है तथा ये जीवित कोशिकाओं को नष्ट कर सकती है। अधिक λ वाली तरंगों में ऊर्जा कम होती है लेकिन ये प्रकाश रासायनिक क्रिया (Photo chemical reaction) को प्रेरित करने में सक्षम होती है।

सूर्य से निकलने वाली अधिकांश कम λ वाली तरंगे एट्रमोस्फीयर के ओजोन स्तर (Ozon Layer) द्वारा अवशोषित हो जाती है। सभी प्रकाश जैविक क्रियाएं इस स्पैक्ट्रम के Narrow band (400 nm - 700 nm) के मध्य संपादित होती है।

प्राणियों में प्रकाश ग्रहण (Light reception in Animlas)

प्राणियों में प्रकाश को ग्रहण करने व इमेज के निर्माण के लिये आँखे पाई जाती है। प्राणी जगत के 11 संघों (Phylum) में केवल तीन संघों के प्राणियों में आँखें पाई जाती है। ये संघ आर्थोपोडा, मोलस्का तथा कोर्डेटा है। इन तीनों संघों में आँखों की संरचना अलग प्रकार की है एवं तीनों का उद्विकास स्वतंत्र रूप में हुआ है। इन तीनों आँखों में संरचना, शारीरिक एवं भ्रौणिकी रुप से आपस में कोई संबंध नहीं होता है।

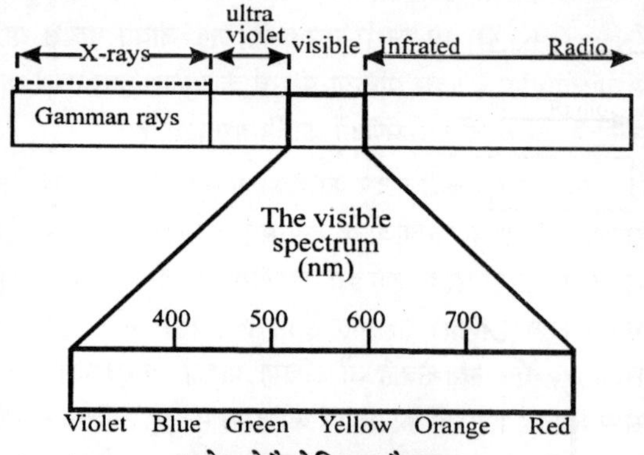

इलेक्ट्रोमैग्नेटिक स्पैक्ट्रम

इन तीनों आँखों में दृश्य प्रक्रियाओं की रसायनिकी एवं कार्य प्रणाली लगभग एकसमान होती है। तीनों आँखों में उपस्थित वर्णक, विटामिन-A द्वारा निर्मित होते हैं। जो प्रकाश को अवशोषित करके दृश्य प्रक्रिया को प्रेरित करते हैं। विटामिन A, एल्डिहाइड प्रतिरुप में होता है जो ओप्सीन प्रोटीन के साथ जुड़ा रहता है। विटामिन-A ($C_{20}H_{29}OH$) की संरचना β -केरोटीन के समान होती है जिसमें -OH समूह जुड़ा रहता है। प्राणियों में विटामिन A का संश्लेषण नहीं होता है। ये इसकी प्राप्ति पौधों में उपस्थित केरोटिनोइड द्वारा करते हैं। इस प्रकार पौधों में होने वाली फोटोट्रोपिज्म एवं प्राणियों में होने वाली दृश्य प्रक्रिया, प्रत्यक्ष या अप्रत्यक्ष रुप से केरोटिनोइड पर निर्भर करती है।

अकशेरुकियों की आँखे (Eyes of Invertebrates) -अकशेरुकियों में उपस्थित eye spot आदिम प्रकार के है। प्लेनेरिया में शीर्ष भाग में पृष्ठ सतह पर काले eye spot पाये जाते हैं। यह अत्यधिक वर्णक युक्त कोमा के समान रचना है जो रेटिना की तरह कार्य करती है। रेब्डोमेरिक न्यूरोन,वर्णक कप में समाप्त हो जाते हैं जबकि इनका दूसरा छोर, मस्तिष्क की ओप्टिक नर्व के साथ जुड़ा रहता है। आर्थोपोडा की संयुक्त आंखे अनेक संरचनात्मक एवं क्रियात्मक इकाइयों की बनी होती है जिन्हें ओमेटिडिया कहते हैं। एक ओमेटिडिया, बेलनाकार रचना होती है जो कोर्नियल सतह के लंबवत् उपस्थित होती है। प्रत्येक ओमेटिडिया में ऊपरी भाग डाइऑप्टिक व अधर भाग रेटिनेल (Retinal) के रुप में होता है। रेटिनल सिस्टम में प्रकाश ग्राही कोशिकाएं होती हैं जो रेब्डोम के चारों और उपस्थित होती है।

कशेरुकियों में प्रकाशग्राही (Photoreceptor in Vertebrates) - आँखें जटिल संवेदी रचनाएँ होती है जिनका उद्विकास अकशेरुकी प्राणियों की सतह पर उपस्थित प्रकाश संवेदी

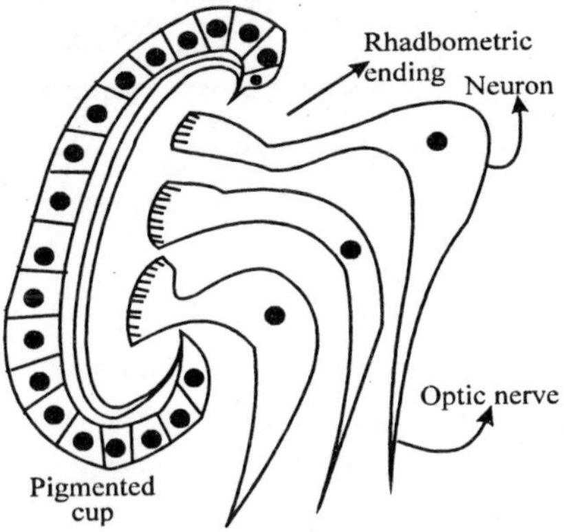

अपृष्ठवशीय जन्तुओं की आँख

बिन्दुओं से हुआ है। अपने सुरक्षात्मक आवरण में प्रत्येक आँख में ग्राही स्तर (Receptor Layer), लैन्स तंत्र (Lens system) एवं तन्त्रिकाएँ पाई जाती है, जो बाहर से आने वाले प्रकाशीय उद्दीपन को मस्तिष्क तक पहुँचाने का कार्य करते हैं। स्तनधारियों में एक जोड़ी आँखे कपाल के पृष्ठापार्श्व (Dorsolateral) में उपस्थित होती है। यह कपाल के दृक कक्ष (Eye orbit) में उपस्थित होती है। आँखों का 1/5 भाग दृक कक्ष से बाहर निकला रहता है जिसे **कोर्निया** (Cornea) कहते हैं। आँखों की पलकों पर सूक्ष्म रोम (Eye Iashes) पाये जाते हैं। ये रोम आँखों की धूल के कणों से सुरक्षा करते हैं। प्रत्येक पलक में सतह से भीतर की तरफ एपिडर्मिस (Epidermis), डर्मिस (Dermis), उपत्वचीय ऊतक (Subcutaneous tissue), ओर्बिकूलेरिस ओकूली पेशी (Orbicularis oculi muscle) के तंतु, टार्सल प्लेट (Tarsal plate), टार्सल ग्रंथि (Tarsal gland) तथा कंजक्टाइवा (Conjuctiva) उपस्थित होती है। टार्सल प्लेट, संयोजी ऊतक की मोटा वलन होती है जो आँखों की पलकों को आलम्बन प्रदान करती है। प्रत्येक टार्सल प्लेट में रूपान्तरित सिबेसियस ग्रंथियों (Sebacious gland) की एक पंक्ति पाई जाती है जिन्हें टार्सल ग्रंथि (Tarsal gland) या मीबोमियन ग्रंथि (Meibomian gland) कहते हैं। आँखों की पलकों के नीचे एक निमेषक झिल्ली (Nictinating membrane) पाई जाती है। मनुष्यों में यह झिल्ली अवशेषी होती है जिसे **प्लीका सेमिनूलेरिस** (Plica seminularis) कहते हैं। आंखों की कोर्निया (Cornea) के ऊपर स्तरित शल्की उपकला की बनी हुई पतली झिल्ली पाई जाती है जिनमें गोब्लेट कोशिकाएँ एवं एरिओलर संयोजी ऊतक (Areolar connective tissue) पाया जाता है। पलकों के भीतर उपस्थित कंजक्टाइवा, **पेल्पीब्रल कंजक्टाइवा** (Parpebral Conjuctiva) कहलाती है जो आँखों की पलकों से गुजरकर नेत्र गोलक की अग्र सतह पर ब्लबर कंजक्टाइवा में रूपान्तरित हो जाती है। कार्निया को चिकना बनाये रखने के लिए आंखों में निम्नांकित ग्रंथियाँ पाई जाती है–

(i) माइबोमियन ग्रन्थियां (Meibomian glands)- ये रूपांतरित सिबेसियस ग्रंथियाँ होती है। इन्हें **टार्सल ग्रंथि** (Tarsal gland) भी कहते हैं। ये ग्रंथियाँ टार्सल प्लेट पर एक पंक्ति के रूप में पाई जाती है। इन ग्रन्थियों में संक्रमण के कारण ट्यमूर या सिस्ट के समान रचना बन जाती है जिसे **चेलेजिओन** (Chalazion) कहते हैं।

(ii) जीस ग्रंथी (Zeis gland) - ये ग्रंथियां आंखों की पलकों पर उपस्थित रोम पुटिकाओं (Hair follicle) से सम्बन्धित होती है। इन ग्रंथियों का स्त्राव आंखों को चिकना बनाये रखने का कार्य करता है। इन ग्रन्थियों में होने वाला संक्रमण **स्टाई** (Sty) कहलाता है।

(iii) लेक्रिमल ग्रंथियाँ (Lacrymal gland)- ये ग्रन्थियाँ आकार में बड़ी होती है। इनमें लेक्रिमल तरल (Lacrimeal fluid) का स्त्राव होता है। यह स्त्राव उत्सर्जी लेक्रिमल वाहिनियों में उड़ेल दिया जाता है। यह स्त्राव लेक्रिमल वाहिनियों से होते हुये, लेक्रिमल केनाल (Lacrimal canal) में, लेक्रिमल कैनाल से लेक्रिमल वैश्म (Lacrimal sac), लैक्रिमल वैश्म से नासोलेक्रिमल डक्ट व अंत में नासिका गुहा (Nasal cavity) में उड़ेल दिया जाता है। ये ग्रन्थियाँ जन्म के चार महिने पश्चात सक्रिय होती है। लेक्रिमल ग्रंथियों के स्त्राव में लवण (Salt), म्यूकस (Mucus) तथा (Lysozyme) लाइसोजाइम उपस्थित होता है। यह स्त्राव आंखों को तरल, स्वच्छ एवं नम बनाये रखता है।

नेत्र गोलक की पेशियाँ (Muscles of eye ball) - नेत्र गोलक के साथ छ मांस पेशियाँ सम्बन्धित होती है। इन मांसपेशियों से होने वाले प्राथमिक एवं द्वितीयक कार्य निम्न तालिकानुसार होते हैं-

Muscles	Secondary action	Primary action
(i) Lateral Rectus	None	Abduction
(ii) Medial Rectus	None	Adduction
(iii) Superior Rectus	Adduction, Intorsion	Elevation
(iv) Inferior Rectus	Adduction, Entorsion	Depression
(v) Superior Oblique	Depression, abduction	Intorsion
(vi) Inferior Oblique	Elevation, abduction	Extorsion

नेत्र गोलक की शारीरिकी (Anatomy of eye ball)-

शारीरिकी रूप से नेत्र गोलक की भित्ति तीन स्तरों की बनी (Cornea)होती हैं-

(1) स्कलेरोइड (Scleroid or Tunica fibrosa)

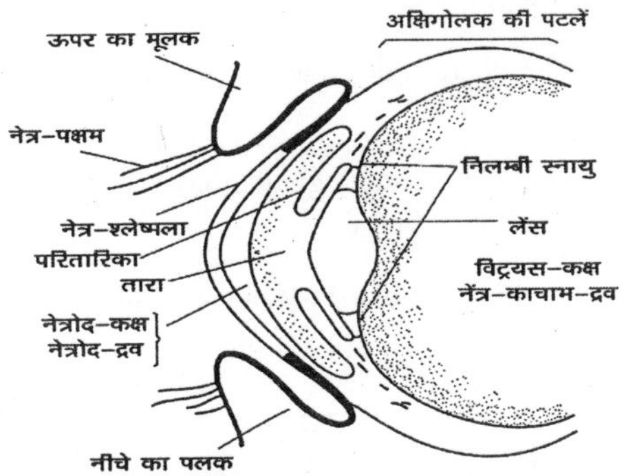

अक्षिगोलक का अग्र भाग

(2) कोरोइड (Choroid or Tunica Vasculosa)

(3) रेटिना (Retina or Tunica Nervosa)**Table : (1) Actions of the external ocular muscles**

(1)स्क्लेरोड (Scleroid or Tunica fibrosa) – यह नेत्र गोलक का बाहरी स्तरी है। यह स्तर अत्यधिक सख्त होता है। इस पर अम्ल एवं क्षार का कोई प्रभाव नहीं होता है। यह स्तर दो असमान क्षेत्रों में विभक्त होता है। अग्र पारदर्शी भाग **कोर्निया** (Cornea) एवं पश्च अपारदर्शी भाग **स्कलेरा** (Sclera) कहलाता है। स्कलेरा का अग्र भाग सफेद होता है। स्कलेरा द्वारा नेत्र गोलक का 5/6 भाग ढ़का रहता है। यह तंतुमय संयोजी ऊतक का बना होता है जबकि मछलियों एवं एम्फिबियन में यह कार्टिलेज युक्त होता है। स्कलेरा द्वारा आंख को निश्चित आकृति प्रदान होती है। यह नेत्र गोलक की भीतरी रचनाओं की सुरक्षा करता है। इस स्तर का पश्च भाग ओप्टिक तंत्रिका एवं रक्त वाहिनियों के द्वारा छिद्रित हो जाता है।

कोर्निया, स्कलेरा की तुलना में मोटा होता है। यह स्तर थोड़ा वक्रित होता है। इस कारण यह प्रकाशीय किरणों को फोकस करने हेतु अनुकूलित होता है। कई बार कोर्निया की रचना में अनियमितता के कारण एस्टिगमेटिज्म (Astigmatism) जैसी स्थिति उत्पन्न हो जाती है। कार्निया के पारदर्शी होने के कारण यह प्रकाशीय किरणों को नेत्र गोलक में प्रवेश करने में सहायता करता है। कोर्निया के क्षतिग्रस्त हो जाने के कारण कई बार अंधता की स्थिति उत्पन्न हो जाती है। कोर्निया का अग्र भाग अकिरेटिन युक्त स्तरित शल्की उपकला का बना होता है। इसका मध्य भाग कोलेजन तंतु एवं फाइब्रोब्लास्ट कोशिकाओं का बना होता है। इसका भीतरी भाग सामान्य शल्की उपकला का बना होता है।

कोर्निया तथा स्कलेरा के संयोजन स्थल पर वीनस साइनस उपस्थित होता है जिसे **स्कलेम केनाल** (Schlemm canal) कहते हैं। इस केनाल द्वारा नेत्रोद तरल (Aquous humour) का अवशोषण किया जाता है। यदि यह केनाल अवरुद्ध हो जाये तो नेत्रगोलक में दाब बढ़ जाता है जो नेत्र रेटिना में उपस्थित तंत्रिका तंतुओं को नष्ट कर देता है। परिणामत: ग्लुकोमा (Glaucoma)

रोग उत्पन्न हो जाता है। ग्लुकोमा दो प्रकार का हो सकता है।

(i) **ओपन एंगल ग्लुकोमा** (Open angle glaucoma) – इसमें ट्रेबिकूली की पारगम्यता कम हो जाती है।

(ii) **क्लोज एंगल ग्लुकोमा** (Close angle glaucoma) – इसमें आइरिस अपनी स्थिति से आगे की तरफ विस्थापित हो जाता है।

(2) कोरोइड (Choroid or Tunica Vasculosa) – यह नेत्र गोलक का मध्य स्तर है। इसे **यूविआ** (Uvea) भी कहते हैं। इसके तीन क्षेत्र होते हैं –

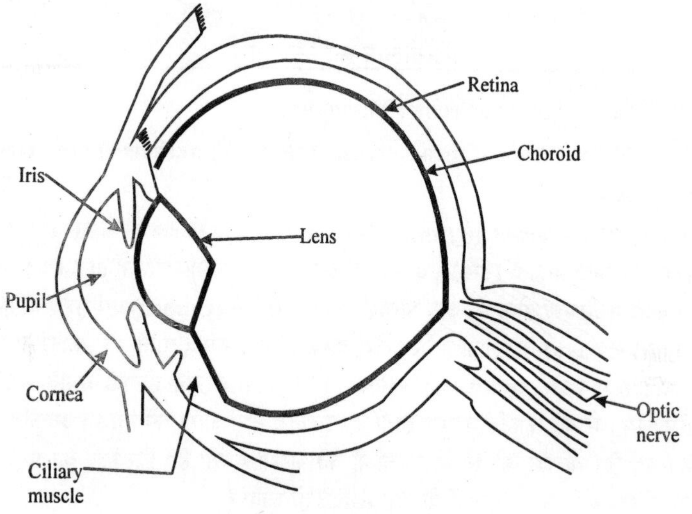

मानव की आँख का काट

(A) कोरोइड (Choroid) – यह भाग अत्यधिक संवहनीय एवं वर्णक युक्त होता है। यह स्कलेरा के साथ आसन्जित रहता है। इस भाग में प्रकाशीय किरणें का अवशोषण होता है। अतः प्रकाश किरणें पुनः परावर्तित होकर नेत्र गोलक के बाहर नहीं जा सकती। इस स्तर में रक्त की आपूर्ति के कारण यह रेटिना को पोषक पदार्थों की आपूर्ति करती है। मेलानोसाइट कोशिकाओं द्वारा उत्पन्न मेलानिन वर्णक के कारण कोरोइड का विशिष्ट रंग होता है। इस स्तर से ओप्टिक तंत्रिकाएँ गुजरती है।

(B) पक्ष्माभिकीय काय (Cilliary Body)– ट्यूनिका वेस्कूलोसा का अग्र भाग फूलकर गांठ के समान हो जाता है जिसे **पक्ष्माभिकीय काय** (Cilliary body) कहते हैं। यह काय पक्ष्माभिकीय पेशियों (Cilliary muscle) एवं पक्ष्माभिकीय प्रवर्द्धों (Cilliary Processes) का बना होता है। पक्ष्माभिकीय पेशियां, लेन्स की आकृति का नियमन करती है। पक्ष्माभिकीय प्रवर्द्ध,

पक्ष्माभिकीय काय से निकलती हुई अतिवृद्धियाँ होती है ।इन प्रवर्द्धों में रक्त कोशिकाएँ पाई जाती है जो जल के समान नेत्रोद तरल (Aqueous humor) का स्राव करती है।

(C) आइरिस (Iris)- यह नेत्र गोलक का रंगीन भाग होता है। यह वर्तुल एवं अरीय चिकनी पेशियों का बना होता है। वह स्तर कोर्निया तथा लेंस के मध्य लटका रहता है जो बाहरी सिरे परपक्ष्माभिकीय काय से जुड़ा रहता है। आइरिस के मध्य उपस्थित छिद्र **प्यूपिल** (Pupil) कहलाता है। आइरिस का मुख्य कार्य नेत्र गोलक में प्रवेश करने वाली प्रकाश किरणों की मात्रा का नियंत्रण करना होता है। अत्यधिक तीव्र प्रकाश में वर्तुल पेशियाँ संकुचित होती है जिससे प्यूपिल का व्यास कम हो जाता है। यह घटना **मायोसिस** (Miosis) कहलाती है। मंद प्रकाश में रेडियल पेशियाँ संकुलित होती है जिससे प्यूपिल का व्यास बढ़ जाता है। यह घटना **मीड्रिएसिस** (Mydriasis) कहलाती है। आँखों का विशिष्ट रंग आइरिस के कारण होता है। इसमें प्रचुर मात्रा में वर्णक पाया जाता है। एल्बिनो (Albino) प्राणियों में यह भाग लाल होता है क्योंकि वर्णक की अनुपस्थिति में रक्त वर्णक इस स्तर से दिखाई देने लग जाता है।

(3) रेटिना (Retina or Tunica Nervosa) – यह नेत्र गोलक का भीतरी स्तर है। रेटिना, आगे की तरफ सिलियरी बोडी तक फैली रहती है। यह दस स्तरों में संगठित रहता है। रेटिना में वर्णक उपकला (Pigment epithelium) तथा तंत्रिकीय भाग (Neural portion) उपस्थित होता है।

(A) वर्णक उपकला (Pigment epithelium) – मेलानिन युक्त उपकला कोशिकाओं का स्तर है जो कोरोइड तथा रेटिना के समध्य उपस्थित होता है। कुछ औतिकीविद् (Histologist), इस वर्णक उपकला को कोरोइड स्तर का ही एक भाग मानते हैं। मेलानिन वर्णक, प्रकाशीय विकिरणों को अवशोषित करने का कार्य करते हैं।

(B) तन्त्रिकीय भाग (Neural portion) – रेटिना का तन्त्रिकीय भाग मस्तिष्क की बहुस्तरीय अतिवृद्धि है। रेटिना के तन्त्रिकीय भाग में दृश्य ग्राही शलाका (Rod) एवं शंकु (Cones) एवं चार प्रकार की तन्त्रिकाएँ द्विध्रुवीय कोशिकाएँ (Bipolar cells), गैग्लिओन कोशिकाएँ (Ganglion cell), क्षैतिज कोशिकाएँ (Horizontal cell) एवं एमेक्राइन कोशिकाएँ (Amacrine cell) पाई जाती है।

(i) शलाका एवं शंकु स्तर (Rods and Cones layer)- शलाका एवं शंकु रूपांतरित तन्त्रिका संवेदी कोशिकाएँ (Neuro-sensory cell) होती है। रेटिना में 1110-1125 लाख शलाका (Rods) कोशिकाएँ एवं लगभग 65 लाख शंकु (Cone) कोशिकाएँ पाई जाती है। शलाकाएँ मंद प्रकाश के प्रति संवेदी होती है जबकि शंकु तीव्र प्रकाश के प्रति संवेदी होती है एवं वर्ण विभेदन (Colour differentiation) के प्रति उतरदायी होती है। शलाकाओं में रोडोप्सिन वर्णक (Rhodosin pigment) उपस्थित होता है। शलाका एवं शंकु दोनों तीन भागों में विभेदित होती है।

(a) बाहरी खण्ड (Outer segment) –इस स्तर म झिल्ली के वलनों में वर्णक उपस्थित होते हैं। इस खण्ड में नये वलनों की उत्पत्ति होती है।

(b) **आंतरिक खण्ड** (Inner segment) – इस स्तर में केन्द्रक, गोल्जीकाय, माइटोकोण्ड्रिया एवं अन्य कोशिकीय अंगक उपस्थित होते हैं।

(c) **सिनेप्टिक टर्मिनल** (Synaptic terminal) – शलाका एवं शंकु के इस स्तर से तन्त्रिकीय तंतु निकलते हैं जो द्विध्रुवीय एवं क्षैतिज कोशिकाओं के साथ सूत्रयुग्मन (Synapsis) का निर्माण करते हैं।

(ii) द्विध्रुवीय तंत्रिकीय स्तर (Bipolar Nerve Layer)- यह स्तर द्विध्रुवीय तन्त्रिका कोशिकाओं का बना होता है। इन तन्त्रिकाओं के डेन्ड्राइट, शलाका एवं शंकु स्तर की तन्त्रिकाओं से सूत्रयुग्मन (Synapsis) का निर्माण करते हैं। इस तन्त्रिकाओं के एक्सोन, गैग्लिओन स्तर की डेंड्राइट के साथ सूत्रयुग्मन (Synapsis) का निर्माण करते हैं। इस प्रकार द्विध्रुवीय तन्त्रिकाओं के बाहर तथा भीतर क्रमशः बाह्य प्लेक्सीफोर्म स्तर (Outer plexiform layer) एवं आंतरिक प्लेक्सीफोर्म स्तर (Inner plexiform layer) उपस्थित होता है। बाहरी स्तर में क्षैतिज कोशिकाएँ (Horizontal cell) उपस्थित होती है। भीतरी स्तर में एमेक्राइन कोशिकाएँ (Amacrine cell) पाई जाती है। क्षैतिज एवं एमक्रोइन कोशिकाओं में एक्सोन तंतुओं का अभाव होता है फिर भी ये द्विध्रुवीय तन्त्रिकाओं को आपस में जोड़ने का कार्य करती हैं।

(iii) गैग्लिओन स्तर (Ganglion Layer) – इस स्तर की तन्त्रिकाएँ भी द्विध्रुवीय प्रकार की होती है। ये तन्त्रिकाएँ विशिष्ट मुलर कोशिकाओं (Muller cells) के द्वारा बन्धित रहती है। इन कोशिकाओं के प्रवर्द्ध रेटिना के आंतरिक स्तर पर आंतरिक सीमांतीय झिल्ली (Internal limiting membrance) एवं ग्राही स्तर (Receptor Layer) में बाह्य सीमांतीय झिल्ली (outer limiting membrane) का निर्माण करती है। गैग्लिओन स्तर की समस्त एक्सोन मिलकर ओप्टिक तंत्रिका (Optic Nerve) का निर्माण करती है। ओप्टिक तंत्रिका रंटिना को जिस भाग से भेदती हैं वहाँ पर नेत्र गोलक के सभी स्तर असंतत (Noncontineous) होते हैं। इस स्थल पर किसी भी प्रकार के प्रतिबिम्ब (Image) का निर्माण नहीं होता है अतः इस स्थल को अंध बिन्दु (Blind Spot) कहते हैं। आंखों की केन्द्रीय अक्ष जहाँ पर प्रतिबिम्ब का निर्माण होता है उसे **पित बिन्दु** (Yellow Spot) या **एरिया सेन्ट्रलिस** (Area centralis) कहते हैं। पीत बिन्दु में एक सूक्ष्म खांच पाई जाती है जिसे **फोविया सेन्ट्रेलिस** (Fovea centralis) कहते हैं। आँखों का यह सर्वाधिक संवेदी भाग है। इसमें उपस्थित शंकु, तिर्यक प्रकार के होते हैं। पीत बिन्दु में उपस्थित रेटिना अत्यधिक पतली होती है जिसे **मेकुला ल्यूटिआ** (Macula Lutea) कहते हैं। रेटिना में जिस स्थल से ओप्टिक तंत्रिका, रक्त वाहिनियाँ गुजरती है। यह भाग ओप्थेल्मोस्कोप (Opthalmoscope) में ओप्टिक डिस्क (Optic dise) के रूप में दिखाई देता है।

अपर्वतन माध्यम (Refracting Media) – नेत्र गोलक (Eye ball) में कोर्निया के अलावा तीन पारदर्शी माध्यम भी उपस्थित होते हैं जो प्रकाशीय किरणों को फोकस करने का कार्य करते हैं।

(1) नेत्रोध द्रव (Aqueous humor) – नेत्रोध द्रव स्वच्छ जल के समान तरल है जो कार्निया तथा लैंस के मध्य भरा रहता है। यह CSF के समान तरल है। इसका स्राव पक्ष्माभिकीय

प्रवर्द्धों (Cilliary processess) द्वारा किया जाता है। इसका स्राव एक्वस चैम्बर के पश्च कक्ष में किया जाता है। यहाँ से यह प्रवाहित होकर अग्र कक्ष में आ जाता है तथा स्कलेम केनाल के द्वारा अवशोषित होकर अंत में रक्त में चला जाता है। सामान्यतया इस तरल के स्त्रावण एवं अवशोषण की दर एक समान होती है जिसमें नेत्र गोलक में एक निश्चित दाब बना रहता है। यदि इस तरल के दाब में वृद्धि या कमी हो जाए तो अनेक नेत्र विकार उत्पन्न हो जाते हैं। यह तरल, लैन्स तथा कोर्निया को पोषक पदार्थों की आपूर्ति के अलावा अपशिष्ट उत्पादों का अवशोषण भी करता है।

(2) लैन्स (Lense)- लैन्स एक पारदर्शी रचना है जो नेत्र गोलक में आइरिस के पीछे उपस्थित होता है। मछलियों तथा उभयचरों में यह गोलाकार होता है जबकि अन्य कशेरूकी प्राणियों में यह अण्डाकार (Oval) होता है। लेन्स प्रत्यास्य सम्पुट के द्वारा घिरा रहता है। यह पक्ष्माभिकीय काय से सूक्ष्म लिगामेन्ट द्वारा सधा हुआ रहता है। पक्ष्माभिकीय पेशियों में होने वाले संकुचन के कारण, लैन्स की आकृति को परिवर्तित किया जा सकता है। लैन्स की आकृति में परिवर्तन के कारण रेटिना पर प्रतिबिम्ब का निर्माण हो जाता है। लैन्स का यह गुण **सामंजस्यता** (Accomodation) कहलाता है। निकट दृष्टि में लैन्स गोलाकार होता है जबकि दूरदृष्टि में चपटा हो जाता है। लैन्स की पारदर्शिता में कमी आ जाने के कारण प्रतिबिम्ब निर्माण (Image formation) में समस्या आ जाती है। इसके उपचार हेतु कृत्रिम लैन्स का प्रत्यारोपण किया जाता है।

(3) नेत्र काचाभ द्रव्य (Viterous humor) – काचाभ द्रव्य, पारदर्शी जिलेटिन के समान तरल है जो लैंस तथा रेटिना के मध्य भरा रहता। इस तरल का निर्माण भ्रूणीय प्रावस्था के दौरान होता है, इसके पश्चात् इसका पुनः रूपांतरण नहीं होता है। यह तरल नेत्र गोलक के दाब (Intra occular pressure) को नियत बनाये रखता है एवं नेत्र गोलक को पिचकने से रोकता है तथा रेटिना को समास्थिति में बनाये रखता है। नेत्र गोलक में दाब सामान्यतया 16 mm of Hg होता है। इस दाब के अधिक होने के कारण ग्लूकोमा (Glaucoma) रोग हो जाता है। इससे रेटिना क्षतिग्रस्त हो जाती है।

प्रतिबिम्ब निर्माण (Image formation)- रेटिना पर प्रतिबिम्ब निर्माण के समय आंखें एक प्रकार से कैमरे के समान कार्य करती है। प्रतिबिम्ब निर्माण के समय मूलभूत रूप से तीन प्रकार की प्रक्रियाएँ होती हैं-

(1) प्रकाश किरणों का अपर्वतन (Refraction of Light)

(2) लैन्स का समंजन (Accomodation of Lense)

(3) तारे का संकीर्णन (Constriction of Pupil)

(1) प्रकाश किरणों का अपर्वन (Refraction of Light)- जब प्रकाशीय किरणें एक पारदर्शी माध्यम से दूसरे पारदर्शी माध्यम में प्रवेश करती है तो यह दोनों माध्यमों के जंक्शन पर थोड़ी मुड़ जाती है। यह परिघटना **अपर्वतन** (Reiraction) कहलाती है। जब प्रकाशीय किरणें आंखों में प्रवेश करती है तो ये कोर्निया की अग्र एवं पश्च सतह पर अपवर्तित हो जाती है। लैन्स

की दोनों सतह, प्रकाश किरणों को पुनः अपवर्तित कर देती है जिससे किसी भी वस्तु का प्रतिबिम्ब वास्तविक रूप में फोकसित होता है। रेटिना पर बनने वाला प्रतिबिम्ब, उल्टे (Inverted) प्रकार का होता है। अपवर्तन की 75% मात्रा कोर्निया में हो जाती है जबकि शेष मात्रा लैन्स में होती है। जब कोई दृश्य बिम्ब 20 या इससे अधिक फीट दूरी पर होता है तो ओब्जेक्ट से आने वाली प्रकाशीय किरणें एक-दूसरें के पार्श्विक होती हैं एवं इनसे बनने वाला प्रतिबिम्ब तीक्ष्ण प्रकार का होता है। जब कोई दृश्य बिम्ब 20 फीट से कम दूरी पर होता है तो इनसे आने वाली प्रकाशीय किरणें संपार्श्विक न होकर अपसरित प्रकार की होती है। इस कारण लैंस से गुजरने के पश्चात् ये एक-दूसरे की तरफ अधिक अपवर्तित होती है।

(2) लैन्स का समंजन (Accomodation of Lens)- अत्यधिक निकट की वस्तुओं को देखते समय पक्ष्माभिकीय पेशियाँ संकुचित रहती है जिससे लैन्स अधिक उत्तल (Convex) हो जाता है। अत्यधिक दूर की वस्तुओं को देखते समय पक्ष्माभिकीय पेशियाँ शिथिलिता रहती है। परिणामतः लैन्स अवतल (Concave) प्रकार का हो जाता है। लैन्स का यह गुण संमजन (Accomodation) कहलाता है।

(3) तारे का संकीर्णन (Constriction of Pupil)- आइरिस में उपस्थित वर्तुल पेशियाँ, रेटिना में स्पष्ट प्रतिबिम्ब निर्माण को प्रेरित करती है। आइरिस की वर्तुल पेशियों के संकुचन के कारण तारे (Pupil) का व्यास कम हो जाता है। अत्यधिक तीव्र प्रकाश के समय तारे का व्यास कम हो जाता है जबकि मंद प्रकाश में तारे का व्यास बढ़ जाता है।

दृष्टि की कार्यिकी (Physiology of Vision)- जब प्रतिबिम्ब रेटिना पर फोकस होता है तो प्रकाशग्राही उद्दीपित हो जाते हैं। इस कारण प्रकाशीय उद्दीपन, ग्राही विभव (Receptor potential) के रूप में ट्रांसड्यूस होता हैं। यह उद्दीपन द्विध्रुवीय कोशिका, गैंग्लिओन कोशिका, पार्श्व जेनिकूलेट काय (Lateral geniculate body) से होते हुए अंत में ओक्सिपिटल पिण्ड के प्राथमिक विजुएल कोर्टेक्स (Primary visual cortex) में पहुँच जाता है।

(1) प्रकाशग्राही एवं प्रकाशवर्णक (Photoreceptors and photopigments) - वर्णक स्तर के नीचे बेलनाकार शलाकाएँ (Rods) एवं शंकुरूपी शंकु कोशिकाएँ (Cone cell) पाई जाती है। इन कोशिकाओं के बाहरी खण्ड में प्रकाशीय किरणों का विद्युत संकेत (Electrical signal) में रूपांतरण होता है। इन कोशिकाओं के आंतरिक भाग में केन्द्रक, गोल्जीकाय, असंख्य माइटोकॉन्ड्रिया पाये जाते हैं। शलाका एवं शंकु के समीपस्थ भाग में सूत्रयुग्मन आशय (Synaptic Vesicle) उपस्थित होता है।

सर्वप्रथम प्रकाशवर्णकों (Photopigment) द्वारा प्रकाश किरणों का अवशोषण होता है। प्रकाशवर्णक एक प्रकार की वर्ण प्रोटीन (Colour Protein) होती है, जो प्रकाश अवशोषण के पश्चात् संरचनात्मक रूप से रूपांतरित हो जाती है। शलाकाओं में केवल एक ही प्रकार का वर्णक रोडोप्सिन (Rhodopsin) पाया जाता है। शंकु कोशिकाओं में इरिथ्रोलेब (Erythrolab-Red), सायनोलेब (Cyanolab-Blue) तथा क्लोरोलेब (Chlorolab Green) वर्णक पार्य जाते हैं। प्रकाशवर्णक, प्लाज्मा झिल्ली में उपस्थित आंतरिक प्रोटीन है जो वलनित होकर प्लेटों के रूप

में रूपांतरित हो जाता है। शलाका कोशिकाओं में कोशिका झिल्ली से डिस्क के रूप में प्लेटों का निर्माण होता है। शलाकाओं के बाहरी खण्ड में लगभग 1000 डिस्क पाई जाती है। प्रकाश ग्राहियों के बाहरी खण्ड में तेजी से नवीनीकरण होता रहता है। शलाकों में तीन डिस्क प्रति घंटा की दर से नवीनीकरण (Renewation) होता है। पुरानी डिस्क शलाकाओं के शीर्ष भाग में उतरती रहती है जो वर्णक उपकला कोशिकाओं से फेगोसाइटोसिस द्वारा नष्ट हो जाती है।

सभी प्रकाशवर्णकों के दो मुख्य भाग होते हैं। प्रथम भाग ग्लाइको प्रोटीन **ओप्सिन** (Opsin) कहते हैं। द्वितीय भाग विटामिन-A का व्युत्पन्न जिसे **रेटिनेल** (Retinal) कहते हैं। विटामिन A की व्युत्पत्ति केरोटिनोइड (Carotenoid) के द्वारा होती है। मनुष्यों की रेटिना में चार प्रकार के ओप्सिन (Opsin) प्रोटीन पाएँ जाते हैं। तीन प्रकार के ओप्सिन शंकु कोशिकाओं के लिए तथा एक प्रकार श्लाका कोशकाओं के लिए होता है। इन चारों ओप्सिन में एमिनों अम्लों की शृंखला में थोड़ी बहुत भिन्नता पाई जाती है ये अलग-अलग तरंग दैर्ध्य (Wave Length) की प्रकाश किरणों का अवशोषण करते हैं। प्रकाश वर्णकों के सक्रिय होने के पश्चात् निम्न महत्वपूर्ण परिवर्तन होते हैं–

(i) अंधेरे में रेटिनेल-सिस (Cis) प्रावस्था में होता है जो ओप्सिन प्रोटीन के साथ जुड़ा हुआ रहता है। **सिस-रेटिनेल** प्रकाश का अवशोण करने के पश्चात् यह **ट्रांस-रेटिनेल** (Trans-Retinal) में परिवर्तित हो जाता है। इस प्रकार रेटिनेल के समावयवीकरण के पश्चात् अनेक मध्यवर्ती अस्थाई रूप निर्मित होते हैं तथा विलुप्त होते हैं।

(ii) एक मिनट के पश्चात् ट्रांस रेटिनेल, पूर्ण रूप से ओप्सिन प्रोटीन से पृथक् हो जाता है। अंतिम उत्पाद पूर्णतया रंगहीन होता है। अत: यह क्रिया **ब्लीचिंग** (Bleaching) कहलाती हैं।

(iii) अंधेरे में ऐजाइम रेटिनेल-आइसोमिरेज की उपस्थिति में ट्रांस प्रतिरूप का रूपांतरण सिस प्रतिरूप में हो जाता है।

(iv) जब सिस-रेटिनेल पुनः ओप्सिन के साथ संयुक्त होता है तो पुनः क्रियात्मक प्रकाशवर्णक का निर्माण होता है। यह घटना पुनरुत्पादन (Regeneration) कहलाती है।

प्रकाशग्राहियों के समीप उपस्थित वर्णक उपकला में भी विटामिन-A की प्रचुर मात्रा पाई जाती है जो शलाका कोशिकाओं में पुनरुत्पादन (Regeneration) को प्रेरित करती है। यदि किसी कारणवश रेटिना, वर्णक उपकला से पृथक हो जाए तो रोडोप्सिन के पुनर्उत्पादन की दर कम हो जाती है। शंकु में उपस्थित वर्णकों का पुनरुत्पादन अत्यधिक तीव्रता से होता है जो वर्णक उपकला पर कम निर्भर करता है। ब्लीचिंग के पश्चात् सम्पूर्ण रोडोप्सिन का पुनरुत्पादन 30-40 मिनट में हो जाता है।

(2) ग्राही विभव तथा तंत्रिका प्रेषकों की निर्मुक्ति (Receptor potential and Neurotransmitter release)- अंधकार में Na^+ प्रकाश ग्राहियों में Na^+ चैनल द्वारा प्रवेश करते हैं। Na^+ चैनल चक्रिय की उपस्थिति में खुले रहते हैं। Na^+ का यह सतत प्रवाह, **अंधकार प्रवाह** (Dark flow) कहलाता है। इस प्रकार के कारण सूत्रयुग्मन पर लगातार तंत्रिका प्रेषक

(Neuro transmitter) निर्मुक्त होते हैं। शलाका एवं शंकु से निकलने वाले तंत्रिका प्रेषक संभवतया ग्लुटेमेट (Glutamate) के रूप में स्रावित होता हैं। ग्लुटेमेट, द्विध्रुवीय तंत्रिका को अवमंदित (Inhibit or hyperpolarise) कर देता है। जब प्रकाशीय किरणें रेटिना पर आपत्तत होती है तो सिस–रेटिनेल, अपने समावयवी ट्रांस–रेटिनेल में रूपांतरित हो जाता है। इस समय Na^+ चैनल बंद रहते हैं। Na^+ के प्रवाह में कमी के कारण शलाकाओं की भीतरी ऋण आवेशित हो जाती हैं एवं ग्लूटेमेट का स्राव कम हो जाता है। मंद प्रकाश में शलाकाएँ हाइपर पोलेराइज हो जाती है एवं ग्लूटेमेट का स्राव आंशिक रूप से बंद रहता है। अत्यधिक तीव्र प्रकाश में तन्त्रिका अधिक समय अतिध्रुवित (Hyperpolarise) रहती है।

शलाकाओं के बाहरी खण्ड में Na^+ चैनलों के खुलने तथा बंद होने का नियमन एंजाइमों के द्वारा होता है। प्रकाश की उपस्थिति में ट्रांसड्रसिन (Transducin) एंजाइम एक अन्य ऐन्जाइम PDE (Phosphodiesteraseh) को सक्रिय करता है जो चक्रिय GMP (Cyclic GMP) को विघटित करता है। इसके कारण Na^+ चैनल बंद रहते है। इस कारण शलाकाएँ अतिध्रुवित (Hyperpolarise) हो जाती है एवं ग्लूटेमेट कम मात्रा में स्रावित होता है। अंधकार में ट्रांसडूसिन निष्क्रिम रूप में होता है तथा चक्रिय GMP, Na^+ चैनल को खुला रखते हैं। एक एंजाइम GCSF (Guanylate cyclase stimulating factor) द्वारा ग्वेनीलेट साइक्लेज एंजाइम सक्रिय होता है। यह एंजाइम चक्रिय GMP के संश्लेषण को प्रेरित करता है। ज्योंही चक्रिय GMP का स्तर बढ़ता है तो Na^+ चैनल पुनः खुल जाते है जिससे Na^+ का प्रवाह बढ़ जाता है एवं ग्लूटेमेट का स्राव प्रेरित होता है।

दृश्य संवेदनाओं का रेटिनेल प्रकम (Retinal processing of visual input)– रेटिना से आप्टिक तन्त्रिका में उद्दीपन का संचरण अभिसरण (Convergence) द्वारा होता है क्योंकि रेटिना में 126 मिलीयन फोटोरिसेप्टर कोशिकाएँ होती है जबकि गैग्लियोन कोशिकाएँ लगभग एक मिलियन होती है। शलाका एवं शंकु कोशिकाओं में ग्राही विभव (Receptor potential) उत्पन्न होने के पश्चात् इनके सिनेप्टिक टर्मिनल पर तन्त्रिका प्रेषकों (Neurotransmitter) का स्राव होता है। इन तन्त्रिका प्रेषकों के कारण द्विध्रुवीय एवं क्षैतिज कोशिकाओं में स्थानीय विभव (Local potential) उत्पन्न हो जाता है। लगभग 600 श्लाका कोशिकाएँ एक द्विध्रुवीय कोशिका के साथ सिनेप्स बनाती है जबकि एक शंकु कोशिका केवल एक द्विध्रुवीय कोशिका के साथ सिनेप्स का निर्माण करती है। अधिक श्लाका कोशिकाओं के कम द्विध्रुवीय कोशिकाओं के साथ सिनेप्म बनाने के कारण श्लाका दृष्टि की संवेदिता बढ़ जाती है। शंकु दृष्टि (Cone vision), अपेक्षाकृत कम संवेदी होती है लेकिन अत्यधिक तीक्षेण (Acute) प्रकार की होती है क्योंकि एक शंकु केवल एकद्विध्रुवीय कोशिका के साथ सिनेप्म का निर्माण करता है॥ श्लाका कोशिकाओं के उद्दीपन से द्विध्रुवीय कोशिकाएँ उत्तेजित अथवा अवमन्दित होती है।

क्षैतिज कोशिकाएँ, द्विध्रुवीय कोशिकाओं में अवमंदन संकेतों (Inhibitory Singal) को प्रेषित करती है। इस अवमंदन के कारण तीव्र उद्दीपित क्षेत्रों के मध्यता (Contrast) उत्पन्न हो जाता है। क्षैतिज कोशिकाएँ विभिन्न रंगों के विभेदन में भी भाग लेती है। एमेक्राइन कोशिकाएँ भी द्विध्रुवीय कोशिकाओं द्वारा उत्तेजित होती है जो गैग्लियोन कोशिकाओं के साथ सूत्रयुग्मन (Synapsis)

का निर्माण करती है। जब द्विध्रुवीय या एमेक्राइन कोशिकाओं से गैग्लियोन कोशिकाओं को उत्तेजक संकेत (Excitatory signal) संचरित होता है तो गैग्लियोन कोशिकाएँ विधुवित (Depolarise) हो जाती है एवं तंत्रिकीय उद्दीपन प्रारम्भ हो जाता है।

मस्तिष्क पथ एवं दृश्य क्षेत्र (Brain pathway and visual field)– ओप्टिक तन्त्रिका की एक्सोन, ओप्टिक काएज्मा (Optic Chiasma) से गुजरती है तो इसकी कुछ तन्त्रिकाएँ काएज्मा में क्रोसित हो जाती है जबकि कुछ क्रोसित नहीं होती है। ओप्टिक काएज्मा से गुजरने के पश्चात् ये ओप्टिक ट्रेक्ट में प्रवेश करती है जो मस्तिष्क में थेलेमस के लेटरल जेनिकूलेट न्यूक्लियस (Lateral geniculate nucleus) में समाप्त हो जाती है। यहाँ पर ये तुतु ओप्टिक रेडिएशन (Optic radiation) का निर्माण करने वाली तंत्रिकाओं के डेन्ड्राइट के साथ सूत्र युग्मन बनाती है। ये फाइबर, सेरिब्रल कोर्टेक्स के ओक्सिपिटल लोब में उपस्थित प्राथमिक दृश्य क्षेत्रों के साथ सम्बन्धित रहते हैं। प्रत्येक आंख का दृश्य क्षेत्र दो भागों में विभक्त रहता है–

(1) मध्य अर्धांश (Medial half/Nasal half)

(2) पार्श्व अर्धांश (Lateral half / Temporal half)

प्रत्येक आँख के लिए दृश्य क्षेत्र के मध्य अर्धांश की किरणें रेटिना के पार्श्व अर्धांश पर गिरती है जबकि दृश्य क्षेत्र के पार्श्व अर्धांश की किरणें रेटिना के मध्य अर्धांश पर गिरती है। इसी प्रकार दृश्य क्षेत्र के ऊपरी भाग की किरणें रेटिना के नीचे वाले भाग पर गिरती है तथा दृश्य क्षेत्र के नीचे वाले भाग की किरणें, रेटिना के ऊपरी भाग पर गिरती है।

ओप्टिक काएइज्मा में रेटिना के मध्य अर्धांश (Medial half/Nasal half) से तन्त्रिका तंतु क्रोसित होकर थैलेमस के लेटरल जेनिकूलेट न्यूक्लियस (Lateral half / Temporal half) तक चली जाती है। लेकिन रेटिना के पार्श्व अर्धांश (Lateral half / Temporal half) के तन्त्रिका तंतु क्रोसित नहीं होते हैं बल्कि अपनी ही तरफ से लेटरल जेनिकूलेट न्यूक्लियस (Lateral geniculate Nucleus) में चली जाती है। इस कारण सेरिब्रल कोर्टेक्स के दाहिने प्राथमिक दृश्य क्षेत्र में किसी वस्तु की बायीं तरफ का प्रतिबिम्ब (Image) दाहिनी आँख की रेटिना के पार्श्व अर्धांश से तथा बायीं आँख की रेटिना के मध्य अर्धांश से प्राप्त होता है। इस प्रकार सेरिब्रल कोर्टक्स के बायें प्राथमिक दृश्य क्षेत्र में किसी वस्तु की दाहिनी तरफ का प्रतिबिम्ब दाहिनी आँख की रेटिना के मध्य अर्धांश से तथा बायींआँख की रेटिना के पार्श्व अर्धांश को प्राप्त होती है।

यहाँ पर मस्तिष्क के दृश्य क्षेत्र में प्रतिबिम्ब निर्माण को अत्यधिक सरल रूप में वर्णित किया गया है। जबकि वास्तविक तौर पर मस्तिष्क में तीन पृथक्–पृथक् तंत्र (Systems) पाये जाते हैं। इनमें प्रथम तंत्र किसी वस्तु की आकृति (Shape) के लिए, द्वितीय तंत्र वस्तु के वर्ण (Colour) के लिए एवं तृतीय तंत्र वस्तु की गति (Movement),स्थिति (Location) तथा आकाशीय संगठन (Spatial organization) के लिए उत्तरदायी होता है।

आँखों के दोष (Defects of eyes)

(1) **दूरदृष्टि दोष** (Far sightness/Hypermetropia) – इस तरह के विकार में प्राणी दूर की वस्तओं को साफ देख सकता है लेकिन निकट की वस्तुओं को साफ नहीं देख सकता

है। इस रोग में लैन्स का व्यास कम हो जाता है। यह रोग वृद्ध आयु में पक्ष्माभिकीय काय के शिथिल होने के कारण होता है। इसके उपचार के लिए उत्तल लैंस(Convex lens) का उपयोग किया जाता है।

(2) **निकट दृष्टि दोष** (Near sightness/Myopia) - इस तरह के विकार में प्राणी निकट की वस्तुओं को साफ देख सकता है लेकिन दूर की वस्तुओं को साफ नहीं देख सकता है। इस रोग में लैंस का व्यास अधिक हो जाता है। इसके उपचार के लिए अवतल लैन्स (Concave lens) का उपयोग किया जाता है।

(3) **एस्टिगमेटिज्म** (Astigmatism) - इस तरह के दोष में कोर्निया विकृत हो जाती है जिससे दृष्टि थोड़ी धुंधली हो जाती है। इसके उपचार के लिए बेलनाकार लैन्स (Cylindrical lens) का उपयोग किया जाता है।

(4) **ग्लुकोमा** (Glaucoma) - नेत्र गोलक में काचाभ तरल एवं नेत्रोद तरल भरा रहता है। इस तरल के कारण IOP (Intra Occular Pressure) का मान 16 mmof Hg बना रहता है। इस दाब के अधिक होने के कारण रेटिना क्षतिग्रस्त हो जाती है। इसे ग्लुकोमा कहते हैं।

(5) **केटरेक्ट** (Catarct) - वृद्धावस्था में लैंस का लचीलापन समाप्त हो जाता है एवं लैंस अपारदर्शी हो जाता है। इसे केटरेक्ट कहते हैं। इसे ऑपरेशन द्वारा ठीक किया जा सकता हैं।

(6) **स्ट्रेबिस्मस** (Strabismus) - मांसपेशियों के छोटा हो जाने के कारण लैंस एक तरफ विस्थापित हो जाता है।

(7) **जिरोप्थेल्मिया** (Xeropthalmia) - इस विकार में आंखों की कंजक्टिवा किरेटिन युक्त हो जाती है।

(8) **वर्णान्धता** (Colour Blindness) - यह एक आनुवंशिक रोग है। इस रोग के कारण मनुष्य लाल तथा हरे रंग में पहचान नहीं कर सकता है।

(9) **रतौंधी** (Night Blindness) - विटामिन-Aकी अनुपस्थिति में प्राणी मंद प्रकाश में नहीं देख सकता है। कुछ रात्रिचर प्राणियों में कोरोइड स्तर, वर्णक ऊतकों का बना होता है, जो आपतित प्रकाश को परावर्तित कर देता है। इस कारण अंधेरे में यह स्तर चमकीला दिखाई देता है। इस स्तर को **टेपीटम ल्यूसिडम** (Tapetum iucidum) अथवा **फ्राइब्रोसम सेलूलोसम** (Fibrosum cellulosum) कहते हैं।

डर्मल रिसेप्टर (Dermal Receptors) -अधिकांश प्राणियों में प्रकाश ग्राही किसी विशिष्ट बहुकोशिकीय ग्राही अंग में सीमित नहीं होते हैं। जैसे अर्थ वोर्म प्रकाश से बचने के लिये बिलकारी (Burrowing) होता है। इस शीर्ष भाग में चार पाइरोल वलय पाई जाती है जो आपस में संयोजित होकर पोरफाइरिन का निर्माण करते हैं। इस वलय में Mg^{++} उपस्थित होता है। उच्च पादपों में ch-a व ch-b पाया जाता है। CH_3 में समूह के स्थान पर CHO समूह पाया जाता है। क्लोरोफिल में जल विरागी (Hydrophobic) फाइटोल पूंछ पाई जाती है।

कुछ मात्रा में 700 nm वाले प्रकाश को अवशोषित करने वाले वर्णक का निर्माण होता है। इस तंत्र को P_{700} कहते हैं क्योंकि यह 700 nm प्रकाश पर ब्लीचिंग अभिक्रिया दर्शाता है। इसके अलावा एक अन्य तंत्र P_{680} का भी निर्माण होता है। सामान्तया प्रकाश संश्लेषण के लिये लाल प्रकाश अधिक प्रभावी होता है। केरोटीन में असंतृत्व हाइड्रोकार्बन वाली लघु शृंखलाएँ उपस्थित होती हैं।

लाइट हार्वेस्टिग कॉम्पलेक्स (Light Harvesting Complex) - प्रकाश ऊर्जा का अवशोषण, LHC (Light Harvesting Complex) द्वारा होता है। यह क्लोरोफिल-प्रोटीन संकुल होता है जिसमें दो पोलीपेप्टाइड शृंखलायें तथा ch-a व ch-b उपस्थित होता है। LHC मुख्यतया फोटोसिस्टम-II के साथ संबंधित होता है। यह फोटो सिस्टम-I के साथ भी संबंधित होता है। यह स्टैक झिल्लियों में उपस्थित होता है व इसमें प्रकाश रासायनिक सक्रियता अनुपस्थित होती है। इस संकुल में 40 से 60% क्लोरोफिल, थिलेकोइड में उपस्थित होता है।

प्रकाश संश्लेषण में उपयोग में आने वाले क्लोरोफिल वर्णकों में प्रकाश के अवशोषण की क्षमता पाई जाती है। सूर्य के प्रकाश की ऊर्जा जब पृथ्वी की सतह पर पहुँचती है तो यह Blue-green व green क्षेत्रों में Broad maximum का निर्माण करती है। इस क्षेत्रों में ऊर्जा सर्वाधिक होती है लेकिन क्लोरोफिल, प्रकाश का अवशोषण बहुत कम करता है। इसी कारण वर्णकों में हरा रंग विकसित हो जाता है। क्लोरोफिल, प्रकाश का अवशोषण बहुत कम करता है। इसी कारण वर्णकों में हरा रंग विकसित हो जाता है। क्लोरोफिल-a मुख्य रूप से शैवाल व एंजिओस्पर्म में प्रकाशसंश्लेषण क्रिया को संपन्न करता है। क्लोरोफिल में यह संयुग्मी तंत्र, पोरफाइरिन वलय के निर्माण के लिये उत्तरदायी होता है। यह अत्यधिक निष्क्रिय व स्थाई अणु है। इसके परिणाम स्वरूप मेटास्टेबल प्रावस्था (Metastable State) प्राप्त होती है जो प्रकाश के अवशोषण के पश्चात, इसकी अधिकतम ऊर्जा को अपने में समाहित कर लेता है। क्लोरोफिल के अणु, प्रकाश ऊर्जा को ट्रेप करने के लिये, विशेष रूप से व्यवस्थित होते हैं तथा अनुनादी स्थानांतरण के द्वारा ऊर्जा को एक क्लोरोफिल से दूसरे क्लोरोफिल में स्थानांतरित करता है।

सभी वर्णक अवशोषित ऊर्जा को एक-दूसरे को स्थानांतरित करते रहते हैं व अंत में क्लोरोफिल-a को स्थानांतरित कर देते हैं। इसमें निर्मुक्त इलेक्ट्रोन अंत में ETS में प्रवेश करते हैं तथा Co_2 के अपचयन के लिये उच्च ऊर्जा वाले ATP के अणुओं का निर्माण होता है।

फोटोट्रोपिज्म (Phototropism) - फोटोट्रोपिज्म पादपों में पाई जाने वाली परिघटना है जिसमें पादप सूर्य के प्रकाश की तरह मुड़ जाता है। यह स्पैक्ट्रम के पृथक् क्षेत्र में उत्तेजन (Excitation) के कारण होता है। लाल प्रकाश जो प्रकाश संश्लेषण में सर्वाधिक प्रभावी होता है, फोटोट्रोपिज्म में अप्रभावी होता है। फोटोट्रोपिज्म की घटना स्पैक्ट्रम के बैंगनी, नीले तथा हरे प्रकाश पर निर्भर करती है। प्रयोगों में यह पाया गया है कि 550 nm से कम λ वाली तरंगे फोटोट्रोपिज्म को प्रेरित करती है। तरंगों का यह परास नीले-हरे बैंगनी क्षेत्र में पड़ता है।

फोटोट्रोपिज्म की घटना पीले वर्णक पर निर्भर करती है क्योंकि केवल इसी प्रकार के वर्णक कम वाली प्रकाश किरणों का अवशोषण करते हैं। जिन पादपों में फोटोट्रोपिज्म की घटना पाई

जाती है उनमें पीला वर्णक अवश्य पाया जाता है। कई पादपों के प्रकाश संवेदी भाग में पीला वर्णक या अन्य करोटिनाइड उपस्थित होता है।

फोटोपीरियोडिज्म (Photoperiodism) -फोटोपीरियोडिज्म एक कार्यिकी (Physiological) प्रक्रम है जो पादपों में दिन व रात की आपेक्षिक लंबाई के कारण संपादित होता है। सामान्य शब्दों में दिन की लंबाई के कारण पादपों में होने वाली अनुक्रिया फोटोपीरियोडिज्म कहलाती है। इस घटना के आधार पर पादप तीन प्रकार के होते हैं –

(i) **Short day plant** – जिसमें पुष्पों का खिलना, छोटे दिन की लम्बाई से प्रेरित होता है।

(ii) **Long day plant** – जिसमें पुष्पों का खिलना दिन की अधिक लम्बाई से प्रेरित होता है।

(iii) **Day Neutral plant** – इन पर दिन की लंबाई का कोई प्रभाव नहीं पड़ता है।

फोटोपीरियोडिज्म के विभिन्न प्रयोगों में पाया गया है कि दिन की लम्बाई के साथ रात की लम्बाई द्वारा भी यह घटना प्रभावित होती है। यह पाया गया है कि रात्री के समय होने वाली रासायनिक क्रियाएँ भी फ्लोवरिंग के लिये उत्तरदायी होती है। ये रासायनिक क्रियाएँ प्रकाश के

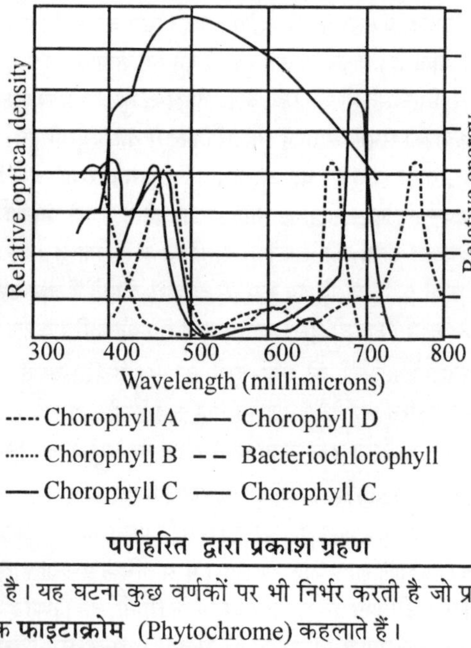

पर्णहरित द्वारा प्रकाश ग्रहण

प्रति संवेदी होती है। यह घटना कुछ वर्णकों पर भी निर्भर करती है जो प्रकाश ग्राही का कार्य करते हैं। ये वर्णक **फाइटाक्रोम** (Phytochrome) कहलाते हैं।

फोटोपीरियोडिक उद्दीपन का ग्रहण (Perception of photoperiodic stimulus)– फोटोपीरियोडिक उद्दीपनों का मुख्य स्थल पत्तियाँ (Leaf) होती है। प्रयोगों में यह पाया गया है कि यह उद्दीपन एक शाखा से दूसरी शाखा में स्थानांतरित हो जाता है। ग्राफ्टिंग के द्वारा भी यह उद्दीपन एक पादप से दूसरे पादप में स्थानांतरित हो जाता है। इस उद्दीपन को तने (Stem) या

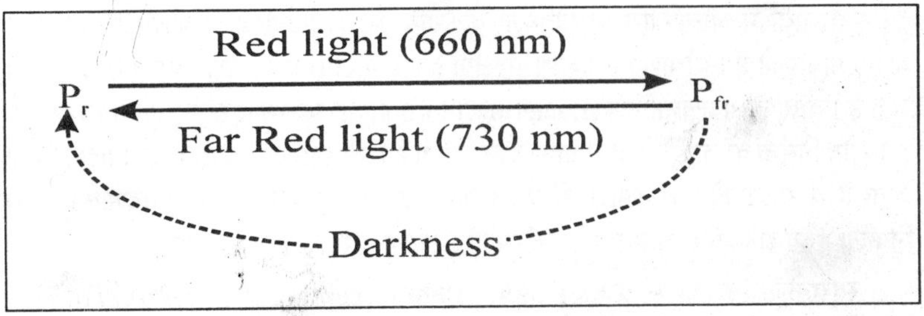

जड़ (Root) के द्वारा ग्रहण नहीं किया जाता है। केवल एक पर्ण (Leaf) से प्राप्त उद्दीपन द्वारा पूरे पादप में प्रेरित हो जाती है।

फाइटोक्रोम एवं प्रकाश ग्रहण (Phytochrome and light perception) - फाइटोक्रोम एक ब्लीस बिलिप्रोटीन है। यह सर्वविदित सत्य है कि फाइफोक्रोम प्रकाश की अवशोषित करते हैं तथा पुष्पन (Flowering) व फोटोमोर्फोंजिनेसिस की प्रक्रिया को नियंत्रित करते हैं। एंजिओस्पर्म âðÅ¼# ÈœSÅb¼ð ·ð¥ ‡œ{ { | nm प्रकाश पर P_r (Red absorbing blue) तथा 724 nm प्रकाश पर P_r (Red absorbing greenish) उच्चतम शिखर (Hightpeak) को दर्शाते हैं। यद्यपि फाइटोक्रोम एक प्रोटीन है लेकिन अवशोषण के लिए उत्तरदायी भाग अप्रोटिनीय प्रोस्थेटिक समूह होता है। क्रोमोफोर प्रोटीन के साथ एस्टर बांध (Ester bond) द्वारा जुड़ा रहता है। यह फाइटोक्रोम दो अंत रूपांतरणीय (Interconvertable) रूपों में पाया जाता है। फाइटोक्रोम का P_r प्रतिरूप लाल प्रकाश (660 nm) को अवशोषित कर p_{fr} प्रतिरूप में परिवर्तित हो जाता है। इसका p_{fr} प्रतिरूप लाल प्रकाश (730 nm) को अवशोषित कर P_r प्रतिरुप में बदल जाता है। अंधकार (Dark period) फोटोपीरियोडिक परिघटनाओं में महत्वपूर्ण भूमिका निभाता है। यद्यपि light break के कारण short day पादपों में पुष्पन्न क्रिया अवमंदित होती है जबकि Long day plant में पुष्पन्न क्रिया प्रेरित होती है। फाइटोक्रोम, light break को प्रेरित कर सकते हैं तथा इनकी दक्षता, प्रतिप्त दर पर निर्भर करती है। Short day plants में प्रकाश काल के पश्चात फाइटोक्रोम की अधिकांश मात्रा p_{fe} में परिवर्तित हो जाती है जो short dayplant में पुष्पन्न को प्रेरित करता है। लंबे अंधकार में p_{fr} प्रतिरूप p_{fr} में परिवर्तित हो जाता है। Long day plants में फाइटोक्रोम का P_r प्रतिरुप द्वारा उद्दीपन प्रेरित होता है। लंबी प्रकाश अवधि में P_r प्रतिरूप का p_{fr} में रूपांतरण प्रेरित होता है।

सूक्ष्म जीवों में प्रकाश ग्रहण (Photoreception in Microbes) - पादपों के समान सूक्ष्म जीवों में भी प्रकाश ग्रहण की घटना पाई जाती है। सूक्ष्म जीवों में पाये जाने वाले वर्णक ऑक्सीजन फोस्फोरिलीकरण द्वारा प्रकाश ऊर्जा को रासायनिक ऊर्जा में रूपांतरित करता है। सूक्ष्म जीवों में प्रकाश संश्लेषी वर्णक किसी कोशिकीय अंगक में उपस्थित नहीं होते हैं लेकिन इनमें आशय (Vesicle) के समान रचनायें पायी जाती है जिन्हें **क्रोमोफोर** (Chromophore) कहते हैं। ये क्रोमोफोर जल स्नेही (Hydrophillic) होते हैं जिसमें प्रोटीन व वसा व आवरण पाया जाता है। प्रोटीन व वसा के स्तर आपस में वर्णक स्तर (Pigment Layer) द्वारा पृथक् रहते

हैं। सूक्ष्मजीवों में जीवाण्वीय क्लोरोफिल, क्लोरोबियम, केरोटिनोइड व फाइकोबिलिन जैसे वर्णक पाये जाते हैं। जीवाणु की प्रकाश संश्लेषी इकाई में लगभग 50 क्लोरोफिल के अणु पाये जाते हैं। जीवाण्वीय क्लोरोफिल (Bacterio Chlorophyll) प्रकाश द्वारा उद्भाषित होकर एक इलेक्ट्रोन निर्मुक्त करता है जो द्वारा ग्रहण किया जाता है। यह इलेक्ट्रोन NAD^+ द्वारा ग्रहण किया जाता है व साइटोक्रोम शृंखलाओं में प्रवेश करता है। इसी प्रकार प्रकाशीय उद्भाषपन द्वारा निकला हुआ इलेक्ट्रोन, चक्रिय फोटोफोस्फोरिलीकरण द्वारा ATP का निर्माण करता है।

सायनोबैक्टिरिया में प्रकाश ग्रहण (Photoreception in Cyanobacteria)- सायनोबैक्टिरिया में कोशिका भिति (Cell wall) व कोशिका झिल्ली के मध्य थैलेकोयड (Thyllacoid) उपस्थित होता है। सायनोबैक्टिरिया में थैलेकोयड, एक प्रकाश संवेदी झिल्ली होती है। इस झिल्ली में क्लोरोफिल तथा केरोटिनोइड (β-carotenoid) उपस्थित होता है। इस झिल्ली में लैमिली की समानांतर पंक्तियाँ पायी जाती है जिन्हें **फाइकोबिलिसोम** (Phycobillisome) कहते हैं। प्रकाश अभिक्रिया में फाइकोबिलिन व थैलेकायड झिल्ली में सन्निकटता के कारण ऊर्जा का स्थानांतरण आसान हो जाता है। फाइकोबिलिसोम में क्रोमेटोफोर उपस्थित होते हैं जिसमें फाइकोबिलिन प्रोटोन उपस्थित होते हैं। ये फाइकोबिलिन प्रोटीन प्रकाश का अवशोषण करके प्रकाश ऊर्जा को जीवाण्वीय क्लोरोफिल में स्थानांतरित करते हैं।

□□□

अध्याय 8

पादपो में श्वसन

सजीवों की उर्जकता (Energetics of Living Organisms)

सजीवों की समस्त कोशिकायें अस्थाई तथा उपयुक्त संगठन विहीन लक्षणों से विशिष्टीकृत होती हैं। एक कोशिका ऊर्जा के सतत उपयोग द्वारा अपनी समस्त क्रियाविधियों को नियमित बनाये रखती है। जब ऊर्जा की आपूर्ति बंद हो जाती है तो कोशिका का संगठन समाप्त हो जाता है। अतः अलग-अलग सजीवों में कोशिका यांत्रिक, विद्युतीय, रासायनिक एवं परासरणीय कार्यों को सम्पादित करने के लिये ऊर्जा को विभिन्न रुपों में रूपान्तरित करती रहती है। सभी प्राणी कार्यों को सम्पन्न करने के लिये ऊर्जा का उपयोग करना जानते हैं। पादप कोशिकाओं में प्रकाश-संश्लेषण द्वारा प्रकाशीय ऊर्जा को ट्रेप करके खाद्य पदार्थ रूपी रासायनिक ऊर्जा में रूपान्तरित कर दिया जाता है। इसी ऊर्जा को माइटोकॉन्ड्रिया में ऑक्सीकरण द्वारा काम में आने योग्य ऊर्जा में रूपान्तरण कर दिया जाता हैं। इस प्रकार एक कोशिक उष्मागतिकी (Thermodynamics)

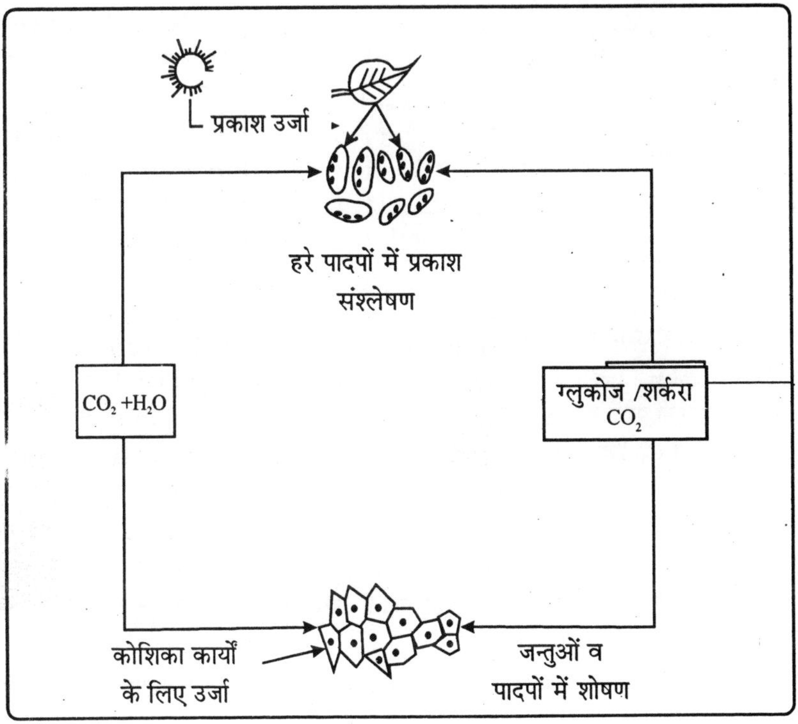

के नियमों का पालन करती है। एक कोशिका श्वसन इधन (Respiratory fuel) में उपस्थित रासायनिक बंधों से मुक्त ऊर्जा को प्राप्त करती है। कोशिका इस ऊर्जा को अत्यधिक विशिष्ट कार्यों को संपन्न करने में उपयोग में लेती है। चूंकि सभी जीवित कोशिकायें अपने कार्यों को सम्पन्न करने के लिये उष्मीय ऊर्जा को काम में लेती है क्योंकि उष्मीय ऊर्जा तभी काम करती है जब इसका स्थानांन्तरण उच्च तापक्रम वाले सजीव से निम्न तापक्रम वाले सजीव में होता है।

जीवित कोशिकाओं का एक महत्वपूर्ण लक्षण निम्न तापक्रम पर उष्मा के दहन द्वारा उपयोग करना होता है क्योंकि कोशिका उच्च तापक्रम पर श्वसन इधन का दहन नहीं कर सकती है। इसी प्रकार कोयले को 9000 ताप पर दहन किया जाता है। जीवित कोशिकाओं में इसके उपयोग के लिये कोई विशिष्ट मशीन नहीं पाई जाती है लेकिन निम्न ताप पर ये ऊर्जा का सतत उपयोग करती रहती है।

पादप कोशिकायें ऊर्जा के ट्रेपर के रूप में (Plant cells As energy trappers) – पादप कोशिकायें सूर्य के प्रकाश द्वारा ऊर्जा को प्राप्त करती है। इस प्रकार की विशिष्ट कोशिकायें स्वयंपोषी(Autotrophic) होती है। सैद्वांतिक रूप से ये कोशिकायें पर्णहरित अथवा हरित लवक युक्त होती है जो प्रकाश संश्लेषण द्वारा सूर्य की ऊर्जा को खाद्य के रुप में रुपान्तरित कर देती है साथ ही प्रकाशीय ऊर्जा का उपयोग ग्लूकोस के समान कार्बनिक यौगिकों में कार्बन के समावेशन हेतु भी किया जाता है। पादप कोशिकायें, ग्लूकोस के द्वारा अन्य जटिल कार्बनिक यौगिकों का निर्माण करती है। पादपों में इन यौगिकों की कुछ मात्रा यांत्रिक कार्यों को सम्पन्न करने के लिये उपयोग में ले ली जाती है।

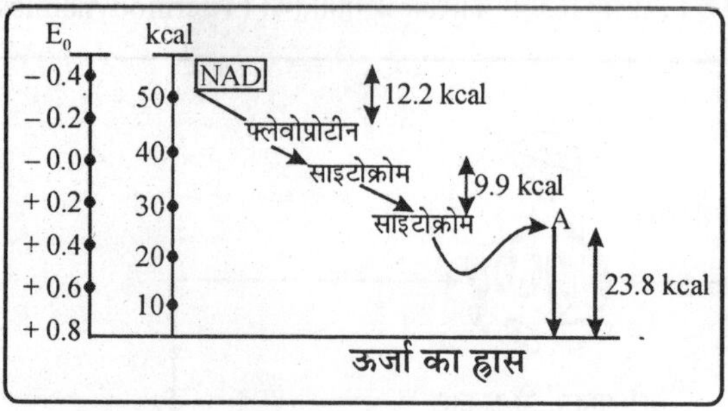

अत: स्पष्ट है कि सभी सजीव प्रत्यक्ष या अप्रत्यक्ष रुप से प्रकाशीय ऊर्जा का ही उपयोग करते हैं।

सजीवों में ऊर्जा संरक्षण (Energy Conservation in Living beings) – जीवन की प्रक्रियाओं को सुचारु रूप से चलाने के लिये ऊर्जा की समुचित मात्रा की आवश्यकता होती है। सभी विषमपोषी प्राणी श्वसन ईंधन के लिये ग्लूकोस पर निर्भर रहते हैं। ग्लूकोस के अणु प्रकाश संश्लेषण द्वारा संश्लेषित होते हैं जो श्वसन क्रिया के द्वारा ऑक्सीकृत होते हैं तथा इसमें निर्मुक्त ऊर्जा उच्च ऊर्जा वाले ATP के अणुओं में संग्रहीत हो जाती है। ग्लूकोस में उपस्थित ऊर्जा तात्क्षणिक उपयोग वाले रूप में नहीं होती है। ऊर्जा उपापचय का पथ एंजाइमों द्वारा नियंत्रित क्रमबद्ध अथवा चक्रीय प्रक्रियाओं के रूप में होता है जिसमें निम्न ऊर्जा वाले बंध (Bond) उच्च ऊर्जा वाले ATP के अणुओं में रुपांतरित हो जाते हैं। इस कारण ATP कोशिकाओं में Energy Currency के रूप में काम करती हैं।

ग्लूकोस के एक अणु में उपस्थित ऊर्जा का निर्धारण संभव है। यदि हम प्रयोगशाला में

ग्लूकोस के एक अणु का दहन करें तो 6 अणु CO_2 के तथा 6 अणु जल के प्राप्त होते हैं तथा एक ग्राम अणुभार (180 ग्राम ग्लूकोस) के दहन से 6 लाख 90 हजार कैलोरी ऊर्जा की प्राप्ति होती है। क्या जीवित कोशिका इतनी ऊर्जा के उपभोग के लिये सक्षम होती है? संभवतया: इसका उत्तर ना होगा। तब एक कोशिका किस प्रकार ऊर्जा का संग्रह करती है? इसका उत्तर श्वसन क्रिया के द्वारा ऑक्सीजन ग्लाइकोलाईसिस व क्रेब साईकिल के रुप में होता है। इस प्रकार एक कोशिका ग्लूकोज में उपस्थित मुक्त ऊर्जा का उपयोग कर लेती हैं।

ऊर्जा की क्रमिक निर्मुक्ति (Stepwise release of energy)

प्रत्येक संजीव जटिल अणुओं का एक संगठित तंत्र है। इस संगठन के प्रतिरूप को नियत बनाये रखने के लिए तंत्र में ऊर्जा की नियमित प्रविष्टि अत्यंत आवश्यक है अन्यथा यह संगठन विखण्डित हो जाता है तथा इसके अणु पृथक् हो जाते हैं। इस प्रकार ऊर्जा का उपयोग संजीवों का एक आवश्यक लक्षण है। शरीर के अंदर ग्रहण किये गये पोषण पदार्थों का ऑक्सीजन द्वारा ऑक्सीकरण होता है तथा पोषक पदार्थों में निहित स्थितिज ऊर्जा (Potential energy) निर्मुक्त हो जाती है।

शरीर में होने वाली समस्त रासायनिक क्रियाओं को सामूहिक रूप से उपापचय (Metabolism) कहते हैं। उपापचय विभिन्न अपचय (Catabolism) तथा उपचय (Anabolism) क्रियाओं का संतुलन मात्र है। सभी केटाबोलिक क्रियाएँ (Catabolic reaction) उष्माक्षेपी (Exergonic) प्रकार की होती है। इनमें ऊर्जा के उपभोग की तुलना में ऊर्जा का उत्पादन अधिक होता है। दूसरी तरफ एनाबोलिक क्रियाएँ उष्माशोषी (Endergonic) प्रकार की होती है जिसमें ऊर्जा के उत्पादन की तुलना में ऊर्जा का उपभोग अधिक होता है। जीवित कोशिकाओं में ऊर्जा के विनिमय में काम में आने वाला मुख्य अणु ATP होता है। यह केटाबोलिज्म तथा एनाबोलिज्म दोनों प्रकार की क्रियाओं के साथ युग्मित होता है।

सामान्यतया केटाबोलिक क्रियाएँ कोशिका के एक कक्ष में होती है वहीं एनाबोलिक क्रियाएं दूसरे कक्ष में होती है। जैसे सामान्यतया केटाबोलिक क्रियाएँ माइटोकोण्ड्रिया में सम्पन्न होती है वहीं एनाबोलिक क्रियाएँ कोशिकाद्रव्य या अंत:प्रद्रव्यी जालिका में सम्पन्न होती है। एक अणु का संश्लेषण होने के पश्चात् इसकी जीवनावधि निश्चित होती है। कुछ अपवादों को छोड़-कर इनका विखण्डन हो जाता है व इसके घटक परमाणुओं का अन्य अणुओं में पुनर्चक्रण हो जाता है अथवा देह से उत्सर्जित हो जाते हैं। सजीवों में इन रासायनिक अणुओं का पुनर्चक्रण एक नियमित एवं सतत प्रक्रिया है। यह पुनर्चक्रण कुछ कोशिकाओं में तीव्रता से होता है व कुछ में मंद गति से होता है।

उपापचय का वर्गीकरण (Classification of Metabolism) -(1) अन्तर्जात एवं बहिर्जात उपापचय (Endogenous and Exogenous metabolism)- फोलिन (Folin) के अनुसार जब पोषक पदार्थ स्वांगीकृत होकर शरीर के निर्माण में भाग लेते हैं तो इसे अन्तर्जात उपापचय (Endogenous metabolism) कहते हैं। जब पोषक पदार्थ शरीर के निर्माण में भाग नहीं लेते है बल्कि ऑक्सीकृत होकर ऊर्जा का उत्पादन करते हैं तो इसे **बर्हिर्जात उपापचय** (Exogenous metabolism) कहते हैं।

(2) केटाबोलिज्म एवं एनाबोल्जिम (Catabolism and Anabolism) – वे रासायनिक क्रियाएँ जिनमें जटिल एवं बहुलक कार्बनिक अणुओं का विखण्डन सामान्य अणुओं में हो जाता है तो इसे केटाबोल्जिम कहते हैं। केटाबोलिज्म क्रियाओं में ATP का निर्माण होता है। जैसे **ग्लाइकोलाइसिस, क्रेब चक्र** आदि।

वे रासायनिक क्रियाएँ जिनमें सामान्य एवं मोनोमर अणु संयुक्त होकर जटिल एवं बहुलक यौगिकों का निर्माण करते हैं तो इसे **एनाबोलिज्म** कहते हैं। एनाबोलिक क्रियाओं में ATP का उपयोग होता है जैसे पेप्टाइड बंध का निर्माण, प्रोटीन का निर्माण इत्यादि।

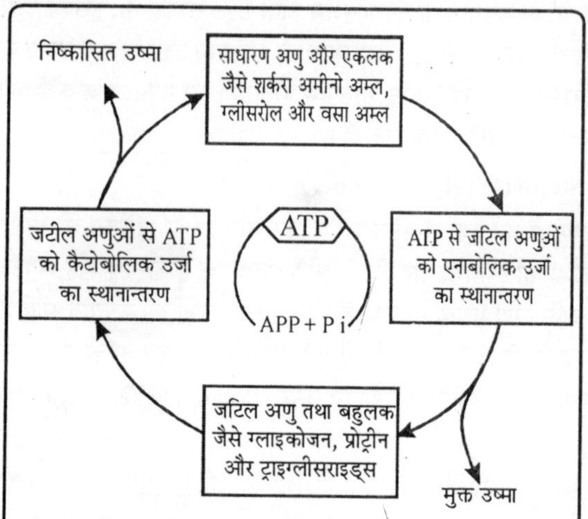

ग्रहण के समय ऊर्जा का निर्माण व ऊर्जा का प्रयोग

(3) सामान्य एवं विशिष्ट उपापचय (General & special metabolism) – सामान्य उपापचय में एक कोशिका में होने वाले समस्त ऊर्जा विनियम की क्रियाएँ सम्मिलित होती है जबकि विशिष्ट उपापचय में किसी विशिष्ट पदार्थ या पदार्थ के समूह में परिवर्तन होता है।

कार्बोहाइड्रेट उपापचय

कार्बोहाइड्रेट का मुख्यतया ऊर्जा के स्त्रोत के रूप में उपयोग किया जाता है। भोजन के रूप में ग्रहण की गई 60% प्रोटीन तथा 10% वसा अंत में कार्बोहाइड्रेट में रूपान्तरित हो जाती है। पाचन क्रिया के दौरान पोली सैकेराइड तथा डाईसैकेराइड का जल अपघटन होकर मोनोसेकेराइड शर्कराओं ग्लूकोस, फ्रक्टोज तथा ग्लेक्टोस में रूपांतरण हो जाता है। आंत्रीय उपकला से अवशोषण के समय कुछ फ्रक्टोज का रूपांतरण ग्लूकोस में हो जाता है। मोनोसेकेराइड अवशोषित होने के पश्चात हिपेटिक पोर्टल शिरा द्वारा यकृत में ले जाये जाते हैं। यकृत में शेष बची हुई फ्रक्टोज तथा ग्लेक्टोस का रूपांतरण ग्लुकोस में हो जाता है। इस प्रकार कार्बोहाइड्रेट उपापचय वास्तव में ग्लूकोस का उपापचय होता है।

कार्बोहाइड्रेट का भविष्य (Fate ofCarbohydrate) – कोशिकाओं के द्वारा ATP के उत्पादन हेतु ग्लुकोस को मुख्य स्त्रोत के रूप में काम लिया जाता है। अवशोषित ग्लुकोस का भविष्य कोशिका की ऊर्जा आवश्यकता पर निर्भर करता है। कार्बोहाइड्रेट का उपयोग निम्नांकित रूप से हो सकता है–

(1) ATP उत्पादन (ATP Production) – यदि कोशिका को तुरन्त उर्जा की आवश्यकता

हो तो ग्लुकोस का ऑक्सीकरण शीघ्रता से होता है। एक ग्राम कार्बोहाइड्रेट के ऑक्सीकरण से लगभग 4 किलो कैलोरी ऊर्जा उत्पन्न होती है। आवश्यकता से अधिक ग्लुकोस उपापचय के विभिन्न पथों में प्रवेश करता है।

(2) अमीनो अम्ल संश्लेषण (Amino acid synthesis)- ग्लुकोस के द्वारा विभिन्न प्रकार के अमीनो अम्लों का संश्लेषण हो सकता है। संश्लेषित अमीनो अम्ल बाद में प्रोटीन में रुपांतरित हो जाते हैं।

(3) ग्लाइकोजिनेसिस (Glycogenesis) - यकृत में आवश्यकता से अधिक ग्लुकोस का रूपांतरण ग्लाइकोजन में हो जाता है। जब रक्त में ग्लुकोस का स्तर कम हो जाता है तो हिपेटोसाइट कोशिकाएँ ग्लाइकोजन को पुनः ग्लुकोज में रूपांतरित कर देती है। कंकाली पेशियों में भी ग्लाइकोजिनोलाइसिस की घटना होती है।

(4) लिपोजिनेसिस (Lipogenesis) - यदि ग्लाइकोजन के संग्रहीत स्थल प्रचुर हो जाते हैं तो हिपेटोसाइट कोशिकाएँ ग्लुकोस को ग्लिसरोल तथा वसीय अम्ल में रूपांतरित कर देती है। इनका उपयोग ट्राईग्लीसराइड के संश्लेषण हेतु किया जाता है।

(5) मूत्र में उत्सर्जन (Excretion in Urine)- जब रक्त में ग्लूकोस का स्तर अत्यधिक ऊँचा हो तो वृक्क कोशिकाओं से ग्लुकोस का अवशोषण नहीं हो पाता है एवं अधिकांश ग्लुकोस मूत्र के साथ निष्कासित हो जाता है। मधुमेह के रोगियों में भी यही स्थिति पाई जाती है।

कोशिकाओं में ग्लुकोस का गमन (Glucose movement into cell) - ग्लुकोस के ऑक्सीकरण से पहले यह प्लाज्मा झिल्ली द्वारा साइटोसोल में प्रवेश करता है। आहार नाल तथा वृक्क नलिकाओं में ग्लुकोस का अवशोषण द्वितीयक सक्रिय परिवहन (Secondary active transport) द्वारा होता है। जबकि रक्त से देह कोशिकाओं में ग्लुकोस का अवशोषण निर्विध्न विसरण (Facilitated diffusion) द्वारा होता है। इंसुलिन द्वारा निर्विध्न्न विसरण की दर बढ़ जाती है। यद्यपि तन्त्रिकाओं तथा हिपेटोसाइट कोशिकाओं में इंसुलिन द्वारा ग्लुकोस का अवशोषण प्रभावित नहीं होता है। कोशिकाओं में प्रवेश करने के तुंरत पश्चात् ग्लुकोस का फोस्फोरिलीकरण हो जाता है व ग्लुकोस-6 फोस्फेट का निर्माण होता है। फोस्फोरिलीकरण के कारण ग्लुकोस पुनः रक्त धारा में विसरित नहीं हो सकता है। हिपेटोसाइट, वृक्क नलिकाओं एवं आंत्रीय कोशिकाओं में फोस्फेटेज एंजाइम पाया जाता है जो फोस्फेट समूह को हटा देता है। कार्बोहाइड्रेट उपापचय के महत्वपूर्ण पथ निम्नांकित है -

(1) ग्लाइकोलाइसिस (Glycolysis) - ग्लाइकोलाइसिस में ग्लूकोस का अवायविय रूप से विखण्डन होकर पाइरुबिक अम्ल का निर्माण होता है। यह पथ कोशिका द्रव्य में सम्पन्न होता है। ग्लाइकोलाइसिस का पथ तीन
बातों में महत्वपूर्ण है-

- यह कार्बोहाइड्रेट ऑक्सीकरण का अविकल्पी पथ (Obligatory pathway) है। इसमें निर्मित पाइरूबिक अम्ल क्रेब चक्र के द्वारा ऑक्सीकृत होकर CO_2+H_2O में रूपान्तरित हो जाते हैं। यह ऑक्सीकरण, ATP का मुख्य स्त्रोत है।

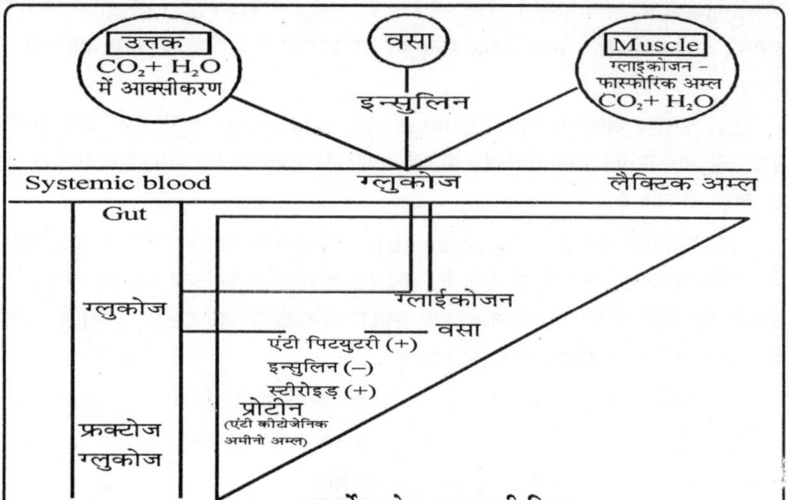

कार्बोहाइड्रेट उपापचयी क्रिया

- ग्लाइकोलाइसिस के मध्यवर्ती उत्पाद वसा के संश्लेषण में प्रयुक्त होते हैं।
- ग्लाइकोलाइसिस में कुछ ऊर्जा ATP के रूप में उत्पन्न होती है जिसको पेशी संकुचन एवं अन्य कार्यों हेतु उपयोग में लिया जाता है।

ग्लाइकोलाइसिस को EMP (Embden, Mayerhoff and Paranass) पथ भी कहते है। यह पथ दस पदों में सम्पन्न होता है। इसमें प्रथम, तृतीय तथा दसवां पद एकदिशीय (Unidirectional) होते हैं जबकि शेष पद द्विदिशीय (Bidirectional) होते हैं।

(i) **I Step-Phosphorylation**– ग्लुकोस ATP के द्वारा एंजाइम ग्लुकोकाइनेज की उपस्थिति में फोस्फोरिलीकृत होता है एवं ग्लुकोस 6 फॉस्फेट का निर्माण होता है। यह एंजाइम ग्लुकोज के–OH समूह पर ATP के फॉस्फेट समूह को स्थानांतरित करता है।

(ii) **II Step-Isomerisation**– एंजाइम ग्लुकोस फॉस्फोआइसोमिरेज की उपस्थिति में ग्लुकोज–6 फॉस्फेट का रूपांतरण फ्रक्टोज–6 फॉस्फेट में हो जाता है। इस एंजाइम को किसी सहकारक की आवश्यकता नहीं होती है।

(iii) **III Step-Phosphorylation**– एंजाइम फोस्फोफ्रक्टोकाइनेज की उपस्थिति में फ्रक्टोस–6 फॉस्फेट, फॉस्फोरिलीकृत होकर फ्रक्टोज 1, 6–डाईफोस्फेट में रूपांतरित हो जाता है। इसमें Mg^{++} सहकारक का कार्य करता है।

(iv) **IV-Step-Aldol cleavage**– एंजाइम एल्डोलेज की उपस्थिति में फ्रक्टोज 1,6 डाईफोस्फेट विदलित होकर ग्लीसरेल्डीहाइड–3 फॉस्फेट तथा डाईहाइड्रोक्सी एसिटोन फॉस्फेट में रूपांतरित हो जाता है।

(V) **V-Step-Isomerisation**– एंजाइम फोस्फो ट्रायो आइसोमिरेज की उपस्थिति में ग्लीसरेल्डीहाइड–3 फॉस्फेट का रूपांतरण PGAL में हो जाता है। इस प्रकार PGAL के

दो अणु निर्मित हो जाते हैं।

(vi) **VI Step-Phosphorylation with dehydrogenation**– यह ऊर्जा लब्धि की क्रिया है। 3-PGAL का ऑक्सीकरण एवं साथ में ही फॉस्फोरिलीकरण होता है। परिणामत: 1, 3 डाई फोस्फोसरिक अम्ल का निर्माण होता है। यह क्रिया एंजाइम ग्लीसरेल्डीहाइड-3 फॉस्फेट डीहाड्रोजीनेज की उपस्थिति में सम्पन्न होती है।

(vii) **VII Step-Formation of ATP**–1, 3 डाई फॉस्फासरिक अम्ल में उच्च ऊर्जा वाला बंध उपस्थित होता है। एंजाइम फॉस्फोसरिक एसिड काइनेज, Mg^{++} तथा ATP की उपस्थिति में 1,3 डाई फॉस्फोग्लीसरिक अम्ल का रूपांतरण 3 फॉस्फोसरिक अम्ल में

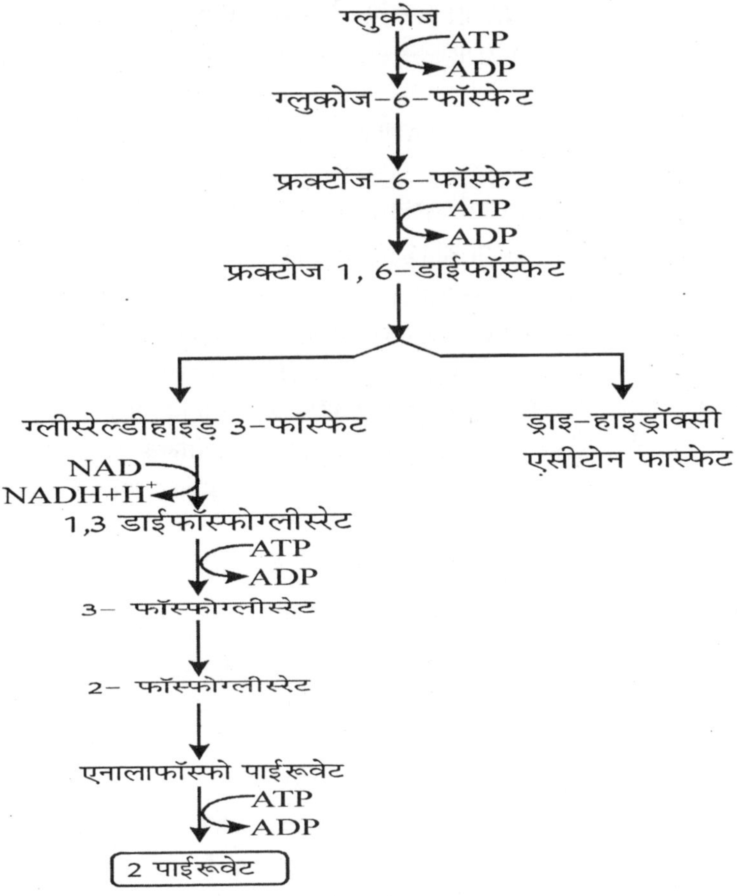

ग्लाइकोलाइसिस चक्र

हो जाता है।

(viii) VIII Step-Intramolecular rearrangment- एंजाइम फॉस्फोग्लीसरों म्यूटेज की उपस्थिति में 3-फॉस्फोसरिक अम्ल का रंपांतरण 2-फोस्फोसरिक अम्ल में होता है।

(ix) IX Step-Dehydration- एंजाइम इनोलेज की उपस्थिति में 2-फॉस्फोइनोल पाइरुबिक अम्ल का रूपांतरण फॉस्फोइनोल पाइरुबिक अम्ल में हो जाता है।

(x) X Step-Formation of pyrubic acid- एंजाइम पाइरुबिक काइनेज की उपस्थिति में फोस्फोइनोल पाइरुबिक अम्ल का रूपांतरण पाइरुबिक अम्ल में हो जाता है। इस पद में ATP का निर्माण होता है।

ग्लाइकोलाइसिस में ऊर्जा लब्धि (Energy yield during Glycolysis)

$$2\ NADH \xrightarrow{E.T.S.} 6\ ATP$$

$$4\ ADP \longrightarrow 4\ ATP$$

$$10\ ATP$$

$$2\ ATP\ Payback\ -\ 2ATP$$

$$8\ ATP$$

इस प्रकार एक ग्लाइकोलाइसिस में पाइरुबिक अम्ल के 2 अणु तथा 8 ATPकी प्राप्ती होती है।

(i) **यदि ऑक्सीजन अनुपस्थिति हो** (If O_2 is absent)

(ii) **यदि ऑक्सीजन उपस्थित हो** (If O_2 is present)- क्रेब चक्र का प्रारम्भ एसिटील CO~A से होता है। अत: सर्व प्रथम पाइरुबिक अम्ल, एसिटील CO~A में परिवर्तित हो जाता है। यह रूपातंरण एक जटिल प्रक्रिया है। इसके लिए TPP, कोएंजाइम तथा Mg^{++} सहकारक की आवश्यकता होती है। सम्पूर्ण रूपांतरण में ऑक्सीकरण तथा विकार्बोक्सीलिकरण दोनों क्रियाएं होती है। अत: इसे **ऑक्सीकारक विकार्बोक्सीलिकरण** (Oxidative decarboxylation) कहते है। यह रूपांतरण पाइरुबिक डीहाइड्रोजीनेज संकुल के द्वारा प्रेरित होता है। यह संकुल तीन एंजाइमों का समूह होता है। ये एंजाइम- पाइरुवेट डीकार्बोक्रनीलेज, लिपोएट रिडक्टेज ट्रांस एसिटाइलेज, डी हाइड्रोलिपोएटडी-हाइड्रोजीनेज है।

Energy yield during oxidative decarboxylation

$$\underset{\text{acid}}{2\ \text{Pyrubic}} + 2\ NAD \longrightarrow 2\ \text{Acetyl coA} + 2\ NADH_2$$

$$NADH_2 \downarrow 6\ ATP$$

(3) क्रेब च्रक (Kreb cycle/TCA cycle/Citric acid cycle)-

क्रेब च्रक, प्रोटीन व वसा उपापचय द्वारा निर्मित 2 व 3 कार्बन वाले अणुओं के अन्तिम विखण्डन का सामान्य पथ है। साथ ही क्रेब च्रक में उत्पन्न मध्यवर्ती उत्पाद एमिनों अम्ल,

न्यूक्लिक अम्ल, वसीय अम्लों के संश्लेषण में भाग लेते हैं। अतः क्रेब च्रक एक प्रकार का एम्फीबोलिक पथ है। यह चक्र 10 पदों में सम्पन्न होता है।

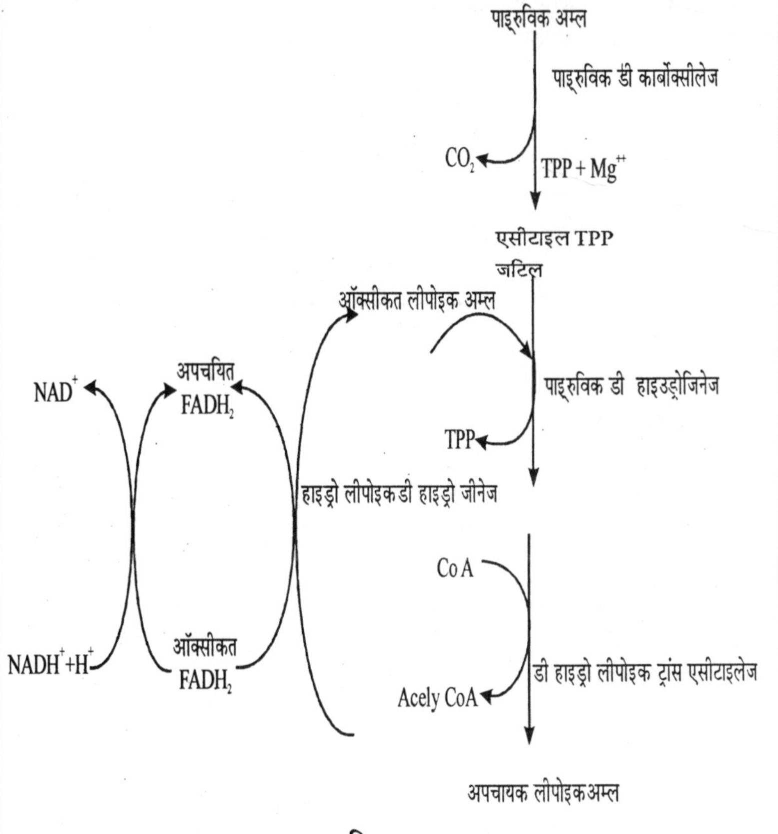

पाइरुविक अम्ल चक्र

पथ (Amphibolic pathway) है। यह चक्र 10 पदों में सम्पन्न होता है।

(i) I Step Condensation– एसीटिल कोएंजाइम A का एसीटिल समूह ऑक्सेलो एसीटिक एसिड को स्थानान्तरित हो जाता है जिससे सिट्रिक एसिड का निर्माण होता है। यह पद एंजाइम सिट्रेट सिन्थेटेज द्वारा प्रेरित होता है।

$$\text{Acetyl COA} + \text{OAA} \xrightarrow{\text{Citrate synthetase}} \text{Citric acid} + \text{CoA-Sh}$$

(ii) II Step Dehydration– एंजाइम एकोनिटेज के प्रेरण द्वारा सिट्रिक अम्ल का रूपान्तरण सिस एकोनिटिक अम्ल में हो जाता है।

$$\text{Citric acid} \xrightarrow[\downarrow H_2O]{\text{Aconitase}} \text{Cis Aconitic acid}$$

(iii) III Step Hydration– एंजाइम एकोनिटोज के प्रेरण द्वारा एक अणु पानी का उपयोग करते हुये सिस एकोनिटिक अम्ल का रूपांतरण आइसोसिट्रिक अम्ल में हो जाता है।

$$\text{Cis Aconitic acid} \xrightarrow[\uparrow H_2O]{\text{Aconitase}} \text{Iso citric acid}$$

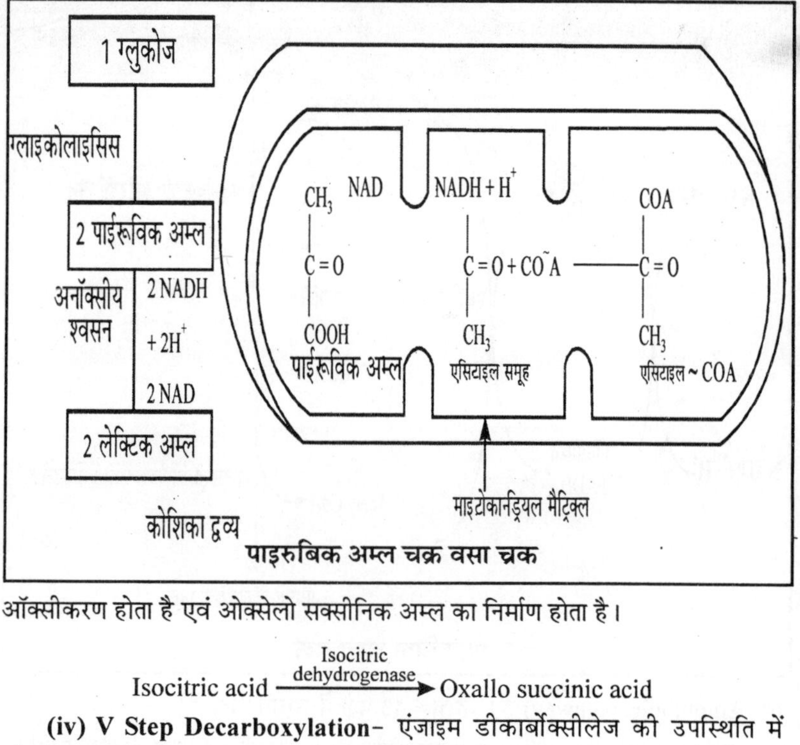

पाइरुबिक अम्ल चक्र वसा चक्र

ऑक्सीकरण होता है एवं ओक्सेलो सक्सीनिक अम्ल का निर्माण होता है।

$$\text{Isocitric acid} \xrightarrow{\text{Isocitric dehydrogenase}} \text{Oxallo succinic acid}$$

(iv) V Step Decarboxylation– एंजाइम डीकार्बोक्सीलेज की उपस्थिति में ओक्सेलोसक्सीनिक अम्ल का रुपांतरण α कीटो ग्लूटेरिक अम्ल में हो जाता है।

$$\text{Oxallo succinic acid} \xrightarrow[\downarrow CO_2]{\text{Decarboxylase}} \alpha\text{-Ketogluteric acid}$$

(v) VI Step Oxidative decarboxylation– एंजाइम α कीटोग्लुटेरिकडीहाइड्रोजीनेस की उपस्थिति में ऑक्सीकारक विकार्बोक्सीलिकरण द्वारा कीटो ग्लूटेरिक अम्ल का रुपांतरण

सक्सीनिल में हो जाता है। यह पद पाइरुविक अम्ल के एसीटिल को CO~A एंजाइम A के रुपांतरण के समान है।

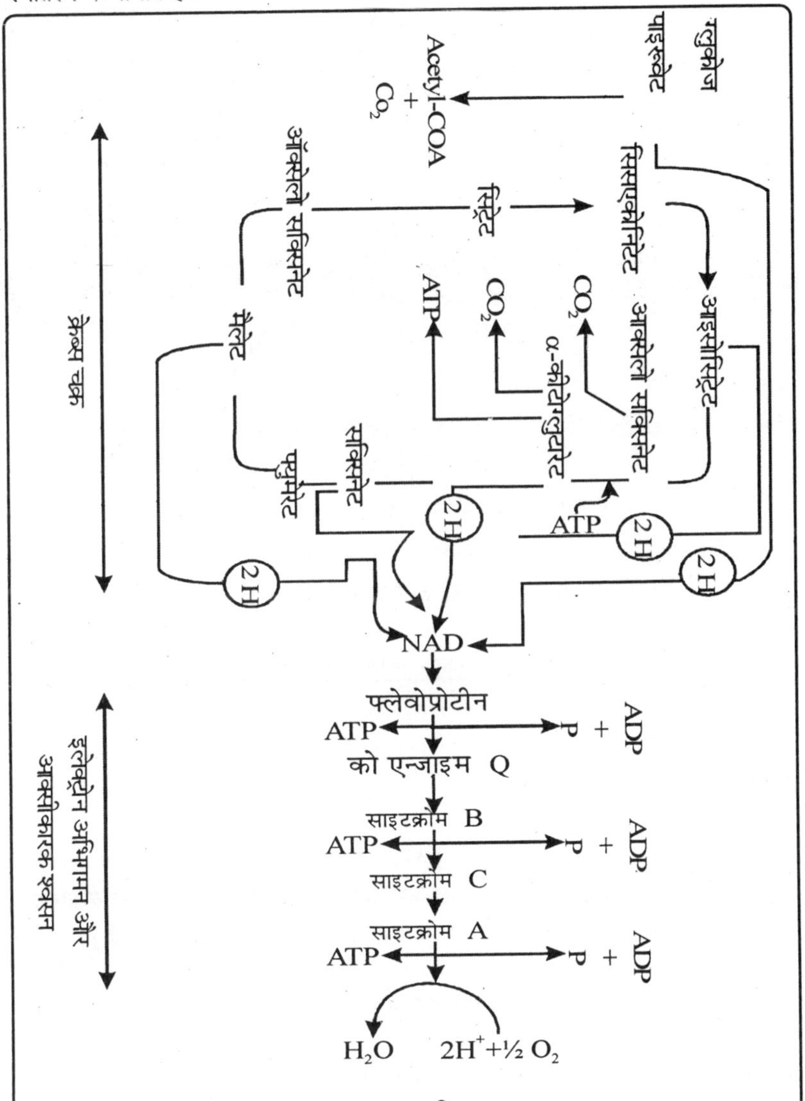

वायु श्वसन प्रक्रिया

- α-Ketogluteric acid $\xrightarrow{\text{Decarboxylase}}$ Aldehyde + CO_2
- Aldehyde + CO~2 ⟶ Succincyl Co~a + H_2

- Lipoc acid + H_2 ⟶ Lipoic acid H_2
- Lipoic acid H_2 + NAD^+ ⟶ Lipoic acid + $NADH^+$ + H^+

(vi) VII Step-Substrate level Phosphorylation– एंजाइम सक्सीनिलथायोकाइनेज की उपस्थिति में सक्सीनिल COA विपाटित होकर सक्सीनिक अम्ल तथा कोएंजाइम A में परिवर्तित हो जाता है। इस पद में निर्मुक्त ऊर्जा ATP में रूपांतरित हो जाती है।

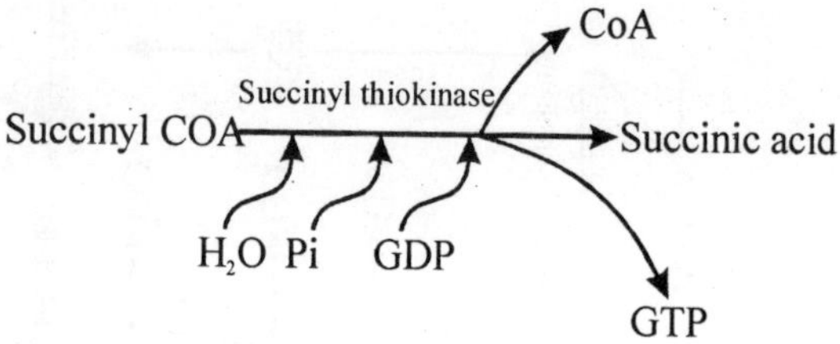

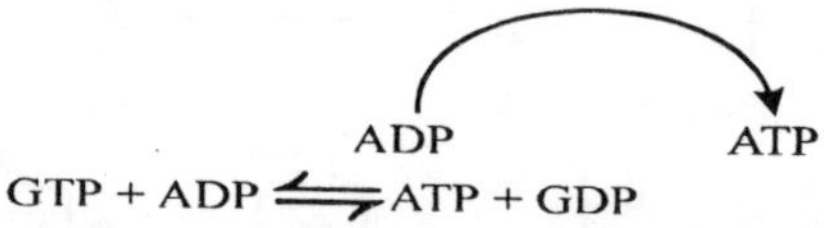

(vii) VIII Step Dehydrogenation III– एंजाइम सक्सीनेट डीहाइड्रोजीनेज की उपस्थिति में सक्सीनिक अम्ल का ऑक्सीकरण होता है जिससे फ्यूमेरिक अम्ल का निर्माण होता है।

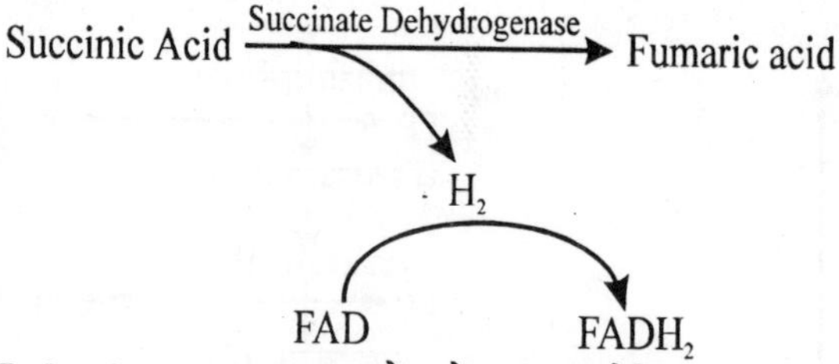

(viii) IX Step Hydration– एक जल अणु के प्रवेश द्वारा फ्यूमेरिक अम्ल का रुपांतरण मैलिक अम्ल में हो जाता है। यह पद एन्जाइम फ्यूमेरेज द्वारा प्रेरित होता है।

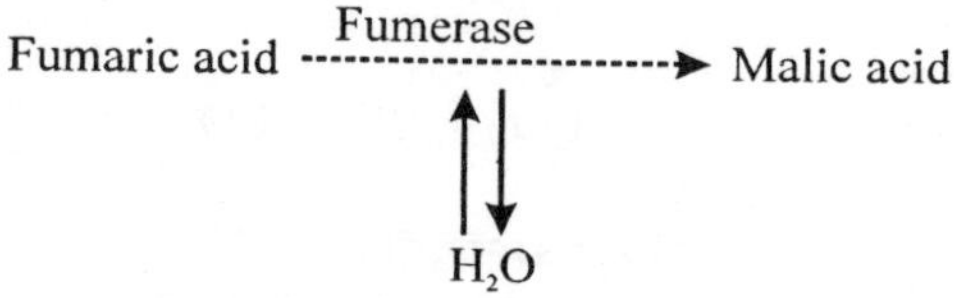

(ix) X Step Dehydrogenation – एंजाइम मेलेटडीहाइड्रोजीनेज के द्वारा मैलिक अम्ल का रूपांतरण पुनः ऑक्सेलोएसीटिक अम्ल में हो जाता है।

(4) इलेक्ट्रोन परिवहन तंत्र (Electron transport system) - इलेक्ट्रोन परिवहन तंत्र में माइटोकॉण्ड्रिया की आंतरिक झिल्ली पर इलेक्ट्रोन वाहक अणु उपस्थित होते हैं जो ऑक्सीकरण एवं अपचयन में सक्षम होते हैं। जब इलेक्ट्रोन ETS से परिवहित होता है तो प्रत्येक पद में ऊर्जा निर्मुक्त होती है। लेकिन ऊर्जा स्तरों का अधिकतम अंतर केवल तीन जगह पर होता है जहां पर ATP का निर्माण होता है। वायवीय कोशिकीय श्वसन में अन्तिम इलेक्ट्रोन ग्राही स्वयं ऑक्सीजन होती है। चूंकि ATP का उत्पादन रासायनिक क्रियाओं के पम्पींग प्रक्रम से सम्बन्धित होता है अत: इसे **केमिओस्मोसिस** (Chemiosmosis) कहते हैं। संक्षेप में यह क्रिया इस प्रकार होती है –

- $NADH + H^+$ से ऊर्जा इलेक्ट्रोन परिवहन शृंखला से गुजरकर माइटोकॉण्ड्रिया की मेट्रिक्स से H^+ को बाहरी एवं आंतरिक झिल्ली के मध्य उपस्थित अवकाश में पम्प करती है।
- इन दोनों झिल्लियों के मध्य H^+ की अत्यधिक सांद्रता एकत्रित हो जाती है।
- जब ये हाइड्रोजन ट्रांसपोर्टर द्वारा मेट्रिक्स में पम्प होते है तो ATP का निर्माण होता है।

इलेक्ट्रोन वाहक (Electron carriers)– माइटोकॉण्ड्रिया की आंतरिक झिल्ली में अनेक प्रकार के इलेक्ट्रोन वाहक होते है जो एकांतरितरूप से ऑक्सीकृत एवं अपचयित होते हैं। मुख्य इलेक्ट्रोन वाहक निम्नांकित है।

- **FMN** (Flavin Mononucleotide)– FAD के समान यह भी एक फ्लेवोप्रोटीन है। इसकी व्युत्पत्ति राइबोफ्लेविन (Vit B_2) से होती है।
- **Cyt (Cytochromes)**– ये Fe युक्त प्रोटीन है। इनमें एकांतरित रुप से आक्सीकरण तथा अपचयन होता रहता है। इलेक्ट्रोन परिवहन तंत्र में Cyt-b, Cyt-C_1, Cyte, Cyta तथा Cyta$_3$ पाये जाते हैं।
- **Fe-S (Iron Sulphur)**– इसमें सल्फर के एक परमाणु के साथ दो अथवा चार Fe के परमाणु संयुक्त रहते हैं। ये एक प्रोटीन में इलेक्ट्रोन ट्रांसफर केन्द्र का निर्माण करते हैं।
- **Cu (Copper atom)**– यह दो प्रोटीन को आपस में बन्धित करता है व इलेक्ट्रोन परिवहन में भाग लेता है।
- **UQ (Ubiquinone)** – यह कम अणुभार वाला अप्रोटनीय वाहक है जो फोस्फोलिपिड के स्तर में मोबाइल का कार्य करता है। इन्हें कोएंजाइम Q भी कहते हैं।

इलेक्ट्रोन परिवहन के पद (Steps in Electron Transport)– सर्वप्रथम $NADH + H^+$ से FMN को उच्च ऊर्जा वाला इलेक्ट्रोन स्थानांतरित होता है। गलूकोस के एक अणु से ग्लाइकोलाइसिस में $2NADH + 2H^+$, एसिटिल CoA के निर्माण के समय दो तथा क्रेब चक्र के दौरान $6\,NADH + 6H^+$ का निर्माण होता है। इस परिवहन में हाइड्राइड आयन (H+) FMN को स्थानांतरित होता है जो बाहरी तरल माध्यम से अतिरिक्त H^+ को ग्रहण करता है। परिणामत: $NADH + H^+$ ऑक्सीकृत होकर NAD^+ परिवर्तित हो जाता है एवं FMN का रूपांतरण $FMNH_2$ में हो जाता है।

परिवहन के द्वितीय पद में $FMNH_2$ से इलेक्ट्रोन विभिन्न आइरन सल्फर केन्द्र एवं Co- Q को परिवहित होते हैं जो बाहरी तरल से अतिरक्त H^+ को ग्रहण करते हैं। परिणामत: $FMNH_2$ ऑक्सीकृत होकर FMN में परिवर्तित हो जाता है।

परिवहन के आगे के पदों में साइटोक्रोम, आयरन सल्फर केन्द्र एवं कॉपर केन्द्र Co-Q, तथा आण्विक ऑक्सीजन के मध्य उपस्थिति होते हैं। इलेक्ट्रोन Co-Q,से Cyt→b→ Fe → S,→Cyt→C_1→Cyt→C→Cu→Cyt→a→Cyt→a_3→1/2 O_2 को स्थानांतरित हो जाते हैं। आण्विक ऑक्सीजन ऋणावेशित हो जाती है एवं बाहरी माध्यम 2H से H_2O को ग्रहण करके O_2 का निर्माण करती है। वायवीय कोशिकीय श्वसन में यही वह स्थल है जहाँ O_2 का उपभोग होता है। विषाक्त पदार्थ, साइनाइड इत्यादि साइटोक्रोम ओक्सिडेज के साथ बन्धित हो जाते हैं व ETS में अन्तिम पद को अवरुद्ध कर देते हैं।

ETS में $FADH_2$ भी प्रवेश करते हैं। लेकिन $FADH_2$ अपेक्षाकृत कम ऊर्जा स्तर पर प्रवेश करता है अत: इनसे केवल 2 ATP का ही निर्माण होता है।

ATP उत्पादन की केमिओस्मोटिक क्रियाविधि (Chemiosmotic mechanism of ATP Generation)

माइटोकॉण्ड्रिया की आतंरिक झिल्ली में ETS के वाहक तीन संकुल में उपस्थित होते हैं। प्रत्येक संकुल प्रोटोन पम्प का कार्य करता है जो माइटोकॉण्ड्रियल मैट्रिक्स से H^+ को धकेलता रहता हैं जिससे हाइड्रोजन की विद्युत रासायनिक प्रवणता बनी रहती है। प्रत्येक प्रोटोन पम्प में तीन या अधिक इलेक्ट्रोन वाहक होते हैं–

- **NADH डीहाइड्रोजीनेज संकुल (NADH Dehydrogenase Complex)**– इस संकुल में FMN तथा पांच Fe-S केन्द्र उपस्थित होते हैं। यह NADH से हाइड्रोजन को हटाता है।
- **साइटोक्रोम b-c, संकुल (Cytochrome b-c, Complex)**– इस संकुल में साइटोक्रोम b तथा c एवं Fe-s केन्द्र होता है।
- **साइटोक्रोम ऑक्सीडेज संकुल (Cytochrome oxidase Complex)**– इस संकुल में साइटोक्रोम a तथा a3 एवं दो कॉपर परमाणु होते हैं।

CoQ इलेक्ट्रोन को प्रथम संकुल से द्वितीय संकुल में एवं द्वितीय से तृतीय संकुल में इलेक्ट्रोन का परिवहन करते हैं। आंतरिक माइटोकॉण्ड्रियल झिल्ली हाइड्रोजन के लिए अपारगम्य होती है। H^+ की पम्पिंग के कारण प्रोटोन की रासायनिक प्रवणता एवं विद्युत प्रवणता स्थापित हो जाती है। हाइड्रोजन के एक तरफ एकत्रित होने के कारण बाहरी सतह धनावेशित एवं आंतरिक सतह ऋणावेशित होती है। इस प्रोटोन प्रवणता में स्थितिज ऊर्जा होती है जिसे **प्रोटोन वाहित बल** (Proton motive force) कहते हैं। जहाँ पर विशिष्ट H^+ चैनल उपस्थित होते हैं वहां पर H^+ पुन: विसरति हो जाते है। जब H^+ पुन: भीतर की तरफ विसरित होते हैं तो ATP का निर्माण होता है क्योंकि H^+ चैनल में ATP सिन्थेज एंजाइम उपस्थित होता है। यह एंजाइम ADP + P के द्वारा ATP का निर्माण करता है। कोशिकीय श्वसन के दौरान अधिकांश ATP का उत्पादन इसी विधि द्वारा होता है।

ग्लाइकोलाइसिस के दौरान उत्पन्न दो NADH माइटोकॉण्ड्रिया में प्रवेश नहीं कर पाते हैं। ये अपने इलेक्ट्रोन को मेलेट शटल (Malate shuttle) या ग्लीसरोल फोस्फेट शटल (Glyreol phosphate shuttle) को प्रदान करते हैं। यकृत, वृक्क एवं हृदय की कोशिकाओं में मैलेट शटल पाया जाता है जिसमें एक NADH से 3 ATP का उत्पादन होता है। कंकाली पेशियों, न्यूरोन इत्यादि में ग्लीसरोल फोस्फेट शटल उपस्थित होता है जिसमें एक NADH से 2 ATP का उत्पादन होता है।

ऊर्जा संरक्षण की क्रियाविधि (Mechanism of energy Conservation)

ग्लूकोज का ऑक्सीजन की उपस्थिति में श्वसन दहन होने के कारण अनेक मध्यवर्ती अणु निर्मित होते हैं। प्रत्येक ऑक्सीजन पद में 2H निर्मुक्त होते हैं जो विभिन्न कोएंजाइमों (NAD^+ FAD^+) को अपचयित करते हैं। सबस्ट्रेट से निर्मुक्त H^+ कोएंजाइम NAD तथा FAD द्वारा ग्रहण की जाती है। अपचयित NAD^+ तथा FAD अंत में O_2 को अपचयित कर उपापचय जल का निर्माण करते हैं। NADH तथा H^+ से H^+ तथा e^- का स्थानांतरण, कोएंजाइम से O_2 को प्रत्यक्ष रूप से होता है। इस प्रकार NADH का ऑक्सीकरण 0.32 के अपयच विभवांतर (Redox potential) पर हो जाता है। जबकि O_2 का अपचयन +0.82 v विभवान्तर पर होता है। विभवांतर का +1.15 v का यह अंतराल ऊपरी तरफ (upper side) होता है जिससे NADH का O_2 के साथ प्रत्यक्ष संयोग नहीं हो पाता है व H_2O का निर्माण नहीं होता है। अतः इस स्थानांतरण को सुगम बनाने के लिये अनेक मध्यवर्ती रिडोक्स पोटेंशियल समेकित होकर इलेक्ट्रोन ट्रांसपोर्ट शृंखला (Electron Transport Chain) का निर्माण करते हैं। इलेक्ट्रान, ETS के द्वारा ऊर्जा प्रवणता (Energy gradient) के घटते हुए स्तर में परिवहित होता है। इस परिवहन के दौरान निर्मुक्त ऊर्जा ATP के निर्माण में काम आती है। यह घटना **ऑक्सीकारक फोस्फोरिलीकरण** (Oxidative phosphosylation) कहलाती है।

इलेक्ट्रान वाहक शृंखलायें झिल्लियों में विशिष्ट रूप से आरोपित (Implanted) रहती है। ATP का संश्लेषण e^- वाहक शृंखलाओं के पुनः ऑक्सीकरण (Reoxidation) से संबंधित होता है। ये अणु ऊर्जा ट्रांसड्यूसर (Energy Transducer) कहलाते हैं। एवं माइटोकॉड्रिया की भीतरी सतह पर ATP सश्लेषण में महत्वपूर्ण भूमिका निभाते हैं।

ऑक्सीकारक फोस्फोरिलीकरण में प्रोटीन की भूमिक को **पी.मिटचैल** (P.Mitchell) ने केमिऑस्मोटिक सिद्धांत के रूप में प्रस्तुत किया है। यह सिद्धान्त झिल्ली तंत्र (Membrane system) में इलेक्ट्रोन स्थानांतरण के दौरान ATP निर्माण की क्रियाविधि की व्याख्या करता है। झिल्ली में उपस्थित इलेक्ट्रोन वाहक, विषमदैशिक (Anisotropic) कार्यप्रणाली को निरुपित करते हैं जो प्रोटोन के ट्रांसलोकेशन एवं इनके विशिष्ट स्थलों पर निर्मुक्ति को नियंत्रति करते हैं। चूंकि झिल्ली आयनों के लिये अपारगम्य होती है अतः झिल्ली के दोनों तरफ प्रोटोन प्रवणता स्थापित हो जाती है। प्रोटोन प्रवणता (Proton gradient) के कारण PMF (Proton Motive Force) स्थापित हो जाता है जिसका उपयोग ATP निर्माण में किया जाता है। इस प्रक्रिया में एंजाइम ATP as - ATP synthetase के द्वारा निष्कासित प्रोटोन को पुनः उपयोग में लिया

देह के तापमान के आधार पर प्राणियों को दो समूहों में रखा गया है-

(1) गर्म रुधिरधारी (Warm blooded / Homiotherms) - इनका तापमान सदैव नियत रहता है व बाह्यय वातावरण से अप्रभावित रहता है।

(ii) शीत रुधिरधारी (Cold blooded / Poikilotherms) - इनका तापमान बाह्य वातावरण से प्रभावित रहता है। मानव का सामान्य तापमान 97^0 F-99^0 F होता है। देह के कुछ भागों, में जैसे -Intra abdomial, Intra thoracia, Intra cranial तापमान सदैव नियत बना रहता है। यद्यपि भुजा एवं धड़ (Trunk) की सतह का तापमान विचलन (Fluctuation) को दर्शाता है।

उष्मा व्यय एवं संरक्षण

(Heat dissipation and conservation)

1. देह तापमान को प्रभावित करने वाले कारक (Factors affecting body temperature) - देह का तापमान दैनिक आवर्तता के साथ-साथ परिवर्तित होता रहता है। शरीर का तापमान सायंकाल के समय सर्वाधिक एवं सुबह के समय न्यूनतम होता है। यह दैनिक परिवर्तन कसरत तथा विशिष्ट गत्यात्मक क्रियाओं के साथ संबधित होता है। शरीर का ताप आयु तथा आकार पर भी निर्भर करता है। नवजात शिशुओं में ताप की नियमितता अनिश्चित होती है जबकि वृद्धावस्था देह तापमान असामान्य होता है। उष्मा की उत्पति एवं उष्मा की क्षति प्राणी के द्रव्यमान (Mass) एवं पृष्ठसतह (Surface Area) के अनुपात पर निर्भर करती है,जैसे - चूहों में उष्मा उत्पादन 452 कैलोरी/Kg/Body weight/ 24 hrs. होता है जबकि घोड़े में यह मान 14.5 कैलोरी होता है।

2. कसरत एवं भोजन (Exercise and food) - कसरत के समय पेशीय ऊर्जा का रूपान्तरण यांत्रिक कार्य में हो जाता है। कसरत के कारण पेशी कोशिकाओं मे ऊपापचय दर बढ जाती है, शरीर का तापमान बढ़ जाता है तथा पेशीय ऊर्जा का 25% कार्य में परिवर्तित हो जाती है। शेष मात्रा उष्मा में परिवर्तित हो जाती है। भोजन में प्रोटीन की उपस्थिति के कारण देह का तापमान बढ़ जाता है साथ ही भोजन ग्रहण करने के तरीके से भी देह तापमान प्रभावित होता है। शरीर से उष्मा की क्षति, तापक्रम एवं आद्रता पर निर्भर करती है। नींद के समय भी शरीर का तापमान कुछ हद तक कम हो जाता है।

3. देह तापमान का नियमन (Regulation of body temperature) - शरीर से उष्मा की क्षति विभिन्न कारकों के कारण होती है। यद्यपि शरीर से उष्मा की उत्पत्ति तथा क्षति निरंतर होती रहती है लेकिन शरीर का तापमान लगभग स्थिर बना रहता है। शरीर में उष्मा उत्पादन की विधि (Thermogenesis) कहलाती है। देह उष्मा का व्यय,विकिर्णन एवं वाष्पीकरण से होता है। यह घटना (Thermolysis) कहलाती है जबकि देह तापमान के नियमन की विधि (Thermotaxis) कहलाती है।

उष्मा उत्पादन की क्रियाविधि (Mechanism of Heat production)

खाद्य पदार्थों का ऑक्सीकरण मूलभूत रूप से उष्मा उत्पति हेतु उत्तरदायी होता है। कार्बोहाइड्रेट प्रोटीन तथा वसा के दहन से उष्मा उत्पन्न होती है। भोजन में वसा की मात्रा अधिक होने के कारण अधिक उष्मा का उत्पादन होता है। कंकाली पेशियों में उष्मा का उत्पादन अन्य ऊतकों की तुलना में अधिक होता है। चूंकि यह देह का 1/2 भाग बनाती है। अतः शरीर के उष्मा उत्पादन की मात्रा में इनका योगदान अधिक होता है। कुछ अंगों जैसे- हदय, यकृत से निश्चित उष्मा उत्पन्न होती रहती है। आंत में होने वाले क्रमाकुंचन (Peristalsis) के कारण भी उष्मा की उत्पत्ति होती है।

उष्मा व्यय की क्रियाविधि (Mechanism of Heat dissipation) – प्राणियों में उष्मा का व्यय (Dissipation) निम्न विधियों द्वारा होता है।

1. **त्वचा द्वारा उष्मा की क्षति** (Heat lost from the skin)

प्राणी एवं इसके बाहय वातावरण में तापक्रम के अंतर के कारण उष्मा की क्षति होती है। उष्मा की क्षति विद्युत–चुंबकीय तरंगों के रूप में होती है। यह ऊष्मा वायु में जाकर अंत में ठोस संरचनाओं में जाकर समाहित हो जाती है। इस विधि द्वारा कुल उष्मा क्षति का 50% होता है। यहां पर यह कहना तर्क संगत नहीं है कि काले व्यक्ति अधिक उष्मा का अवशोषण करते हैं। जबकि वास्तविकता यह है कि काला व सफेद त्वचा वाले व्यक्ति लगभग 96% उष्मा का अवशोषण करते हैं। लगभग 20% उष्मा की क्षति संचलन (Condution) द्वारा होती है। लेकिन इस विधि द्वारा उष्मा की क्षति, बाह्य वातावरण के तापमान पर निर्भर करती है। जब बाह्य वातावरण का तापमान अत्यधिक कम होता है तो उष्मा त्वचा से वायु में संचलित हो जाती है। वायु के अणु गर्म हो जाते हैं व त्वचा से दूर चले जाते हैं।

ऊष्मा क्षति की अन्य विधि संवहन (Convection) होती है। इस विधि द्वारा क्षति वायु के तापमान, आपेक्षिक घनत्व एवं वायु के वेग पर निर्भर कती है।

रक्त प्रवाह एवं धमनी एवं शिराओं का विन्यास व व्यवस्था भी उष्मा की क्षति को प्रभावित करता है। त्वचीय रक्त वाहिनियों के संकीर्णन (Constriction) से रक्त प्रवाह मंद हो जाता है व उष्मा की क्षति कम हो जाती है जबकि रक्त वाहिनियों के विस्तारण से रक्त प्रवाह बढ़ जाता है व ऊष्मा की क्षति अधिक होती है।

(2) वाष्पीकरण (Evaporation)- वाष्पीकरण द्वारा होने वाली क्षति लगभग 25% होती है। वाष्पीकरण मुख्यतया त्वचा में गहराई में उपस्थित रक्त कोशिकाओं के द्वारा होता है। पसीने के वाष्पीकरण द्वारा भी उष्मा की क्षति होती है। यह पाया गया है कि एक ग्राम जल के वाष्पीकरण से 580 K.Cal उष्मा की क्षति होती है। वाष्पीकरण की दर वायु की आपेक्षित आद्रता (Humidity) पर निर्भर करती है।

(3) फेफड़ों से उष्मा की क्षति (Heat loss from Lunges)- इस विधि द्वारा लगभग

2.5% उष्मा की क्षति होती है।

(4) उत्सर्जन द्वारा उष्मा की क्षति (Heat Loss through Excretion)- कुछ प्राणियों में जीभ को बाहर निकालने से उष्मा की क्षति होती है। लगभग 2% उष्मा की क्षति मूत्र व विष्ठा के द्वारा होती है।

हाइपोथेलेमस एवं उष्मा नियमन (Hypothalamus and Heat regulation)

उष्मा नियंत्रण का मुख्य केन्द्र हाइपोथेलेमस होता है। हाइपोथेलेमस के अग्र भाग में किसी प्रकार का उद्दीपन होने पर रक्त वाहिनियों में Vasodilation होता है जिससे उष्मा की क्षति होती है। हाइपोथेलेमस का पश्च भाग उष्मा उत्पादन हेतु उत्तरदायी होता है व देह को ठण्डा होने से बचाता है। बाह्य तापमान में परिवर्तन होने के कारण त्वचा में उपस्थित ग्राही सक्रिय होकर उद्दीपन को हाइपोथेलेमस में भेजते हैं। यह पाया गया है कि हाइपोथेलेमस में कुछ ताप संवेदी कोशिकाएं होती है जिन्हें थर्मोडिटेक्टर (Thermodetector) कहते हैं।

अंतःस्त्रावी ग्रंथियाँ एवं उष्मा नियमन (Endocrines and Heat regulation)- कुछ अंतः स्रावी ग्रंथियाँ जैसे- थायरोइड, पीयूषिका, उष्मा उत्पादन एवं उष्मा क्षति में भाग लेती हैं। अत्यधिक ठण्ड के कारण अधिक मात्रा में TSH का स्राव होता है जिससे थायरोइड हॉर्मोन अधिक मात्रा में निर्मुक्त होता है। अत्यधिक ठण्ड के कारण एड्रिनेलिन का स्राव होता है जिससे उपापचय क्रिया तीव्र होती है एवं उष्मा का उत्पादन बढ़ जाता है।

ठण्डे एवं उष्ण वातावरण से उद्भाषन (Exposure to hot and cold Atmosphere)

प्राणियों में उष्मा की क्षति मुख्यतया पसीने के वाष्पीकरण से होती है जब देह तथा वातावरण के तापमान में अत्यधिक अन्तर हो। अत्यधिक पसीने का स्राव उष्मा क्षति का संकेत है जिसमें हृदय की स्पंन्दन दर बढ जाती है एवं कार्डियक आउटपुट बढ जाता है तत्पश्चात कार्डियक आउटपुट कम हो जाता है। कम तापमान से उद्भाषनं के कारण उष्मा की उत्पत्ति बढ़ जाती है जो थायरोक्सिन तथा एड्रिनेलिन हॉर्मोन के द्वारा प्रेरित होती है। उष्मा की क्षति में कमी वाहिका संकीर्णन के कारण होती है जिससे पसीने का त्याग कम हो जाता है।

विकीर्णन द्वारा उष्मा क्षति (Heat loss by Radiation)- शरीर से उष्मा की क्षति अवरक्त उष्मा विकिरणों के रूप में होती है। यह एक प्रकार की विद्युत चुम्बकीय विकिरणें होती है, जिनकी तरंगदैर्ध्य 5-20 तक होती है। मानव -शरीर के द्वारा सभी दिशाओं में उष्मीय विकीरणें निकलती है जो चारों ओर के वातावरण में अग्रेषित हो जाती है लगभग 50% उष्मा की क्षति इस विधि द्वारा होती है। यदि कपड़ों में सोने का पतला आवरण बना दिया जाये तो यह एक इन्सुलेटर का कार्य करता हैं। उष्मा विभिन्न अणुओं की गतिज उर्जा का ही एकरूप है जिसमें निरन्तर कम्पन्न होते रहते हैं। इस कम्पन्न की ऊर्जा वायु में स्थानान्तरित हो जाती है। जब वायु त्वचा की तुलना में ठण्डी हो तब उष्मा वायु में स्थानान्तरित होती है तो इसमें उचित मात्रा में गतिज ऊर्जा उपार्जित कर ली जाती है तथा इसकी गति का वेग बढ़ जाता है। जब त्वचा और

वायु का तापमान एक समान होता है तो साम्य अवस्था स्थापित हो जाती है।

उष्मा का संरक्षण (Conservation of Heat)- प्राणियों में उष्मा के सरंक्षण की निम्न युक्तियाँ पाई जाती है।

• शरीर से उष्मा का स्थानान्तरण त्वचा में रक्त प्रवाह द्वारा होता है। रक्त वाहिनियों के विस्तारण के कारण उष्मा की क्षति कम हो जाती है। साथ ही उपयुक्त कुचालकता होने के कारण भी विकीर्णन एवं वाष्पीकरण से उष्मा की क्षति कम हो जाती है।

- सुरक्षात्मक कपड़े पहनने पर भी उष्मा की क्षति कम होती है क्योंकि ये उष्मा का अच्छा चालक नहीं होता है। इस कारण उद्भाषित त्वचा का तापमान कपड़े के नीचे उपस्थित त्वचा की तुलना में बहुत कम होता है।
- प्राणियों में अनेक प्रकार के आकारिकी एवं संरचनात्मक रूपान्तरण पाये जाते हैं जो उष्मा के संरक्षण में महत्वपूर्ण भूमिका निभाते हैं जैसे- त्वचा पर उपस्थित फर, रोम तथा पंख आदि रचनायें शीतोष्ण प्रदेशों में पाये जाने वाले प्राणियों में बहुलता से पाई जाती है।
- शरीर के अन्दर उपस्थित अंगों में रक्त का प्रवाह कम होता है जिससे उष्मा का संरक्षण होता है।
- त्वचा में उपस्थित एडीपोज ऊत्तक इन्सुलेटर का कार्य करता है तथा उष्मा का संरक्षण करता है क्योंकि एडिपोज ऊत्तक उष्मा का कुचालक होता है। अतः प्राणियों में उष्मा के संरक्षण हेतु त्वचा के नीचे एडीपोज ऊत्तक को निक्षेपित कर लिया जाता है।
- शरीर के आन्तरिक भागों से बाहरी भागों की तरफ रक्त प्रवाह को कम करके उष्मा की क्षति को कम किया जा सकता है। साथ ही रक्त वाहिनियों के संकीर्णन द्वारा भी उष्मा की क्षति को कम किया जा सकता है। यह नियंत्रण हाइपोथेलेमस के पश्च भागों में उपस्थित सिम्पेथेटिक केन्द्रों के द्वारा नियंत्रित होता है।

□□□

अध्याय 9

पादप वृद्धि एवं परिवर्धन

वृद्धि सजीव कोशिकाओं के जीवद्रव्य में होने वाली जैविय घटना है। किसी जीव के शुष्क भार, आयतन, आकार एवं स्वरूप में होने वाली चिरस्थायी तथा अनुत्क्रमणीय बढ़ोतरी को वृद्धि कहते हैं। यह सफल उपापचयी क्रियाओं के परिणामस्वरूप ही होती है। वृद्धि करने वाले भागों के आकार में परिवर्तन पाया जाता है। वृद्धि सभी जीवों का आधारीय गुण है।

वृद्धि स्थल – थैलोफाइटा या निम्न श्रेणी के पौधों में विसरित प्रकार की वृद्धि पाई जाती है। ब्रायोफाइटा तथा टेरिडोफाइटा में शीर्षस्थ कोशिका द्वारा वृद्धि होती है।

स्पर्मेटोफाइटा या उच्च श्रेणी के पौधों में वृद्धि निश्चित क्षेत्रों में सीमित होती है। उच्च पौधों में पाये जाने वाले सीमित क्षेत्र विभज्योतक कहलाते हैं।

यह विभज्योतक निम्नलिखित तीन प्रकार के होते हैं –

(1) जड़ तथा स्तम्भ के अग्रस्थ भाग पर शीर्ष विभज्योतक पाया जाता है जिससे लम्बाई में वृद्धि होती है।

(2) एकबीजपत्रियों की पर्वसन्धियों एवं पत्तियों के आधार पर अन्तर्वेशीय विभज्योतक पाया जाता है जिससे लम्बाई में वृद्धि होती है।

(3) काष्ठीय तथा बहुवर्षीय पौधों के स्तम्भ एवं जड़ में पार्श्व विभज्योतक के द्वारा मोटाई में वृद्धि होती है, जैसे-संवहन एधा तथा कॉर्क एधा।

जड़ों तथा तनों में होने वाली लम्बाई में वृद्धि अग्रस्थ विभज्योतक द्वारा होती है।

पौधों में सीमित वृद्धि पत्तियों, पुष्प एवं फलों में तथा असीमित वृद्धि जड़ एवं स्तम्भ में होती है।

उच्च पौधों में वृद्धि सम्पूर्ण जीवन चक्र के दौरान होती रहती है जिसके फलस्वरूप नये अंगों का निर्माण होता है।

वृद्धि की प्रावस्थायें

बहुकोशिकीय सजीवों में होने वाली वृद्धि को निम्नलिखित तीन प्रावस्थाओं में विभाजित किया जाता है –

(क) कोशिका विभाजन, (ख) कोशिका दीर्घीकरण, (ग) कोशिका परिपक्वन।

(क) कोशिका विभाजन – इस अवस्था को निर्माण अवस्था भी कहते हैं। इस प्रावस्था में विभज्योतक द्वारा वृद्धि होती है जहां समसूत्री विभाजन पाया जाता है। इसमें कोशिकाओं की संख्या में वृद्धि होती है। इस प्रकार की प्रावस्था जड़, स्तम्भ के अग्रस्थ विभज्योतक, अन्तर्वेशीविभज्योतक, संवहन एधा तथा कॉर्क एधा में पायी जाती है। इसकी कोशिकायें छोटी,

सघन तथा स्पष्ट केन्द्रक वाली होती है।

(ख) कोशिका दीर्घीकरण – इस प्रावस्था में कोशिकाएं एक निश्चित दिशा में वृद्धि करती हैं इसलिए इन कोशिकाओं में प्राय: विभाजन की क्षमता नहीं होती।

(ग) कोशिका परिपक्वन – इसे कोशिका विभेदन प्रावस्था भी कहते हैं। इस प्रावस्था में कोशिकायें कार्य, संरचना एवं एक निश्चित आकार में परिवर्तित हो जाती है। इसके अन्तर्गत कोशिकायें एक निश्चित स्थान पर व्यवस्थित होकर स्थायी दशा में परिवर्तित हो जाती हैं, जैसे- वाहिका एवं वाहिनिकाओं में विभेदन।

वृद्धि वक्र

एक निश्चित समय में किसी विशेष भाग के आकार या भार में होने वाली वृद्धि को उसकी वृद्धि दर कहते हैं। पादपों के सभी भागों में प्रारम्भिक अवस्था में वृद्धि दर अधिक, उसके पश्चात् तेज तथा पुन: कम होकर रुक जाती हैं। यदि समय के साथ वृद्धि दर का ग्राफ बनाया जाता है तो उसे सिग्माइड वक्र या S वक्र कहते हैं।

एक सम्पूर्ण वृद्धि काल या एस-चक्र को निम्नलिखित तीन भागों में विभाजित किया जा सकता है –

(1) वृद्धि की पश्चता अवधि – यह वृद्धि की प्रारम्भिक अवस्था होती हैं जिसके अन्तर्गत वृद्धि में विभिन्न आवश्यक परिवर्तन होते हैं। इसके दौरान वृद्धि धीमी गति से होती है।

(2) वृद्धि की लॉग अवधि – इसमें वृद्धि दर तीव्र होती है।

(3) वृद्धि की अधानेनतन अवधि – इसमें उपापचयी क्रियायें धीमी पड़ने के कारण वृद्धि दर कम हो जाती है। वृद्धि में कुल अवधि को संयुक्त रूप से समग्र वृद्धि काल कहा जाता है। वृद्धावस्था में वृद्धि दर लगभग शून्य हो जाती है, अत: इस अवधि को जीर्णता अवधि कहते हैं जीर्णता अवधि की वक्रता विभिन्न कारक तथा जीव की प्रकृति पर निर्भर करती है –

(i) एक वर्षीय पौधों में उच्चतम वृद्धि के पश्चात् जीर्णता के कारण पौधे मृत हो जाते हैं जिसे ऋणात्मक वृद्धि कहते हैं।

(ii) एक बीजपत्री पर्ण में मृत होने तक वक्रता निरन्तर ऊपर की ओर बढ़ती रहती है जिसे धनात्मक वृद्धि कहते हैं।

(iii) बहुवर्षीय काष्ठीय पौधों में सम्पूर्ण जीवन काल के दौरान प्रत्येक वर्ष सक्रिय एकान्तरण वृद्धि पायी जाती है इसलिए इन पौधों में अनेक एस-वक्र पाये जाते हैं।

(iv) फल, द्विबीजपत्री स्तम्भ के पर्व एवं पर्ण में उच्चतम वृद्धि के बाद वृद्धि स्थिर हो जाती है।

वृद्धि को प्रभावित करने वाले कारक

वृद्धि को बाह्य तथा अन्तरिक कारक प्रभावित करते हैं-

(अ) बाह्य कारक – ये निम्नलिखित प्रकार के होते हैं-

(1) प्रकाश – प्रकाश की तीन अवस्थाओं के द्वारा वृद्धि प्रत्यक्ष रूप से प्रभावित होती है

(a) उच्च प्रकाश तीव्रता में वृद्धि दर कम हो जाती है किन्तु सान्द्र प्रकाश तीव्रता में वृद्धि

दर सामान्य होती है।

(b) दुर्बल प्रकाश तीव्रता में पत्तियों का फैलाव अधिक हो जाता है एवं संधियों की लम्बाई कम हो जाती है।

(c) प्रकाश की अनुपस्थिति में स्तम्भ पतले, लम्बे, पत्तियां संकरी एंव पीली हो जाती है, ऐसे पौधों को पाण्डुरित पौधे कहते हैं।

(d) दृश्य प्रकाश में पत्तियों का फैलाव अधिक होता है तथा लाल से अधिक एवं बैंगनी तरंगदैर्ध्य से कम तरंगदैर्ध्य के प्रकाश में वृद्धि घट जाती है।

(e) नीले रंग के प्रकाश में संधियों की लम्बाई बढ़ जाती है एवं लाल प्रकाश वृद्धि के लिए सर्वाधिक अनुकूल होता है।

(f) प्रकाश की अवधि प्रकाशदीसीकालिता के माध्यम से वृद्धि के अनुकूल होती है।

(2) ताप - वृद्धि के लिए न्यूनतन ताप 5°C. अनुकूलतम ताप 20-30°C. तथा अधिकतम ताप 35-40°C. होता है। निम्नतम ताप एवं ऊष्मा के प्रभाव से पौधे चोटग्रस्त हो जाते हैं जिसके फलस्वरूप वृद्धि घट जाती है।

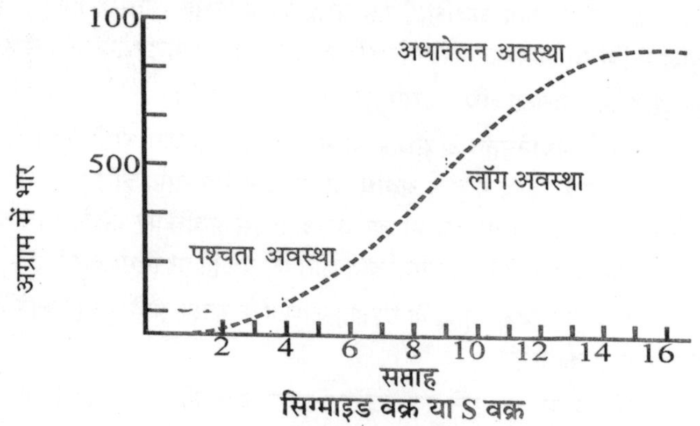

सिग्माइड वक्र या S वक्र

(3) जल- पौधों में जल की मात्रा कम होने से वृद्धि कम हो जाती है।

(4) ऑक्सीजन - इसका उपयोग विभिन्न उपापचयी क्रियाओं में होता है इसलिए वृद्धि के लिए O_2 आवश्यक होती है।

(ब) आन्तरिक कारक -

ये निम्नलिखित प्रकार के होते हैं-

(1) कार्बोहाइट्रेड - नाइट्रोजन अनुपात- जब मृदा में कार्बोहाइड्रेट्स की मात्रा अधिक तथा नाइट्रोजन की मात्रा कम होती है तब वृद्धि दर बढ़ जाती है। जब मृदा में कार्बोहाइड्रेट्स की मात्रा कम तथा नाइट्रोजन की मात्रा अधिक होती है तब वृद्धि दर घट जाती है।

(2) वृद्धि नियन्त्रक या पादप हार्मोन्स – पौधों की वृद्धि हेतु कुछ सूक्ष्म मात्रा में रसायनिक पदार्थ वृद्धि बिन्दुओं में पाये जाते हैं जिनको वृद्धि नियंत्रक कहते हैं।

वृद्धि मापन वृद्धि मापन हेतु कुछ मुख्य आधार निम्नलिखित हैं

(1) भार में वृद्धि होना।

(2) फलों तथा पर्णों के परिमाप, आयतन तथा क्षेत्रफल में वृद्धि होना।

(3) कोशिकाओं की संख्या में वृद्धि होना।

(4) जड़ तथा प्ररोह की लम्बाई में वृद्धि होना यह वृद्धि मापन का सबसे सामान्य आधार है। इस प्रकार के वृद्धि मापन के लिए निम्नलिखित उपकरण प्रयोग में लिए जाते हैं

(1) क्षैतिज सूक्ष्मदर्शी, (2) आर्क वृद्धिमापी,

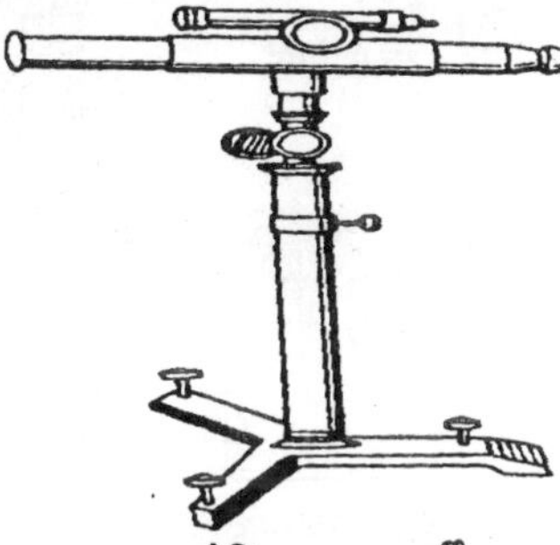

क्षैतिज सूक्ष्मदर्शी

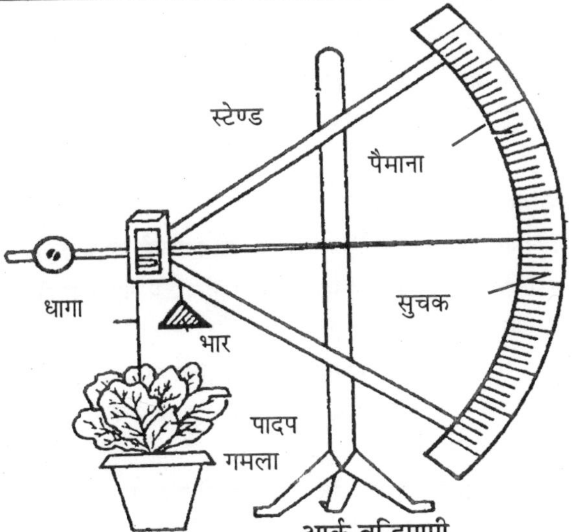

आर्क वृद्धिमापी

(3) बोस का क्रिसोग्राफ – यह सर्वाधिक उपयोगी उपकरण है।

(4) स्पेस मेकर डिस्क – यह पत्तियों का क्षेत्रफल ज्ञान करने का सर्वाधिक उपयोगी उपकरण है।

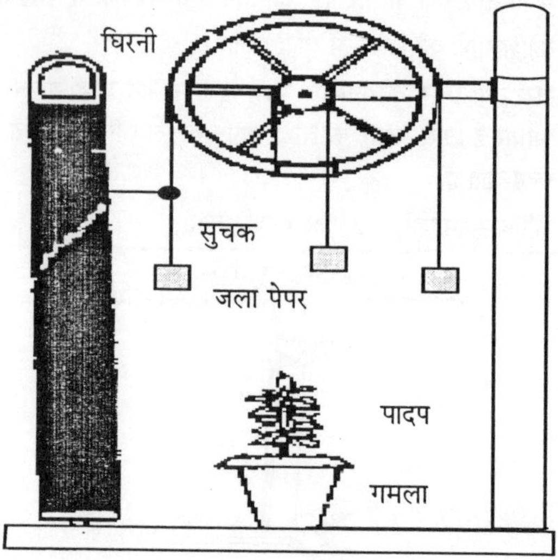

ब्लॉक क्रियाविधि

क्या आप जानते हैं?

नयी बनने वाली कोशिकाओं में जीवद्रव्य का संश्लेषण होना द्रव्यीय वृद्धि कहलाता है। फ्लोराइड्स नींबू को, ओजोन तम्बाकू को तथा इथिलिन कपास के पौधों की वृद्धि को संदमित करते हैं। जड़ में वृद्धि का मापन सर्वप्रथम सैच ने समान अन्तराल पर भारतीय स्याही के द्वारा किया।

वृद्धि नियन्त्रक या पादप हार्मोन्स –

सर्वप्रथम हार्मोन शब्द का उपयोग स्टर्लिंग ने उत्तेजनाकारी पदार्थ के लिए किया।

सैच ने सर्वप्रथम पौधों के अंगों में पादप हार्मोन के बारे में जानकारी दी। थिमैन (1948) ने फॉइटोहार्मोन नाम दिया।

पौधों में कुछ विशेष प्रकार के रसायनिक पदार्थ सूक्ष्म मात्रा में पौधों की वृद्धि पर प्रभाव डालते हैं किन्तु अधिक मात्रा में यह वृद्धि को कम या असामान्य करते हैं। इन पदार्थों को वृद्धि नियन्त्रक या वृद्धि हार्मोन्स कहते हैं।

हार्मोन्स शब्द का मुख्य शाब्दिक अर्थ **'मै क्रियाशीलता जगाता हूँ'** होता है। स्टर्लिंग के अनुसार वह रसायनिक पदार्थ जो नलिकाविहीन ग्रन्थियों से स्रावित होकर शरीर के विभिन्न भागों

में पहुँचकर सूक्ष्म मात्रा द्वारा ही क्रिया को नियन्त्रित करते हैं,हार्मोन्स कहलाते हैं।

थिमैन के अनुसार,वह जटिल कार्बनिक पदार्थ जो पौधों में एक भाग में निर्मित होकर अन्य भागों में स्थानान्तरित हो जाते हैं एवं सूक्ष्म मात्रा में ही वृद्धि को प्रभावित करते हैं, हार्मोन्स कहलाते हैं।

ये रसायनिक पदार्थ निम्नलिखित प्रकार के प्रमुख लक्षण दर्शाते हैं

(1) ये रसायनिक पदार्थ मुख्यत: स्तम्भ, जड़ कलिकाओं में शीर्ष विभज्योतक, युवा पत्तियों में उत्पन्न होते हैं।

(2) ये जीन्स की कार्यशीलता, एन्जाइम्स के कार्यों एवं श्वसन को नियमित करते हैं।

(3) ये कम अणु भार वाले एवं जल में घुलनशील होते हैं।

(4) ये अत्यन्त सूक्ष्म मात्रा में कार्य करते हैं।

(5) ये पौधों में उपापचयी क्रियाओं को नियन्त्रित करते हैं।

(6) ये फ्लोयम द्वारा एक स्थान से दूसरे स्थान को स्थानान्तरित हो जाते हैं।

(7) इनको रसायनिक संयोजक भी कहा जाता है।

हार्मोन्स के प्रकार पादप हार्मोन्स को दो मुख्य समूहों में विभाजित किया जाता है-

(1) वृद्धि प्रवर्द्धक, (2) वृद्धि संदमक।

(1) वृद्धि प्रवर्द्धक- वह हार्मोन्स जो वृद्धि की दर को बढ़ाते हैं, उनको वृद्धि प्रवर्द्धक कहते हैं।

वृद्धि प्रवर्द्धक निम्नलिखित चार प्रकार के होते हैं-

(अ) ऑक्सिन्स, (ब) जिबरेलिन्स, (स) साइटोकाइनिन्स, (द) इथीलीन।

(अ) ऑक्सिन्स चाल्स डार्विन तथा फ्रांसिस डार्विन ने सर्वप्रथम कैनेरीघास के प्रांकुर चोल पर विभिन्न प्रयोग किये। उन्होंने किये गये प्रयोगों का वर्णन अपनी पुस्तक में दर्शाया।

डार्विन के अनुसार, नवोद्भिद को एक विशेष दिशा से प्रकाश देने पर कोई रसायन प्रकाशित क्षेत्र से दूर चला जाता है एवं प्रकाशित भाग में वृद्धि ज्यादा होती है। इन्होंने बताया कि प्रांकुर चोल प्रकाशानुवर्तन प्रदर्शित करता है। इसके पश्चात् बॉयसन-जेन्सन ने प्रांकुर चोल पर प्रयोग के पश्चात् बताया कि यदि प्रांकुरचोल को काट दिया जाये तो इसकी प्रकाश - अनुवर्तित सुग्राहिता नष्ट हो जाती है। इस प्रयोग में यदि काटे गये शीर्ष को फिर से लगा दिया जाये तो सुग्राहिता पुन: लौट आती है।

पॉल ने बताया कि जो पदार्थ प्रकाशानुवर्तन में वक्रण के लिए उत्तरदायी होते हैं वे सीधी वृद्धि के लिए भी उत्तरदायी होते हैं।

एफ.डब्लू.वेण्ट ने सर्वप्रथम ऑक्सिन को खोजा तथा ऑक्सिन नाम दिया। वेन्ट ने अपने प्रयोग जई पर किये। उन्होंने अपने प्रयोगों में जई के प्रांकुर चोल के शीर्ष को काटकर के घनाकार टुकड़ों पर रखा। अगर के टुकड़ों में से वेन्ट ने एक खण्ड को प्रांकुर चोल के ठूंठ पर

उत्केन्द्रीय स्थिति तथा दो घण्टे तक अंधेरे में रखने के पश्चात् देखा की प्रांकुर चोल खण्ड के विपरीत दिशा में वक्रता दर्शाता है। वेन्ट ने प्रांकुरचोल के शीर्ष में आक्सिन को खोजा तथा बताया कि अप्रकाशित क्षेत्र में 57 प्रतिशत ऑक्सिन एवं प्रकाशित क्षेत्र में 27 प्रतिशत ऑक्सिन होता है। कोग्ल, हाजेन तथा स्मिट ने ऑक्सिन के अप्राकृतिक स्रोत के आधार पर तीन प्रकार के आक्सिन के समान पदार्थों को खोजा –

(i) ऑक्सिन–a को मानव सूत्र से खोजकर Auxenotriolic acid ($C_{18}H_{32}O_5$) नाम दिया। rio

(ii) ऑक्सिन – b को मक्का के अंकुरित दानों के तेल से खोजकर Auxenolonic acid ($C_{18}H_{32}O_4$)नाम दिया।

(iii) हैटेरोऑक्सिन ($C_{10}H_9O_2N$)को मानव सूत्र से खोजा जिसे आजकल IAA (Indole-3-Acetic acid) कहते हैं।

वितरण – पौधों में ऑक्सिन सभी स्थानों पर पाया जाता है तथा वृद्धि बिन्दुओं पर इसकी सान्द्रता अधिक होती है। थीमेन के अनुसार प्रांकुरचोल शीर्ष से आधार की ओर ऑक्सिन की मात्रा कम हो जाती है। इसका निर्माण सक्रियता से विभाजन करती हुई कोशिकाओं में होता है।

IAA का संश्लेषण ट्रिप्टोफेन अमीनो अम्ल से संचयी अंगों तथा पत्तियों में होता है। इसके संश्लेषण हेतु Zn की उपस्थिति आवश्यक होती है।

ऑक्सिन के मुख्य गुण –ऑक्सिन्स प्राकृतिक एवं संश्लेषित दोनों प्रकार के वर्गों में विभेदित रहते हैं। ऑक्सिन का स्थानान्तरण ऊपर से नीचे की ओर या तलाभिसारी क्रम में एवं ध्रुवीय होता है। इनका स्थानान्तरण1–

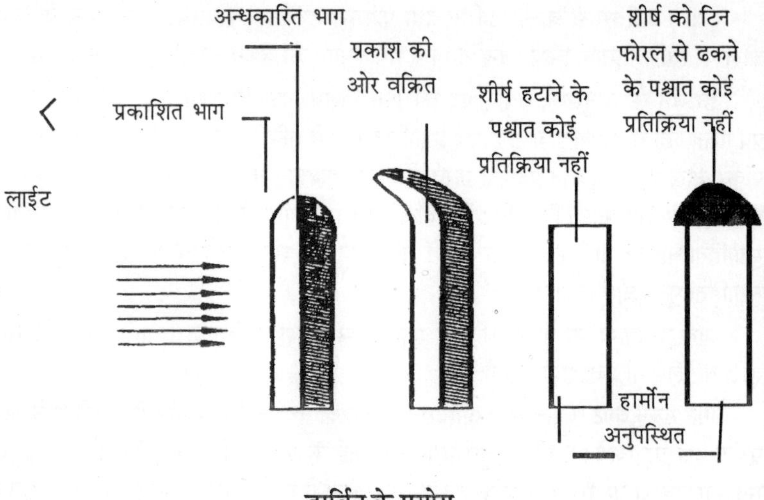

डार्विन के प्रयोग

1.6 cm/hr की दर से होता है। इनके द्वारा कोशिका के भित्तिय दाब में कमी हो जाती है। यह परासरणी विभेदों में वृद्धि करते हैं। इनके द्वारा भित्ति संश्लेषण में वृद्धि होती है।

ऑक्सिन के प्रभाव –

(1) शीर्ष प्रमुखता – अधिकांश पौधों में शीर्षस्थ कलिका की उपस्थिति के कारण पार्श्व कलियों की वृद्धि रुकी रहती है जिसे शीर्ष प्रमुखता कहते हैं। शीर्षस्थ कलिका को हटा देने पर पार्श्व कलिका की वृद्धि बढ़ जाती है।

(2) कोशिका दीर्घीकरण – ऑक्सिन के कारण स्तम्भ में दीर्घीकरण एवं वृद्धि, फलों के आयतन में वृद्धि निम्नलिखित प्रभावों के कारण पाई जाती है–

(i) कोशिका भित्ति का निर्माण अधिक होने के कारण,

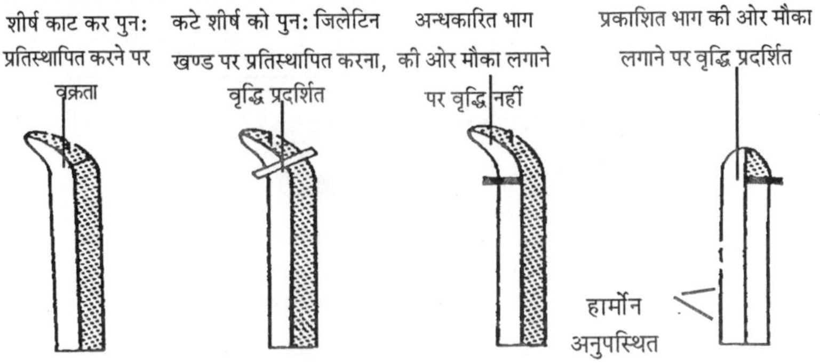

Boysen-Jensen [1910-1913]
बॉयसन तथा जेनसन का प्रयोग

(ii) परासरणीय सान्द्रता के बढ़ जाने के कारण,

(iii) जल के लिये भित्ति की पारगम्यता बढ़ जाने के कारण,

(iv) भित्तिय दाब के कम हो जाने के कारण,

(v) कोशिका भित्ति में लचीलापन अधिक होने के कारण ।

यह 0.01 M सान्द्रता या इससे कम सान्द्रता पर कोशिका दीर्घीकरण को बढ़ाते हैं।

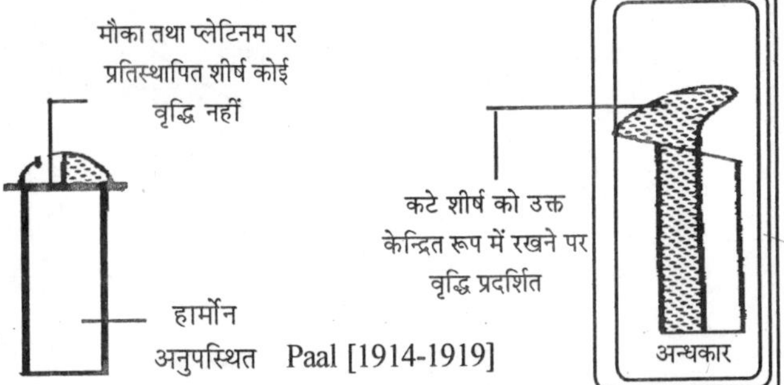

पॉल का प्रयोग Paal [1914-1919]

(3) कोशिका विभाजन – रोपण क्षति के समय एवं कैलस का निर्माण IAA के कारण होता है। संवहन एधा की सक्रियता ऑक्सिन से नियन्त्रित होती है।

(4) अनिषेकफलन – बीज रहित फल का निर्माण होना अनिषेक फलन कहलाता है। IAA, IBA, NAA के प्रभाव से अंडाशय भित्ति का परिवर्तन फल भित्ति में हो जाता है। इन पदार्थों द्वारा नींबू, अंजीर, अमरूद, टमाटर, तरबूज बैंगन आदि में अनिषेकफलन प्रेरित किया जाता है। मुडर के अनुसार फल निर्माण के दौरान अण्डाशय भित्ति की वृद्धि ऑक्सिन द्वारा प्रेरित होती है।

(5) वर्तनी गतियाँ – स्तम्भ में ऑक्सिन की अधिक सान्द्रता वृद्धि प्रेरित करती है। अत: स्तम्भ प्रकाश की ओर (धनात्मक प्रकाशानुवर्तनी) गति करते हैं। जड़ में ऑक्सिन की सान्द्रता होने पर वृद्धि संदमित होती है अत: जड़ें प्रकाश के विपरीत (ऋणात्मक प्रकाशनुवर्तनी) गति करती हैं।

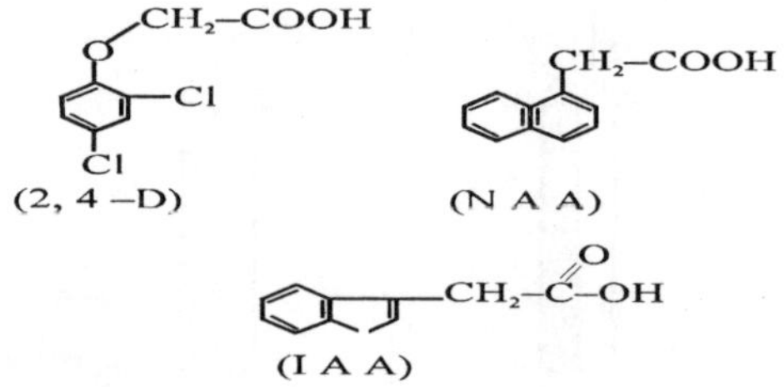

विभिन्न प्रकार के ऑक्सिन की रसायनिक संरचना

(6) जड़ों का प्रारम्भिकरण – जब कलम के आधारी भाग को NAA या IBA की 5–10 ppm सान्द्रता में डुबोकर भूमि में लगाया जाता है तो जड़ें शीघ्रता से उत्पन्न होती हैं। थीमेन

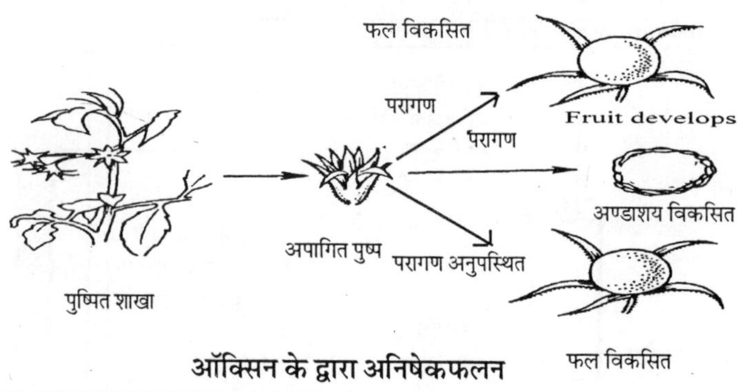

ऑक्सिन के द्वारा अनिषेकफलन

के अनुसार विशेष सान्द्रता पर कटे हुए स्तम्भ पर ऑक्सिन के छिड़काव से अपस्थानिक जड़ें उत्पन्न होती है।

(7) पार्श्व जड़ें - IAA के प्रभाव से पार्श्व जड़ों का निर्माण तीव्रता से होता है।

(8) प्रसुप्तावस्था - सुप्त कलिकाओं पर IBA & NAA का छिड़काव करने से कलियों का अंकुरण रुका रहता है। इन पदार्थों का उपयोग कलिकाओं का लम्बे समय तक संग्रहण करने के लिए किया जाता है।

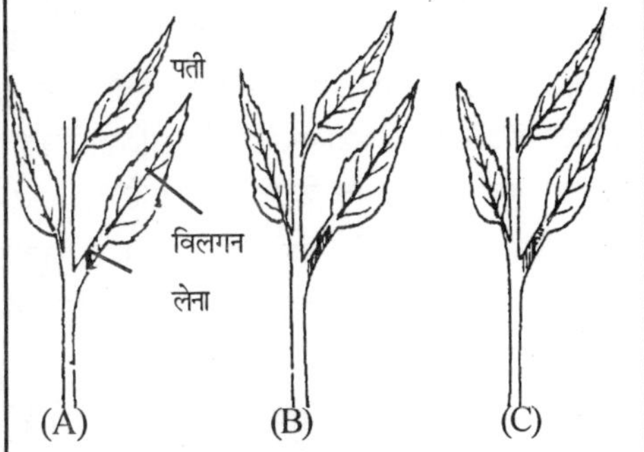

पत्ती में विलगन परत

(9) विलगन परत का नियन्त्रण- एडीकॉट तथा लेन्च के अनुसार, ऑक्सिन की सान्द्रता अधिक होने पर विलगन देर से होता है। विभिन्न फलों के (जैसे-सेव, नाशपती, आम, नींबू आदि) डंठलों के आधार पर विलगन परत बन जाने से ये फल परिपक्वता से पूर्व ही गिर जाते हैं। 2,4-D, 2, 4, 5-T (.001 प्रतिशत) का छिड़काव इन फलों पर करने से पक्वन पूर्व फलों का गिरना रुक जाता है। टमाटर में NAA प्रभावी होता है।

(10) खरपतवार नाशक - कुछ ऑक्सिन्स अनाज के खेतों में अपतृणनाशी या शाकनाशी के रूप में अपतृण या जंगली घास को नष्ट करते हैं, जैसे 2,4-D, 2, 4, 5-T इत्यादि।

(11) पतन की रोकथाम- α-Naphthyl acetamide के प्रभाव से स्तम्भ का आधारीय भाग मजबूत हो जाता है जैसे- गेहूँ में।

(12) श्वसन में वृद्धि - ऑक्सिन के प्रभाव से श्वसन की दर में वृद्धि हो जाती है।

(13) लघु शाखाओं का निर्माण– α-NAA के प्रभाव से लघु शाखाओं का निर्माण होता है जिससे उन पर सेव लगते हैं (सेव के पादप में लम्बी शाखाओं पर फल नहीं लगते)।

(14) फलों का मीठा होना- ऑक्सिन के द्वारा स्टॉर्च का शर्करा में परिवर्तन हो जाता है जिससे फल मीठे हो जाते हैं जैसे 2, 4–D & IBA के प्रभाव से गन्ने में मिठास बढ़ती है।

(15) पुष्पन व फलन- NAAM (Naphthalene acetamide) का कम करना एवं NAA के प्रयोग से पुष्पन को कम किया जा सकता है।

जैसे - आम में प्रथम वर्ष सघन पुष्पन व फलन होता है एवं द्वितीय वर्ष अत्यन्त कम पुष्पन व फलन होता है, अतः इन पदार्थों के प्रभाव से प्रथम वर्ष पुष्पन को कम करके द्वितीय वर्ष में भी सामान्य फल प्राप्त किये जा सकते हैं।

(16) अन्नानास में पुष्पन एवं फलन - अन्नानास में फल निर्माण के समय को कम करके वर्षभर उसमें पुष्पन एवं फलन कराया जा सकता है। NAA, 2,2-D, इसमें सहायक हैं। NAA,

2,4-D से लीची में भी पुष्पन कराया जा सकता है।

(ब) जिबरेलिन्स जापान में कुछ किसानों ने धान के खेत में पतली एवं पीली पत्ती वाले, अधिक लम्बे और कम उत्पादन करने वाले पौधों को देखा। धान के इस रोग को बेकॉनी रोग या मूर्ख नवोद्भिद रोग कहा गया। इस रोग को होरी ने पहचाना। कुरसावा ने बताया कि यह रोग जिब्रेला फ्यूजीकुराई कवक के कारण होता है।

याबुता, युमिकी एवं हयाशी ने इस कवक से जिब्रेलिन को पृथक् करके जिब्रेलिक अम्ल नाम दिया। उन्होंने पाया कि इस कवक से निष्कर्षित रस को धान के स्वस्थ पौधों पर छिड़कने से उनमें भी रोग हो जाता है।

क्रॉस तथा उनके सहयोगियों ने जिब्रेलिक अम्ल की रसायनिक प्रकृति को खोजकर कवक से 6 जिब्रेलिक अम्ल निष्कर्षित किये, जिनको GA_1, GA_2, GA_3, GA_4, GA_7, GA_9 कहा जाता है। हाशिमोटो तथा उनके सहयोगियों ने जिब्रेलिक अम्ल की अम्लीय प्रकृति को खोजा।

वितरण - यह हार्मोन शैवाल, कवक से लेकर पुष्पीय पौधों तक सभी में पाया जाता है। पौधों में सबसे अधिक पाया जाने वाला जिब्रेलिन GA_3 है। उसकी गति सभी दिशाओं एवं ऊतकों में (जाइलम व फ्लोयम) होती है।

रसायनिक प्रकृति तथा गुण - इनकी रसायनिक संरचना में अम्लीय गिब्बेन वलय पायी जाती है। इनका नामकरण जिब्रेलिक अम्ल GA_1, GA_2, GA_3 प्रकार से किया जाता हैं

$GA_1 = C_{19}H_{24}O_6$

$GA_2 = C_{19}H_{26}O_6$

$GA_3 = C_{19}H_{22}O_6$

$GA_4 = C_{19}H_{24}O_5$

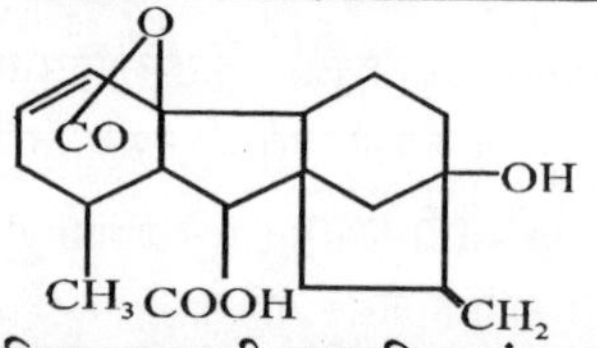

जिब्रेलिन अम्ल की रसायनिक संरचना

जिब्रेलिन के प्रभाव

(1) अनिषेकफलन - ऑक्सिन की अपेक्षा जिब्रेलिन के प्रभाव से अनिषेकफलन अधिक सरलता से कराया जा सकता है, जैसे - सेव, नाशपाती। अरिल फलों में जिब्रेलिन द्वारा ही अनिषेकफलन होता है।

(2) पर्व दीर्घीकरण - जिब्रेलिन के द्वारा पर्वों की कोशिकाओं का दीर्घीकरण होने से स्तम्भ की लम्बाई बढ़ती है। अनुवांशिकी रूप से बौने पौधों को जिब्रेलिन देने पर ये पौधे लम्बे हो जाते हैं। वॅरनर के अनुसार, जिब्रेलिन अनुवांशिक स्तर पर जीन्स को प्रभावित करता है। इसके अन्तर्गत यह निष्क्रिय जीन्स से नये प्रोटीन निर्माण को प्रेरित करता है।

(3) बॉल्टिंग लैंग के अनुसार- द्विवर्षीय पौधों में (जिनके स्तम्भ ह्रासित होते हैं, जैसे- गोभी, गाजर तथा हैनबेन) जिब्रेलिन्स के प्रभाव से उर्ध्व दिशा में वृद्धि प्रारम्भ हो जाती है तथा पुष्पक्रम उत्पन्न हो जाता है उसे बॉल्टिंग कहते हैं। अरनेय के अनुसार बॉल्टिंग में जिब्रेलिन अग्रस्थ विभज्योतक में कोशिका विभाजन को प्रेरित करता है।

(4) प्रसुप्तास्था को दूर करना - जिब्रेलिन के प्रभाव से कन्द एवं शीतकालीन कलियों

का अंकुरण प्रारम्भ हो जाता है तथा उसकी प्रसुप्तावस्था दूर हो जाती है, जैसे- आलू।

(5) LDP में शीघ्र पुष्पन- जिब्रेलिन के प्रभाव से LDP (हैनबेन) पौधों में लधु प्रदीप्त अवधि में ही पुष्प उत्पन्न हो जाते हैं।

(6) वसन्तीकरण का प्रतिस्थापन- कुछ द्विवर्षीय पौधों में वसन्तीकरण को जिब्रेलिन द्वारा प्रतिस्थापित किया जाता है। जिब्रेलिन के प्रभाव से पुष्पन को निम्न ताप की आवश्यकता नहीं होती।

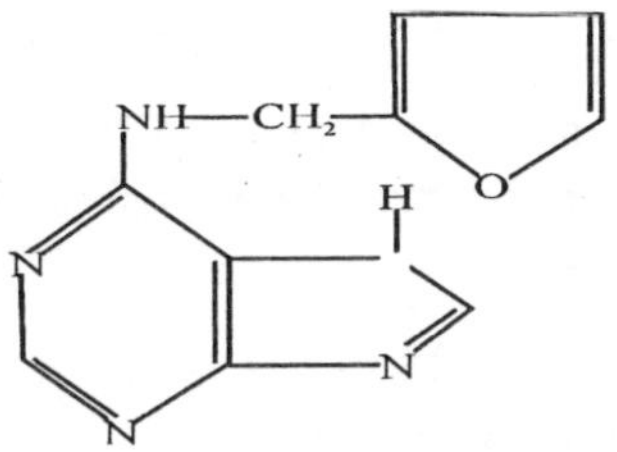

काइनेटिन की रसायनिक संरचना

(7) धान्य बीजों का अंकुरण- जिब्रेलिन के प्रभाव से अंकुरित बीजों की एल्यूरॉन परतों में प्रोटीएज लाइपेज एमाइलेज का निर्माण हो जाता है। इन विकरों के कारण भ्रूणपोष में उपस्थित भोजन के विघटन से उनके स्थानान्तरण वृद्धि बिन्दुओं तक शीघ्रता से होता है जिसके फलस्वरूप वृद्धि होती है।

(8) लिंग विभेदन -जिब्रेलिन के प्रभाव से पौधों में पुंजननता उत्पन्न होती है।

(9) प्रकाश संवेदी बीजों का अंकुरण- जिब्रेलिन से बीजों को उपचारित करके बीजों को अंधेरे में भी उगाया जाता है, जैसे- सलाद एवं तम्बाकू के बीज।

(10) पुष्पों का निर्माण - जिब्रेलिन के द्वारा एलडीपी में पुष्पों का निर्माण प्रेरित होता है।

(11) जीर्णता नियंत्रण - पत्तियों में जिब्रेलिन के प्रभाव से जीर्णता पर नियन्त्रण पाया जाता है।

(12) प्रकाश संदमित सतम्भ वृद्धि - प्रकाश में वृद्धि करने वाले स्तम्भ में जिब्रेलिन के प्रभाव से ही ये स्तम्भ अंधेरे में वृद्धि करते हुए स्तम्भों जैसे हो जाते हैं।

(स) साइटोकाइनिन्स

वह रसायन जो कोशिका विभाजन को प्रेरित करते हैं, साइटोकाइनिन्स कहलाते हैं। इनकी खोज मिलर ने हेरिंग मछली के शुक्राणुओं के डीएनए से की तथा काइनेटिन नाम दिया। लेथन (1953) ने इनका वर्गीय नाम साइटोकाइनिन्स दिया।

मक्का के बीजों से जियाटिन नामक साइटोकाइनिन भी लेथन ने खोजा।

Pilet (1963) ने साइटोकानिन को Phytocytomine, Burstrom (1961) ने Kinetenoid

तथा Dendephen (1936) ने Phtokinin नाम दिया।

वितरण – यह सभी पादप तथा सूक्ष्म जीवों में पाया जाता है। पार्श्वविभज्योतक, जैसे-संवहन एधा तथा कॉर्क एधा इसके निर्माण स्थल होते हैं। इसका निर्माण सिरिन एवं t-RNAसे होता है।

रसायनिक प्रकृति तथा गुण– काइनेटिन हार्मोन को 6-furfuryl-amino-purine कहा जाता है। इसकी रसायनिक संरचना में एडीनीन के व्युत्पन्न प्यूरिन क्षार पाये जाते हैं। काइनेटिन के अतिरिक्त प्रकृति में जियाटिन तथा नारियल पानी–कारक साइटोकाइनिन पाये जाते हैं। जियाटिन प्रकृति में पाये जाने वाले सभी साइटोकाइनिन्स में सर्वाधिक सक्रिय होता है।

जियाटिन को 6-Isopentanil aminopurine कहा जाता है। विल्सन ने जियाटिन का संश्लेषण किया। नारियल के पानी में काइनेटिन के समान तत्व पाये जाते हैं जिसका उपयोग ऊतक संवर्द्धन में किया जाता है।

वॉन ओवरबिक ने नारियल पानीकारक (CMF) नाम दिया। Benzyl adenine & Ethoxythyl adinine संश्लेषित काइनेटिन हैं।

साइटोकाइनिन के प्रभाव –

(क) कोशिका विभाजन – साटोकाइनिन स्थाई कोशिका में ऑक्सिन के साथ विभाजन प्रेरित करते हैं। इसको वास्तविक कोशिका विभाजन का कारक कहते हैं।

(1) शीर्ष प्रमुखता का विरोध– साइटोकाइनिन के प्रभाव से शीर्ष कलिका की उपस्थिति में पार्श्व कलिकाओं की वृद्धि भी हो जाती है। अतः साइटोकाइनिन व ऑक्सीजन की सान्द्रता के सन्तुलन से शीर्ष प्रभाविता को नियन्त्रित किया जाता है।

(2) जीर्णता में देरी– रिचमॉण्ड तथा लैंग के अनुसार, साइटोकाइनिन से प्रोटिन तथा क्लोरोफिल का विघटन अत्यधिक देरी से होता है जिसे रिचामण्ड– लैंग प्रभाव कहा जाता है। समय प्रभाव के कारण पत्तियां पीली होकर अन्ततः मर जाती हैं (पर्णहरिम नष्ट एवं प्रोटीन्स का विघटन होकर) अतः साइटोकाइनिन उपचारित क्षेत्र में प्रोटीन्स का अधिक निर्माण हो कर, जीर्णता प्रभाव कई दिनों के लिये स्थगित हो जाता है।

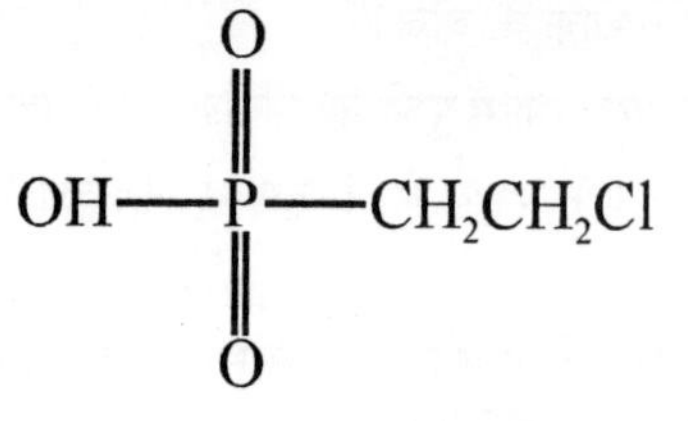

इथेफॉन की रसायनिक संरचना

(3) प्रकाश संवेदी बीजों का अंकुरण– साइटोकाइनिन से उपचारित बीजों को अंधकार में उगाया जा सकता है, जैसे–सलाद व तम्बाकू के बीज।

(4) प्रतिरोधकता – साइटोकाइनिन के कारण उच्च ताप या निम्न ताप या रोगों के प्रति

प्रतिरोधकता बढ़ जाती है।

(ख) संरचना विकास - स्कूग तथा मिलर ने काइनेटिन तथा ऑक्सिन (IAA) का ऊतक संवर्द्धन में निम्न प्रभाव बताया

(i) High Kinetin + Low Auxin ⟶ Buds formation

(ii) Low Kinetin + High Auxin ⟶ Roots formation

तम्बाकू कैलस में उच्च ऑक्सिन व कम साइटोकाइनिन सा॰॒ता से जड़ों का निर्माण प्रारम्भ हो जाता है।

$$\text{High} \xrightarrow[\text{Auxin}]{\text{Cytokinin}} \text{Ratio}$$

(द) इथीलीन -

यह एक असंतृप्त हाइड्रोकार्बन तथा गैसीय हार्मोन होता है। यह गैस अत्यन्त सूक्ष्म मात्रा (0.1 ppm) में वृद्धि को नियन्त्रित करती है।

वर्ग (Burg, 1962) में सर्वप्रथम इसकी गैसीय प्रकृति को बताया। जिमरमैन और क्रॉकर ने इस गैसीय हार्मोन की फल पकाने की प्रकृति को खोजा। वैलेस ने बताया कि यह गैस पादपों की पत्तियों में विलगन प्रेरित करती है।

गोसिल ने इसे प्राकृतिक पादप हार्मोन बताया। डेबिस तथा गॉल्सटन ने इस हार्मोन को वृद्धि नियंत्रक कहा।

वितरण - फलों के परिपक्वन के समय इस हार्मोन का निर्माण होता है इसलिए इसे फल परिपक्वन हार्मोन कहते हैं। पादपों में इसका संश्लेषण फ्यूमैरिक अम्ल या वसा या अमीनो अम्ल से होता है। मिथियोनिन नामक अमीनो अम्ल को इस हार्मोन का पूर्वगामी कहा जाता है। इसका विसरण पादप अंगों की सतह द्वारा होता है। इसका व्यापारिक नाम Ethiphon (2-Chloroethyl phosphoric acid)) है।

इथाइलीन के प्रभाव -

(1) **फलों का पकना** - यह फलों को पकाने में सहायक होती है।

(2) **विलगन** - यह पत्तियों, फलों व पुष्पों के विलगन को प्रेरित करता है।

(3) **निद्रा रोग** - इसकी अधिक सान्द्रता पर पुष्पीय कलिका का खुलना रुक जाता है जिसे निद्रा रोग कहते हैं।

(4) **प्रसुप्तावस्था**- इथीलीन के द्वारा बीजों में अंकुरण का उद्दीपन होता है तथा पार्श्व कलियों की वृद्धि रूक जाती है।

(5) **लिंग परिवर्तन** - इस हार्मोन के प्रभाव से मादा पुष्पों की संख्या में वृद्धि हो जाती है।

(6) **वृद्धि**- इसके द्वारा समव्यासी वृद्धि होती है।

(7) **जड़ वृद्धि** - इसके प्रभाव से जड़ की उत्पत्ति, पार्श्व मूलों का निर्माण, मूल रोमों का निर्माण आदि प्रेरित होते हैं।

(8) पुष्पन – इथीलीन के प्रभाव से ऑक्सिन के समान अन्नानास में पुष्पन होता है।

(9) जीर्णता – इसके प्रभाव से पत्तियां पीली होकर नष्ट हो जाती हैं। पर्ण में ऊपरी वक्रण या प्रेरित होती है।

(10) अगुरूत्वानुवर्तन – इसके प्रभाव से ऑक्सिन का स्थानान्तरण रुक जाता है तथा स्तम्भ अगुरूत्वानुवर्तनी हो जाती है।

रोचक विशिष्टताएं -

पादप जगत् में सार्वत्रिक वितरण वाला हार्मोन जियाटिन है। जिब्रेला फ्यूजीकुराई कवक से 15 प्रकार के जिब्रेलिक अम्ल निष्कर्षित किये गये हैं। अमेरिका द्वारा वियतनाम युद्ध के दौरान वनों को नष्ट करने के लिए 2,4–D तथा 2,4, 5–T के मिश्रण का उपयोग किया गया था तथा NPN को प्रतिआक्तिसजन कहा जाता है।

वृद्धि संदमक -

ऐसे हार्मोन्स जो वृद्धि की दर को घटाते हैं, उनको वृद्धि संदमक कहा जाता है। सर्वप्रथम ओसबोर्न ने पौधों में वृद्धि संदमक पदार्थों की उपस्थिति को बताया। इसके अन्तर्गत निम्नलिखित हार्मोन वर्गीकृत किये गये हैं–

(अ) एब्सीसिक अम्ल, (ब) मॉरफैक्टिन्स।

(अ) एब्सीसिक अम्ल – रॉबिन्सन तथा वेयरिंग ने ABA को एसर की पर्णों से पृथक् करके डॉर्मिन नाम दिया। कॉन्स, एडीकॉट एवं ऑकहुमा ने इसको कपास के फलों से निष्कर्षित करके एब्सीसिन–II दिया।

ऑकहुमा ने ABA की संरचना को खोजा। इस पदार्थ का नाम ABA रखा गया जिसका रसायनिक सूत्र $C_{15}H_{20}O_4$ होता है।

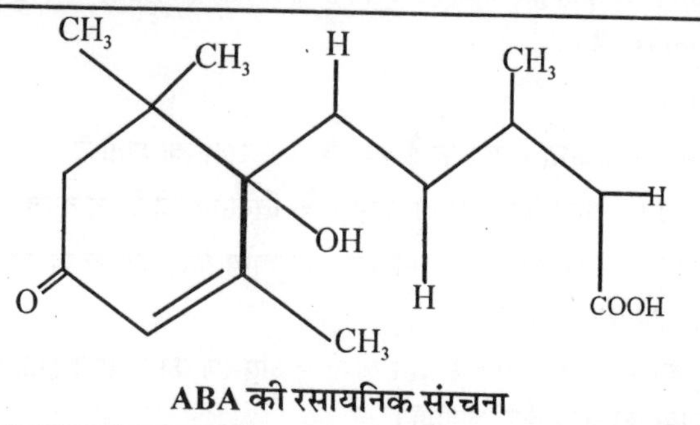

ABA की रसायनिक संरचना

वितरण– यह हार्मोन मॉस, टेरिडोफाइटा, अनावृत्तबीजी तथा आवृत्तबीजीयों में पाया जाता है। यह शैवालों, लिवरवर्ट्स तथा सरकोस्पोरा रेसिकोला नामक कवक में लूनारिक अम्ल के रूप में पाया जाता है। यह प्रायः जिब्रोलिन के द्वारा प्रेरित क्रियाओं को रोकता है इसलिए इसे जिब्रोलिन–प्रतिरोधी भी कहा जाता है। मेवेलोनिक अम्ल को ABA का पूर्वगामी कहा जाता है।

ABA के प्रभाव -

(1) **पुष्पन** - लघुदिवसीय पौधों में ABA के कारण पुष्प निर्माण संदमित होता है।

(2) **पत्तियों का विलगन** - यह विलगन को प्रेरित तथा कोशिका विभाजन को रोकता है।

(3) **आलू में कन्द निर्माण** - आलू में कन्द निर्माण इसके द्वारा प्रेरित होता है।

(4) **जीर्णावस्था** - ABA के प्रभाव से पत्तियों में उपस्थित प्रोटीन तथा क्लोरोफिल विघटित हो जाने से पत्तियां पीली पड़ जाती है।

(5) **बीज एवं कलियों की प्रसुप्ति** - यह कलियों तथा बीजों में प्रसुप्त अवस्था बनाये रखता है।

(6) **वृद्धि संदमन** - इसके द्वारा कोशिका वर्द्धन एवं कोशिका विभाजन दोनों ही संदमित होते हैं।

(ब) मॉरफैक्टिन्स - यह Flourine-carboxylic acid व्युत्पन्न हॉर्मोन है जिसका कृत्रिम संश्लेषण किया जाता है। इनके द्वारा पर्णफलक का विकास एवं तने की लम्बाई में वृद्धि रुक जाती है। यह पौधे की पार्श्व कलिकाओं की वृद्धि को प्रेरित करके झाड़ी के समान बनाते हैं। यह पादप के सभी अंगों की वृद्धि को प्रभावित करते हैं। यह पौधे की अकारीकी में परिवर्तन करते हैं। यह बीजांकुरण प्रभावित करते हैं।

अन्य हार्मोन्स

(1) **मैलिक हाइड्रेजाइड** - इसके प्रभाव से भण्डार गृह में रखे हुए आलू एवं प्याज का प्रस्फुटन रुक जाता है। यह कृषि में अत्यधिक उपयोगी होता है।

(2) **ए.एम.ओ. 1618** - पौधों के वायवीय भागों पर इसका छिड़काव करने से वृद्धि कम हो जाती है। इसका उपयोगी युद्ध के दौरान पौधों को नष्ट करने में किया जाता है।

(3) **क्लोरोकोलिन क्लोराइड या C C C**- यह पुष्प निर्माण को प्रेरित करता है तथा सन्धियों की वृद्धि को कम करता है।

(4) **फ्लोरीजन** - इसकी खोज कॉजलाचार्जान ने की। यह हार्मोन रात्रि तथा दिन के अन्तराल में उपापचयी क्रियाओं के फलस्वरूप पौधों की पत्तियों में उत्पन्न होते हैं तथा शाखाओं से स्थानान्तरित होकर पुष्पकलिका की वृद्धि को प्रेरित करता है।

(5) **वर्नेलिन** - मैलकर्स के अनुसार यह वृद्धि शीर्ष के द्वारा बसन्तीकरण के लिए उत्तरदायी होता है।

सारांश

किसी जीव के शुष्क भार, आयतन, आकार एवं स्वरूप में होने वाली चिरस्थायी तथा अनुत्क्रमणीय बढ़ोतरी को वृद्धि कहते हैं। थैलोफाइटा या निम्न श्रेणी के पौधों में विसरित प्रकार की वृद्धि पाई जाती है। एक निश्चित समय में किसी विशेष भाग के आधार या भार में होने वाली वृद्धि को उसकी वृद्धि दर कहते हैं। यदि समय के साथ वृद्धि दर का ग्राफ बनाया जाता है तो उसे सिग्माइड वक्र या एस-वक्र कहते हैं। वृद्धि की पश्चता अवधि में विभिन्न आवश्यक परिवर्तन

होते है। वृद्धि की लॉग अवधि में वृद्धि दर तीव्र होती है। वृद्धि की अधोनतन अवधि में उपापचयी क्रियायें धीमी पड़ने के कारण वृद्धि दर कम हो जाती है। वृद्धि की कुल अवधि को संयुक्त रूप से समग्न वृद्धि काल कहा जाता है। वृद्धावस्था में वृद्धि दर लगभग शून्य हो जाती है, अतः इस अवधि को जीर्णता अवधि कहते हैं। उच्च प्रकाश तीव्रता में वृद्धि दर कम हो जाती है किन्तु सान्द्र प्रकाश तीव्रता में वृद्धि दर सामान्य होती है। प्रकाश की अनुपस्थिति में स्तम्भ पतले, लम्बे, पत्तियां, संकरी एवं पीली हो जाती है ऐसे पौधों को पाण्डुरित पौधे कहते हैं। वृद्धि के लिए न्यूनतम ताप 5°C. अनुकूलतम ताप 20-30°C. तथा अधिकतम ताप 35-40°C होता है। जब मृदा में कार्बोहाइड्रेटस की मात्रा अधिक तथा नाइट्रोजन की मात्रा कम होती है तब वृद्धि तथा नाइट्रोजन की मात्रा अधिक होती है तब वृद्धि दर घट जाती है। सर्वप्रथम हार्मोन शब्द का उपयोग स्टर्लिंग ने उत्तेजनाकारी पदार्थ के लिए किया। थिमेन ने फाइटोहार्मोन नाम दिया। पौधों में कुछ विशेष प्रकार के रसायनिक पदार्थ सूक्ष्म मात्रा में पौधों की वृद्धि पर प्रभाव डालते हैं किन्तु अधिक मात्रा में यह वृद्धि को कम या असामान्य करते हैं। इन पदार्थों को वृद्धि नियन्त्रक या वृद्धि हार्मोन्स कहते हैं। वह हार्मोन्स जो वृद्धि की दर को बढ़ाते हैं, उनको वृद्धि प्रवर्द्धक कहते हैं। यह ऑक्सिन, जिबरेलिन्स, साइटोकाइनिन्स एवं इथीलीन प्रकार के होते हैं। ऐसे हार्मोन्स जो वृद्धि की दर को घटाते हैं, उनको वृद्धि संदमक कहा जाता है यह एब्सीसिक अम्ल तथा मॉरफैक्टिन्स प्रकार के होते हैं।

स्ट्राइगा एथिएटिका के बीजों का अंकुरण उसके पोषित पादप के सम्पर्क में होने पर ही होता है किन्तु साइटोकाइनिन के द्वारा पोषित की अनुपस्थिति में यह बीज अंकुरित हो जाते हैं। साइटोकाइनिन का जैविक परीक्षण क्लोरोफिल संरक्षण परीक्षण से किया जाता है।

ताजा मटर में 9 mg./130 Kg ABA पाया जाता है। कपास के शुष्क फल में 90 mg./225 Kg ABA पाया जाता है।

ट्रोमेटिन – पौधों में घावों के भरने के समय ट्रोमेटिन नामक हार्मोन सक्रिय होता है। इसकी खोज हैबरलैण्ड ने की तथा इग्लिंश ने इसका क्रिस्टलीकरण एवं निष्कर्षण करके ट्रोमेटिन अम्ल नाम दिया। एक पौधों में एक समय में केवल एक ऑक्सिन ही पाया जाता है। PAA नामक प्राकृतिक ऑक्सिन में इण्डोल समूह नहीं होता। फाइटोक्रोम द्वारा सलाद के बीजों का अंकुरण, द्विबीजपत्रीयों में पत्तियों का विस्तार, हरित लवकों का विकास एवं पांडुरता का संदमन होता है। गुलदाउदी में पार्श्व कलिकाओं के हटाने पर शीर्षस्थल पुष्पक्रम के आकार में वृद्धि हो जाती है। साइटोकाइनिन के प्रभाव से फ्लोएम में नाट्रोजनी पदार्थों का संवहन अधिक हो जाता है। 20,000 टन जई के शीर्ष के एक ग्राम IAA प्राप्त किया जाता है।

सम्पर्क तृणनाशक को सम्पर्क तृणनाशक कहते हैं क्योंकि यह जिस पादप के सम्पर्क में आता है उसे नष्ट कर देता है।

योगवाही प्रभाव– ऑक्सिन तथा साइटोकाइनिन दोनों संयुक्त रूप से शारीरिक संरचना के विकास में लाभदायक प्रभाव उत्पन्न करते हैं, जिसे योगवाही प्रभाव कहा जाता है।

विरोधी प्रभाव- जिब्रेलिक अम्ल बीज अंकुरण को प्रेरित करता है जबकि ABA बीज

अंकुरण को संदमित करता है, इसलिए इनके प्रभाव को विरोधी प्रभाव कहा जाता है।

मुक्त ऑक्सिन– ऐसे ऑक्सिन जिनको विसरण द्वारा निष्कर्सित किया जा सकता है उनको मुक्त ऑक्सिन कहते हैं।

परिबन्ध ऑक्सिन– ऐसे ऑक्सिन जिनको विसरण द्वारा निष्कर्सित नहीं किया जा सकता उनको परिबन्ध ऑक्सिन कहते हैं।

तनाव हार्मोन– ABAको तनाव हार्मोन कहते हैं क्योंकि इसका निर्माण पर्ण की कोशिकाओं में जलाभाव की स्थितियों में बढ़ जाता है तथा यह वाष्पोत्सर्जन प्रतिरोधी के रूप में कार्य करता है।

IPA– पौधों में सर्वाधिक पाया जाने वाला सायटोकाइनिन IPA है। जिसको पृथक् किया गया है।

फेर्मोन्स– ऐसे विशिष्ट रसायन जो वायु, जल या भूमि के माध्यम से विसरित होकर कार्यिकी क्रियाओं को प्रभावित करते हैं उन्हें फेर्मोन्स कहा जाता है।

आन्तरिक संरचनाः मूल तथा स्तम्भ

पौधे के किसी भाग की आंतरिक संरचना देखने के लिए उस भाग को अनुप्रस्थ और अनुलम्ब काटों में काटा जाता है। अनुलम्ब या अनुदैर्ध्य काट अंग के बिल्कुल मध्य से काटे जाते हैं तो अरीय और यदि किसी जगह से परिधि के निकट ही काटे जाते हैं तो स्पर्शीय कहलाते हैं। आवृतबीजी पौधे चूंकि, एकबीजपत्री और द्विबीजपत्री दो प्रकार के होते हैं इसलिए इनकी जड़ों व तनों की आंतरिक संरचना में अन्तर को देखते हुए यहां इसी आधार पर अध्ययन करेगें।

मूलों की आन्तरिक संरचनाः मुख्य लक्षण

मूल, पौधे का भूमिगत भाग है। यह अवशोषण तथा पौधे को स्थिर रखने का प्रमुख कार्य करती है। सामान्यतः यह भ्रूण के मूलांकुर से बनती है। इसमें 1. अधस्त्वचा नहीं होती। 2. एककोशिकीय मूल-रोम अधिचर्म की विशेषता है। 3. जाइलम सदैव बाह्यआदिदारुक होता है। 4. संवहन पूल अरीय होते हैं।

द्विबीजपत्री मूल

चना, मटर, सेम इत्यादि के नवोद्भिद के सिरे से कुछ ऊपर के प्रदेश के अनुप्रस्थ काट में सूक्ष्मदर्शी की सहायता से देखने पर तीन प्रकार के ऊतक तंत्र दिखाई पड़ते हैं।

1. सबसे बाहरी अधिचर्म स्तर।

2. अधिचर्म के अन्दर अन्तस्त्वचा तक भरण ऊतक ।

3. **रम्भ–** बीच का भाग जिसमें अन्तस्त्वचा तथा इसके अन्दर के सभी ऊतक सम्मिलित हैं, प्रमुख रूप से जाइलम, फ्लोएम, परिम्भ तथा कुछ मात्रा में मज्जा। ऊतकों के विन्यास के लिए बाहर से अन्दर की ओर, निम्नलिखित विवरण देखिए।

(क) मूलीय त्वचा, या रोमधर स्तर– यह कोशिका मोटा स्तर है तथा इनकी अधिकतर

कोशिकाएं बाहर की ओर उभर कर रोम बनाती हैं। इसीलिए इस स्तर का नाम रोमधर स्तर है। इस स्तर पर उपचर्म रन्ध्र रचनाएं भी नहीं होती।

(ख) वल्कुट- कई कोशिका मोटा स्तर हैं तथा मृदूतकी कोशिकाओं का बना होता है। प्रत्येक कोशिका समव्यासी तथा प्राय: गोल होती हैं। अत: अन्तरकोशिकीय अवकाश काफी अधिक होते हैं। सभी कोशिकाएं जीवित होती हैं तथा मण्ड कण एकत्रित करती हैं। प्रारम्भिक अवस्थाओं में वल्कुट की कोशिकाएं जल और उसमें घुले खनिज लवणों का स्थानान्तरण करती है। पुरानी अवस्थाओं में वल्कुट की बाहरी कोशिकाएं क्यूटिन युक्त या लिग्नीभूत होकर नष्ट हो जाने पर रक्षक आवरण बनाती हैं। यह स्तर एक्सोडर्मिस कहलाता है।

(ग) अन्तस्त्वचा- यह वल्कुट का अन्तिम भीतरी स्तर है। वैज्ञानिक इसे संवहन ऊतक का सबसे बाहरी स्तर मानते हैं। इसकी कोशिकाएं पीपे के आकार की होती हैं और इनकी अरीय भित्तियां आपस में सटी रहती हैं। कभी-कभी इनकी अन्य भित्तियां भी लिग्नीभूत हो जाती हैं। इन कोशिकाओं में मण्ड कण भरे रहते हैं। प्रोटोजाइलम के सामने अन्तस्त्वचा की कोशिकाए निश्चित रूप से पतली भित्ति वाली होती हैं। इन कोशिकाओं को मार्ग कोशिकाएं कहते हैं।

(घ) परिरम्भ- मृदूतकी कोशिकाओं से बना हुआ, अधिकांश मूलों में, एक कोशिका मोटा स्तर होता है। यही स्तर रम्भ की सीमा बनाता है। इसकी कोशिकाएं सदैव पतली भित्ति वाली होती हैं।

(ड) संवहन पूल- संवहन पूल, अरीय होते हैं अर्थात् जाइलम और फ्लोएम अलग-अलग त्रिज्याओं पर स्थित होते हैं। इस प्रकार अनुप्रस्थ काट में जाइलम और फ्लोएम गोलाई में एक दूसरे के एकान्तर क्रम में होते हैं। जाइलम सदैव बाह्यआदिदारुक होते हैं। प्राय: पूलों की संख्या दो से पांच तक परन्तु कभी-कभी असाधारणत: ज्यादा भी होती है। आदिदारु की संख्या के आधार पर रम्भ को द्विआदिदारुक- जब दो हों, त्रिआदिदारुक- जब तीन हों, चतुरादिदारुक जब चार हों, आदि नामों से पुकारा जाता है। प्राथमिक अवस्थाओं में जाइलम और फ्लोएम के बीच एधा नहीं होती है। संवहन पूलों के चारों ओर मृदूतकी कोशिकाएं होती हैं। ये तन्त संयोजी ऊतक कहलाती हैं। कभी-कभी फ्लोएम के बाहर की ओर यह संयोजी ऊतक दृढोतकी हो जाती है। जैसे- मटर, चना इत्यादि की जड़ों में।

(च) मज्जा या पिथ- जड़ों में मज्जा मृदूतकी कोशिकाओं का बना केन्द्रीय भाग है जो यदि उपस्थित होता है तो बहुत छोटा होता है अन्यथा अनुदारु के केन्द्र में स्थित होने के कारण बहुत से द्विबीजपत्री पौधों की जड़ों में मज्जा नहीं होती।

चने की मूल की आन्तरिक संरचना- अनुप्रस्थ काट में यह संरचना प्रारुपिक होती है। यहां दारु, चतुरादिदारुक होता है। अधोवाही के बाहर परिरम्भ में लगी हुई दो-तीन कोशिका मोटी परत दृढोतक की होती है। काशी फल की जड़ में दृढोत्तक नहीं होती किन्तु मज्जा अधिक विकसित होती है। कुछ पौधों की मूल में बाह्य त्वचा के अंदर दो-तीन कोशिका मोटी, मृदूतकीय किन्तु सघन परत पाई जाती है। इसे एक्सोडर्मिस कहते हैं। जैसे- गिलोय। □□□

अध्याय 10

पादप में गतियाँ

सर्वप्रथम डार्विन ने प्रतानों की गतियों को देखा। सजीव पौधों में वातावरण के प्रभाव से या कुछ आन्तरिक परिवर्तनों के कारण से उनका सम्पूर्ण शरीर या शरीर का कोई अंग अपनी स्थिति में परिवर्तन करता है, ऐसे परिवर्तन को गति कहते हैं। गति जीवद्रव्य की संवेदनशीलता या उत्तेजना के कारण होती हैं। जीवद्रव्य का वह गुण जिसके कारण उसमें किसी उद्दीपन को ग्रहण करने एवं उसके प्रति अनुक्रिया करने की शक्ति होती है, उसे उत्तेजनशीलता या संवेदनशीलता कहते है। वरबॉर्न के अनुसार, वातावरण में होने वाला वह परिवर्तन जो सजीवों को अनुक्रिया करने के लिए प्रेरित करता है, उसे उद्दीपन कहते हैं। उद्दीपन विभिन्न प्रकार के हो सकते हैं, जैसे – प्रकाश, ताप, स्पर्श, गुरूत्वाकर्षण इत्यादि ।

गतियों के प्रकार –

पौधों में होने वाली गतियों को निम्नलिखित दो समूहों में वर्गीकृत किया जाता है।

अ. आर्द्रताग्राही गतियाँ , ब. जैविक गतियाँ ।

अ. आर्द्रताग्राही गतियाँ – इन गतियों को यांत्रिक गतियां भी कहते है। यह पादप के निर्जीव भागों में पाई जाती है तथा यह निम्नलिखित दो प्रकार की होती है– 1. हाइड्रोकेसी 2. जीरोकेसी

1. हाईड्रोकेसी – ऐसी आर्द्रताग्राही गति जो जल के अन्तःचूषण द्वारा होती है उसे हाइड्रोकेसी कहते हैं, जैसे मॉस के परिदन्त एवं इक्वीसीटम के इलेटर्स में होने वाली गति।

2. जीरोकेसी – ऐसी आर्द्रताग्राही गति जो जल की क्षति द्वारा होती है उसे जीरोकेसी कहते है जैसे–मार्केन्शिया के इलेटर्स में होने वाली गति तथा फर्न की बीजाणुधानी में होने वाली गति ।

ब. जैविक गतियाँ – यह पादप के सजीव भागों में पाई जाती है तथा यह निम्नलिखित दो प्रकार की होती है– 1. चलन गतियाँ, 2. वक्रण गतियाँ।

1. चलन गतियाँ – ऐसी गति जिसमें जीवद्रव्य कोशिका के अन्दर चलन, जीवद्रव्य में नग्न कोशिकांगों का चलन एवं एककोशीकीय पौधों के अंगों के चलन के कारण होती है उसे चलन गतियाँ कहते है। यह गतियाँ निमनलिखित दो प्रकार की हो सकती है –

क. स्वतः गतियाँ , ख. प्रेरित गतियाँ ।

क. स्वतः गतियाँ – इस प्रकार की गतियाँ पादप के शरीर की आन्तरिक योग्यताओं एवं कारकों के फलस्वरूप होती है। इन गतियों को निम्नलिखित चार प्रकार में बाँटा जाता है–

1. अमीबीय गति – इस प्रकार की गति कूटपाद के द्वारा होती है जैसे – अपवंक कवक में प्लाज्मोडियम की गति, स्पाइरोगाइरा के युग्मकों की गति तथा आवृत्तबीजीयों के टेपीटम

की गति।

2. **पक्ष्माभिकीय गति** – यह गति पक्ष्माभिका द्वारा होती है, जैसे के मुख्य पादप में होने वाली गति के चलबीजाणुओं एवं युग्मकों में हो वाली गति तथा चल बीजाणु की गति।

3. **जीवद्रव्यभ्रमण** – जब जीवद्रव्य रिक्तिका के चारों ओर गति करता है तो उसे जीवद्रव्य भ्रमण कहते हैं। यह निम्नलिखित दो प्रकार का होता है –

 (i) **घूर्णन** – जब कोशिका में जीवद्रव्य रिक्तिका के चारों ओर केवल एक दिशा में गति करता है, तो यह घूर्णन कहलाता है जैसे कि पत्तियों में होने वाली गति

 (ii) **परिसंचरण** – जब जीवद्रव्य रिक्तिकाओं के चारों ओर विभिन्न दिशाओं में गति करता है जैसे के प्ररोह रोम तथा पंकेसरी के रोम में होने वाली गति।

4. **अ-पक्ष्माभिकीय गति** – यह गति पक्ष्माभिकाओं के अतिरिक्त विसर्पण या उत्सर्जन द्वारा होती है–

 (i) **विसर्पी गति** – इस प्रकार की गति में पायी जाती है।

 (ii) **उत्सर्जनी गति** – शीर्ष से श्लेष्मा स्रावित होता है तथा स्रावण के विपरीत दिशा में यह गति घड़ी के पैण्डुलम के समान इधर- उधर हिलते रहने से होती है।

ख. प्रेरित गतियाँ – यह गतियां बाह्य कारकों के एकदिशीय (रसायनिक पदार्थ, प्रकाश या ताप) द्वारा प्रेरित होती है। इस प्रकार की गतियों को अनुचलनी गतियाँ कहते हैं। यह गतियां पादप के सूक्ष्म अंगों (जैसे-युग्मक में) अथवा अत्यन्त सूक्ष्म एककोशिकीय सम्पूर्ण पादप शरीर में होती है। इन गतियों को निम्नलिखित छः प्रकार में बांटा गया है –

1. **रसायनुचलनी गति** – इस प्रकार की गतियां रसायनिक पदार्थ के प्रभाव द्वारा प्रेरित होती है, इसलिए इनको रसायनुचलनी गति कहते हैं। उदाहरण – मार्केन्शिया के नर युग्मक प्रोटीन की ओर, मॉस के नर युग्मक शर्करा की ओर, टेरिडोफाइट्स के नरयुग्मक मैलिक अम्ल की ओर गति करते हैं। एक्लिया के चलबीजाणु सड़ रहे कार्बनिक पदार्थ की ओर गति करते हैं।

2. **प्रकाशनुचली गति** – इस प्रकार की गति प्रकाश के कारण होती है। उदाहरण यूलोथ्रिक्स, क्लेडोफोरा, वालवॉक्स तथा क्लेमाइडोमोनास के चलबीजाणु एवं युग्मकों में होने वाली गति (अंधेरे से दुर्बल प्रकाश की ओर धनात्मक एवं तीव्र प्रकाश से कम प्रकाश की ओर ऋणात्मक) पृष्ठाधारी पर्ण खम्भ ऊतक कोशिकओं में हरितलवक प्रकाश के कारण निम्नलिखित तीन प्रकार की व्यवस्थाये दर्शातें हैं–

 (i). पार्श्वानुप्रास – जब तीव्र प्रकाश में हरितलवक लम्बवत् भित्तियों के क्रम में व्यवस्थित हो जाते हैं तो इस व्यवस्था को पार्श्वानुप्रास कहते हैं।

 (ii). जब न्यूनतम प्रकाश में हरितलवक विविध स्थितियों में व्यवस्थित हो जाते हैं तो इसे विविधानुप्रास कहा जाता है।

 (iii). जब छाया या मध्यम प्रकाश में हरितलवक अनुप्रस्थ भित्तियों के क्रमानुसार व्यस्थित

हो जाते है तो इसे अन्तयानुप्रास कहते है।

3. **तापानुचली गति** – इस प्रकार की गति ताप के कारण होती है जैसे को यदि ठण्डे जल में रखकर बर्तन का एक किनारा गर्म किया जाये तो यह गर्म भाग की ओर धनात्मक चलता है एवं अत्यधिक गर्म से सामान्य ताप की ओर ऋणात्मक गति करता है।
4. **वायुनुचलनी गति** – इस प्रकार की गति कुछ जीवाणु द्वारा ऑक्सीजन की ओर होने वाली गति होती है।
5. **विद्युतनुचलनी** – कुछ गतिशील शैवाल विद्युत विभव के कारण गति करते है।
6. **धारानुचलनी** – लवणीय जल में पाये जाने वाले शैवाल बहते हुए जल के प्रति गति दर्शाते हैं।

रोचक विशिष्टताएं -

वनस्पति विज्ञान की राजधानी रॉयल वानस्पतिक उद्यान,क्यू, इंग्लैण्ड के वनस्पतिविज्ञों ने पाया कि (चिरमी या रत्ती) का पादप चुम्बकीय एवं विद्युत अनुक्रिया के साथ-साथ भूकम्प तथा चक्रवात का पूर्वानुमान प्रदर्शित कर सकता है। कमल की पत्तियां तथा सूर्यमुखी के पुष्प प्रकाश की दिशा परिवर्तन के साथ-साथ परिवर्तन प्रदर्शित करते हैं। सिलिफीइम की पत्तियों की दिशा की तुलना कम्पास की सुई से की जाती है। लेक्टुका की पत्तियों के किनारे उत्तर - दक्षिण दिशा में एवं पर्णफलक के शीर्ष पूर्व-पश्चिम दिशा में रहते हैं इसलिए इसे कम्पास प्लाट कहा जाता है । इस व्यवस्था से दोपहर में तीव्र प्रकाश से बचाव होता जबकि प्रातःकाल एवं सायंकाल में पूर्ण प्रकाश मिल जाता है।

ब. वक्रण गतियाँ – ऐसी गतियां जिनके द्वारा पौधों या पौधों के अंगों में वक्रता आ जाती है एवं मुख्य पादप अपने स्थान पर स्थिर रहता है, उनको वक्रण गतियां कहते हैं। यह गतियां दो प्रकार की होती है – क. वृद्धि गतियाँ , ख. परिवर्तन गति।

क. वृद्धि गतियां – इस प्रकार की गतियां अनुत्क्रमणीय होती हैं जिसके अन्तर्गत एक समय में पादप के एक ओर अपेक्षाकृत वृद्धि अधिक होती है। यह दो प्रकार की होती है – 1. स्वतः गतियां , 2. प्रेरित गतियां ।

1. **स्वतः गतियां** – इस प्रकार की वृद्धि गतियां विशेष दिशा में उद्दीपन ग्रहण नहीं करती। इन गतियों को दो प्रकारों में वर्गीकृत किया जाता है- 1. साधारण गतियां , 2. चक्रण गतियां ।

1.1 साधारण गतियां – इस प्रकार की गति विभेदकीय वृद्धि के कारण होती है। इन गतियों को अनुकुंचनी गति भी कहते हैं। यह निम्नलिखित दो प्रकार की होती हैं।

(i) **अधोवृद्धिवर्तन या उपरिकुचन** – जब पर्ण की आकारिकीय ऊपरी सतह पर अधिकतम वृद्धि होती है तब इसे ऊपरिकुंचन गति कहते हैं, जैसे – फर्न की पत्ती का कुण्डलन एवं पुष्प का खुलना ।

(ii) **उपरिवृद्धि या अधोकुंचन** – जब पर्ण की आकारिकीय निचली सतह पर अधिकतम

वृद्धि होती है तब इसे अधोकुंचन गति कहते हैं, जैसे फर्न की पत्ती का अकुण्डलन एवं पुष्प का बन्द होना।

1.2. चक्रण गतियां - इस प्रकार की गतियाँ वृद्धि बिन्दुओं के वामवर्त या दक्षिणावर्त होती है। इनको दो प्रकार में वर्गीकृत किया जाता है।

(i) **शिखाचक्रण** - जब चपटे स्तम्भ या चपटी पत्तियों में टेढ़ी - मेढी गति होती है तो इसे शिखाचक्रण कहते हैं, जैसे मिर्च की पत्तियों में होने वाली गति तथा घास के चपटे शीर्ष में होने वाली गति ।

(ii) **परिशिखाचक्रण** - जब स्प्रिंग के समान चक्रिय गति वायवीय भागों में होती है तो इसे परिशिखाचक्रण कहते हैं, जैसे कुकुरबिटा कुल के प्रतान में होने वाली गति।

2. **प्रेरित गतियां** - इस प्रकार की गतियां एकदिशीय वृद्धि के कारण होती हैं जिनको बाह्य कारक (जैसे - रसायनिक पदार्थ, प्रकाश या ताप) प्रेरित करते हैं। इस प्रकार की गतियों को अनुवर्तनी गतियाँ कहते हैं। उद्दीपन के आधार इस प्रकार की गतियों को निम्नलिखित 10 प्रकार में बांटा गया है–

2.1. प्रकाशानुवर्तन - इस प्रकार की गति प्रकाश के प्रभाव द्वारा निर्धारित होती है ,जैसे - स्तम्भ, प्रकाश की ओर गति करता है इसलिए इन्हे धनात्मक प्रकाशानुवर्तक कहते हैं। जड़ को ऋणात्मक प्रकाशानुवर्तन कहते हैं। अधिकांश पत्तियाँ आपतित प्रकाश के समकोण पर स्थित होती हैं इसलिए इनको प्रकाशानुवर्तन कहा जाता है। धनात्मक प्रकाशानुवर्तन को द्वारा दर्शाया जा सकता है।

2.2. तापानुवर्तन गति - जब पौधों का कोई अंग या भाग सामान्य ताप की ओर वक्रण करता है, तो उसे तापानुवर्तन गति कहते हैं, जैसे - एक बक्से में रखे बीजांकुर अधिक ताप की ओर मुड़ते हैं।

2.3. गुरूत्वानुवर्तन गति - गुरूत्वाकर्षण के कारण पौधों के अंगों में होने वाली गति को गुरूत्वानुवर्तन गति कहते हैं। सर्वप्रथम फैन्क ने जियोट्रोज्म शब्द दिया तथा इस क्रिया की विस्तृत खोज की। जड़ को धनात्मक गुत्वानुवर्ती या धनात्मक आर्थोजियोट्रोफिक तथा मुख्य स्तम्भ को ऋणात्मक गुरूत्वानुवर्ती या ऋणात्मक आर्थोजियोट्रोफिक कहते हैं। गुरूत्वाकर्षण का प्रभाव ज्ञात करने के लिए क्लिनोस्टेट नामक उपकरण प्रयोग में लिया जाता है।

2.4. स्पर्शानुवर्तन - स्पर्श या सम्पर्क या घर्षण के द्वारा प्रेरित होने वाली गति स्पर्शानुवर्तन कहलाती है। यह गतियाँ उन पौधों में पाई जाती है जो प्रतान की सहायता से ऊपर चढ़ते हैं जैसे - रेलवे क्रीपर, वल्लरी स्तम्भ, मटर तथा बिगोनिया के पिच्छक प्रतान।

2.5. रसायनुवर्तन - रसायन के द्वारा प्रेरित होने वाल गति को रसायनुवर्तन कहते हैं जैसे - आवृबीजीत्तयों की परागनलिका का बीजाण्ड की ओर वक्रण एवं कवक तन्तुओं का कार्बनिक पदार्थों की ओर वृद्धि करना।

2.6. जलानुवर्तन – जल या नमी द्वारा प्रेरित होने वाली गति को जलानुवर्तन कहते है। इस क्रिया को सर्वप्रथम जॉनसन ने खोजा। बीजों का जल की उपस्थिति में अंकुरित होना जलानुवर्तन कहलाता हैं।

2.7. वायुनुवर्तन – वायु द्वारा प्रेरित होने वाली गति वायुनुवर्तन कहलाती है, जैसे – परागनलिका ऋणात्मक वायुनुवर्तक तथा न्यूमेटोफोर जड़ें धनात्मक वायुनुवर्तक होती है।

2.8. घावानुवर्तन– घाव उत्पन्न होने पर प्रेरित वाली गति को घावानुवर्तन कहलाती है, जैसे– पर्णफलक एवं पर्णवृन्त का चोटग्रस्त भाग की ओर वक्रण प्रदर्शित करना।

2.9. धारानुवर्तन – धारा प्रवाह के द्वारा प्रेरित होने वाली गति धारानुवर्तन कहलाती है, जैसे–जड़ के द्वारा दर्शाया जाने वाला धनात्मक धारानुवर्तन।

2.10. विद्युतानुवर्तन – विद्युत प्रवाह के द्वारा प्रेरित होने वाली गति विद्युतानुवर्तन कहलाती है, जैसे – जड़ के द्वारा दर्शाया जाने वाला विद्युतानुवर्तन।

ख. परिवर्तन गति–इस प्रकार की गति परिवर्तन या भिन्नता के कारण होती है जिसको निम्नलिखित दो प्रकार से बांटा जाताहै।

1. **स्वतः गतियां** – इस प्रकार की परिवर्तन गतिया विशेष दिशा में उद्दीपन ग्रहण नहीं करती इसलिए इनको स्वतः गतियाँ कहते हैं। जैसे – पेपिलियोनेटी उपकुल के पौधे की पर्ण में एक बड़ा अन्तस्थ पत्रक होते हैं, दिन के समय यह पार्श्व – पत्रक ऊपर से नीचे की ओर गति करते रहते हैं।

2. **प्रेरित गतियां** – इस प्रकार की गतियां बाह्य कारक द्वारा जैसे रासायनिक पदार्थ, प्रकाश या ताप से प्रेरित होती है। इस प्रकार की गतियों को अनुकुंचनी गतियाँ कहते है जो कि अदिशीय होती हैं अर्थात उद्दीपन की दिशा का प्रभाव गति की दिशा पर नही पड़ता। यह निम्नलिखित चार प्रकार की होती है –

2.1. निशानुकुंचन – इस प्रकार की गति दिन तथा रात्रि के प्रभाव से पुष्पों एवं पत्तियों की स्थिति में परिवर्तन दर्शाती हैं, अतः इन गतियों को निद्रा गति भी कहा जाता है। यह निम्नलिखित दो प्रकार के होती है –

2.1.1 प्रकाशानुकुंचन – जब प्रकाश से पादप अंग प्रभावित होते हैं, तो इस प्रकार की गति को प्रकाशानुकुंचन कहा जाता है, जैसे – सूर्यमुखी तथा दिन का राजा के पुष्प प्रातःकाल में खुलते हैं तथा सायंकाल में बन्द हो जाते है। ऑक्लीस तथा मर्सीलिया की पत्तियां दिन तथा रात्रि में क्रमशः क्षैतिज एवं सीधी रहती हैं।

2.1.2. तापानुकुंचन – यह गति पादप के अंगों में ताप से प्रभावित होती है, जैसे – कॉल्चिकम एवं ट्यूलिपा के पुष्प ताप वृद्धि होने पर खुलते हैं।

2.2. स्पर्शानुकुंचन – यह गति स्पर्श के कारण होता हैं, जैसे – कीटभक्षी पादप ड्रोसेरा की पत्ती के किनारे जब किसी वस्तु से छू जाते हैं तो यह मुड़कर स्पर्शानुकुंचन दर्शाते हैं।

2.3. रसायनुकुंचन – यह गति रसायनिक पदार्थो के कारण होती है, जैसे – कीटभक्षी

पादपों की पत्तीयां प्रोटीनयुक्त पदार्थों की ओर गति करती हैं एवं छुईमुई की पत्तियों को क्लोरोफॉर्म में रखने पर यह पत्तियां बन्द हो जाती हैं।

2.4. कम्पानुकुंचन – यह गति किसी भी प्रकार के आघात के कारण होती है तथा इसे स्फीत गति भी कहते हैं – उदाहरण – माइमोसोइडी उपकुल के छुईमुई में स्पर्श या वर्षा की बूंदों से स्फीतता तथा शिथिलता के कारण पत्रक बंद हो जाते हैं। पुलवीनस के निचले आधे भाग की कोशिकाओं के बीच अन्तरकोशिकीय अवकाश पाये जाते हैं, तथा इन कोशिकाओं की कोशिका भित्तियां मोटी होती है तथा ऊतक में अंतरकोशिकीय अवकाश कम होते हैं। सामान्य अवस्था में सभी कोशिकायें पूर्ण स्फीत दशा में रहती है जिसके कारण पत्ती सीधी रहती है । जब आघात या स्पर्श का उद्दीपन मिलता है तो पुलवीनस के निचले आधे भाग वाली कोशिकायें अपना जल अंतरकोशिकीय स्थानों मे फेंककर शिथिल हो जाती है। पुलवीनस के ऊपर वाले भाग की कोशिकायें नीचे के भाग की ओर दबाव डालती हैं जिसके कारण पत्रक तथा पत्तियां मुरझा कर नीचे की ओर लटक जाती है। उद्दीपन का प्रभाव दूर होने पर धीरे-धीरे नीचे की ओर शिथिल पेरेनकाइमा कोशिकायें अन्तराकोशिकीय अवकाशों से जल का अवशोषण करके फिर अपनी स्फीत दशा में आ जाती है।

सजीव पौधों में वातावरण के प्रभाव से या कुछ आन्तरिक परिवर्तन के कारण से उनका सम्पूर्ण शरीर या शरीर का कोई अंग अपनी स्थिति में परिवर्तन करता हैं, ऐसे परिवर्तन को गति कहते हैं।

आर्द्रताग्राही गतियां यांत्रिक या भौतिक गतियां भी कहलाती है जो हाइड्रोकेसी और जीरोकेसी प्रकार की होती है। जैविक गतियाँ पादप के सजीव भागों में पाई जाती है।

स्वत: गतियाँ पादप के शरीर की आन्तरिक योग्यताओं एवं कारकों के फलस्वरूप होती हैं। अमीबीय गति कूटपाद के द्वारा होती है। पक्ष्माभिकीय गति पक्ष्ममाभिका द्वारा होती है।

जब कोशिका में जीवद्रव्य रिक्तिका के चारों ओर केवल एक दिशा में गति करता है, तो घूर्णन कहलाता है। विसर्पी गति में पायी जाती है।

उत्सर्जनी गति में शीर्ष से श्लेष्मा स्रावित होता है तथा स्रावण के विपरित दिशा में यह गति घड़ी के पैण्डुलम के समान इधर- उधर हिलते रहने से होती है।

रसायनुचली गति रसायनिक पदार्थ के प्रभाव द्वारा प्रेरित होती है। प्रकाशनुचलनी गति प्रकाश के कारण होती है। तापानुचलनी गति ताप के कारण होती है। वायुनुचलनी गति कुछ जीवाणु द्वारा ऑक्सीजन की ओर होने वाली गति होती है। विद्युतनुचलनी गति में कुछ गतिशील शैवाल विद्युत विभव के कारण गति करते हैं।

धारानुचलनी गति में लवणीय जल में पाये जाने वाले शैवाल बहते हुये जल के प्रति गति दर्शाते है। ऐसी गतियां जिनके द्वारा पौधों या पौधों के अंगों में वक्रता आ जाती है एवं मुख्य पादप अपने स्थान पर स्थिर रहता है, उनको वक्रण गतियां कहते हैं।

अनुवर्तनी गतियों को प्रकाशानुवर्तन, तापानुवर्तन, गुरूत्वानुवर्तन, स्पर्शानुवर्तन, रसायनुवर्तन,

जलानुवर्तन, वायुनुवर्तन, घावानुवर्तन, धारानुवर्तन तथा विद्युतानुवर्तन प्रकारों में वर्गीकृत किया जाता है। परिवर्तन के कारण होने वाली गतियां स्वतः तथा प्रेरित प्रकार की होती है। प्रेरित परिवर्तनी गतियों को अनुकुंचन गतियां कहते हैं जो कि निशानुकुंचन, रसायनुकुंचन, स्पर्शानुकुंचन तथा कम्पानुकुंचन प्रकार की होती है।

पौधे के कुछ विशेष अंगों या उनके भागों से ही उद्दीपन ग्रहण हो सकते हैं, वह अंग या भाग, अवगमकारी अंग या भाग कहलाता है। एक उद्दीपन को ग्रहण करके वही अंग या उसका कोई भाग अनुक्रिया करता है, उसे अनुक्रियाकारी अंग या भाग कहते हैं।

उद्दीपन ग्रहण करने के कुछ समय पश्चात ही अनुक्रिया प्रदर्शित होती है जिसे प्रतिक्रिया काल कहा जाता है। अनुक्रिया होने के लिए कुछ अल्पमत काल के लिए उद्दीपन देते रहना सदैव आवश्यक होता है, ऐसे समय को प्रस्तुति काल कहते हैं।

शैच के अनुसार जड़ में जल का उद्दीपन गुरूत्वीय उद्दीपन से अधिक प्रभावशाली होता है। छुईमुई 1.3 से 20 से.मी. की दर से प्रवाहित होता है तथा अनुक्रिया होने में 0.1 सैकण्ड का समय लगता है।

नीले क्षेत्र तथा बैंगनी प्रकाश प्रकाशानुवर्तन में सबसे प्रभावी होता है। प्रकाशानुवर्तन में प्रकाश ग्रहण पीले वर्णक द्वारा होता है। तरुण जड़ें स्पर्शानुवर्तन दर्शाती है।

ड्रोसेरा के स्त्रावी रोम पर्ण पर नाइट्रोजनयुक्त पदार्थों की उपस्थिति में ही वक्रता दर्शाते हैं। मूंगफली के अंडाशय का वृन्त निषेचन से पूर्व धनात्मक प्रकाशानुवर्तनी एवं निषेचन के बाद ऋणात्मक प्रकाशानुवर्तनी होता है।

फ्रिटिलेरिया के पुष्प का वृन्त प्रारम्भ में ऋणात्मक गुरूत्वानुवर्तनी तथा पुष्प खुलने के समय यह धनात्मक गुरूत्वानुवर्तनी जबकि फल पकने के समय यह पुनः ऋणात्मक गुरूत्वानुवर्तनी हो जाता है।

□□□

अध्याय
11

जीवन का अभिप्राय

सजीव पदार्थ में " **जैव-शक्ति**" उत्पन्न करने की क्षमता इसके विशेष प्रकार के स्वनियंत्रित (Self regulatory) एवं स्वप्रजायी (Self-propagating) जटिल रासायनिक संघटन पर ही नहीं, वरन् इसके विशिष्ट भौतिक गुणों पर भी निर्भर करती है। इसके प्रमुख भौतिक लक्षण निम्नलिखित होते हैं–

(i) भौतिक रूप से, सजीव पदार्थ रंगहीन अथवा मटमैला-सा, गन्धहीन, अर्धपारदर्शक तथा गाढ़ा व चिपचिपा, परन्तु बह जाने वाला अर्धतरल मिश्रण होता है।

(ii) साधारण सूक्ष्मदर्शी में सजीव पदार्थ **तन्तुमय** (Fibrillar), **कणमय** (Granular), **जालमय** (Reticular) अथवा **झागदार** (Alveolar) दिखाई दे सकता है, परन्तु फिशर (1894) और हार्डी (1899) के "**कोलॉएड मत**" के अनुसार, यह मूलत: एक ऐसा **असमरूपी** अर्थात् **विषमांगीय** (Heterogeneous) **कणमय पदार्थ** होता है जो विभिन्न अवस्थाओं में विभिन्न प्रकार का दिखाई देता है (चित्र: 1)।

(iii)इसमें जल **घोलक या विलायक** (Solvent) होता है तथा अन्य सभी यौगिक **विलेय** (Solutes)।

(iv) कुछ विलेय (लवण, शक्कर, अमीनो अम्ल आदि) सजीव पदार्थ के जल में **समांग** अर्थात् **क्रिस्टलीय विलयन** (True or Crystalline Solution) बनाते हैं, कुछ **निलम्बन** (Suspension) और कुछ **इमल्सन**, लेकिन अधिकांश विलेय **कोलॉएड** (Colloid) कणों (0.001μ to 0.1μ) के रूप में होते हैं। इस प्रकार, सजीव पदार्थ पृथ्वी पर जटिलतम् मिश्रण होता है। इसे "मिश्रणों का मिश्रण ,(Mixture of mixtures) कहना गलत नहीं है।

(v)मुख्यत: कोलॉएडलीय तंत्र होने के कारण, सजीव पदार्थ दो भौतिक दशाओं में बदलता रहता है–अपेक्षाकृत तरल **सॉल** दशा तथा गोंद या सरेस जैसी गाढ़ी **जेल** दशा (चित्र : 2)। **जेल दशा** में कोलॉएड कण परस्पर चिपक-चिपकर एक जाल-सा बना लेते हैं और तरल मैट्रिक्स जालरन्ध्रों मे फँसे पृथक् पिण्डों में बँट जाता है। इस दशा में सजीव पदार्थ संकुचनशील और लचीला हो जाता है। **सॉल दशा** में कोलॉएड कण परस्पर पृथक् और इकसार फैले तरल मैट्रिक्स में छितर जाते हैं। इस दशा में सजीव पदार्थ में बहाव होता है और कोलॉएड कण तीव्र गति (ब्राउनियन गति- 1828) करने लगते हैं। फलत: इस दशा में सजीव पदार्थ में अपने बाहर के वातावरण से रासायनिक लेन-देन करने की क्षमता बढ़ जाती है तथा इसमें रासायनिक प्रतिक्रियायें भी अधिक और तीव्र हो जाती है।

(vi) गर्म करने पर अथवा विद्युत या हानिकारक रसायनों के सम्पर्क में आने पर सजीव

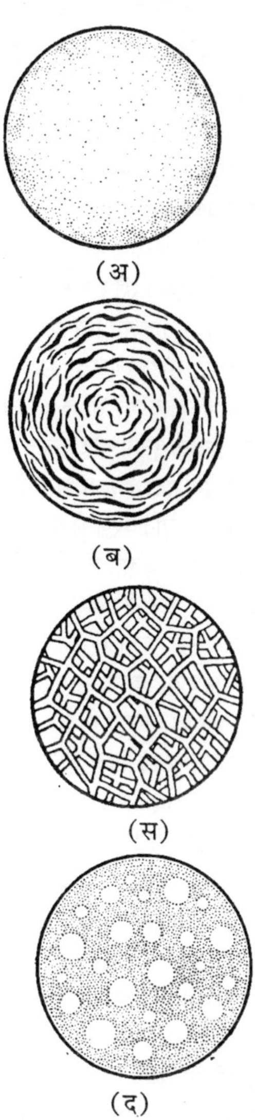

विभिन्न अवस्थाओं में सजीव पदार्थ के विभिन्न भौतिक रूप

पदार्थ का **स्कंदन** हो जाता है, अर्थात् रुधिर के थक्के या अण्डे की सफेदी की भाँति जमकर यह मृत हो जाता है।

(vii) तरल होने के कारण, सजीव पदार्थ पर **धरातल तनाव** होता है। अतः इसके कुछ हल्के विलेयों (कुछ लिपिड्स और प्रोटीन्स) के अणु इसकी सतह पर व्यवस्थित होकर एक पारगम्य आवरण कला (प्लाज्मा कला–Plasma membrane) बना लेते हैं।

निर्जीव और सजीव पदार्थ-तंत्रों की ऊष्मागतिकी (Thermodynamics) -किसी भी पदार्थ-तंत्र की कुल ऊर्जा इसके रासायनिक संघठटन में विविध बन्धों के रूप में होती है। ऊष्मा के संदर्भ में इस ऊर्जा को पदार्थ **प्रकम-माप** या **एन्थेल्पी** कहते हैं। यदि कोई पदार्थ-तंत्र सक्रिय और परिवर्तनशील हो तो ऊष्मागतिकी के द्वितीय नियम के अनुसार, इसमें से, प्रत्येक ऊर्जा-रूपान्तरण के समय, कुछ ऊर्जा ऊष्मा के रूप में वायुमण्डल में चली जाती है। ऊर्जा की इस मात्रा को जिसे कि पदार्थ तंत्र गँवा देता है पदार्थ का उत्क्रम माप कहते हैं। इसे काम में नहीं लाया जा सकता। इसी ऊर्जा क्षय के कारण सक्रिय पदार्थ तंत्र का संघटन घट जाता तथा विकृत हो जाता है। यदि तंत्र में ऊर्जा रूपान्तरण निरन्तर होता रहे तो, इसी ऊर्जा-व्यय (एट्रोपी) के कारण, पदार्थ तंत्र का संघठन धीरे-धीरे कम होकर अंततः समाप्त हो जाता है। **सजीव पदार्थ** सबसे अधिक सक्रिय रासायनिक तंत्र होता है, इसमें निरन्तर रासायनिक प्रतिक्रियायें और इनमें ऊर्जा रूपान्तरण होता रहता है। फिर भी एंट्रोपी के कारण यह तंत्र समाप्त नहीं होता, क्योंकि यह अपने वातावरण से पदार्थ ग्रहण करके ऊर्जा रूपान्तरण के ऊर्जा व्यय की पूर्ति करता रहता है और इस प्रकार, अपने संघटन को बनाये रखता है। ऐसे पदार्थ तंत्र रासायनिक तंत्र होते हैं, क्योंकि ये वातावरण से पदार्थ ग्रहण नहीं कर सकते। इसलिए, जलती हुई मोमबत्ती की भाँति सक्रिय हों तो, एन्ट्रोपी के कारण, अंततः समाप्त हो जाता है।

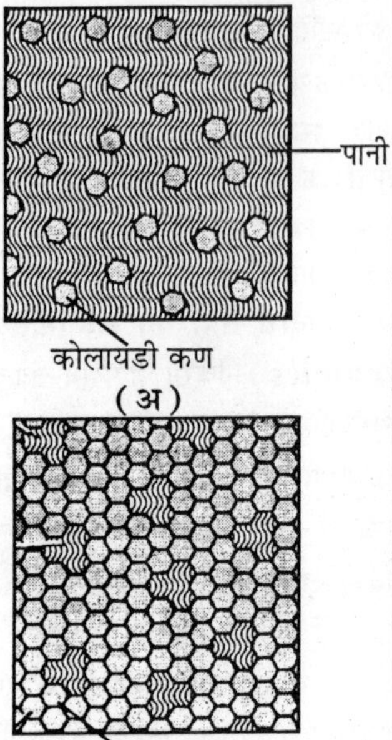

सजीव पदार्थ की (अ) सॉल अथवा (ब) जेल दशायें

जीवन क्या है?

सजीव पदार्थ के रासायनिक संघटन तथा भौतिक-रासायनिक गुणों को समझ लेने के बाद प्रश्न यह उठता है कि **जीवन क्या है?** हम निर्जीव एवं सजीव पदार्थ तंत्रों, अर्थात् वस्तुओं और जीवधारियों को देख व छू सकते हैं, परन्तु जीवधारियों के जीवन को न देख सकते हैं, छू सकते हैं। वास्तव में, जीवन सजीव पदार्थ में उत्पन्न होने वाली एक विशेष प्रकार की ऊर्जा का शक्ति है। अतः इसकी कोई सीधी परिभाषा नहीं दी जा सकती। प्यार, घृणा, मोह, लालच, सरलता, सुशीलता, अच्छाई, बुराई आदि की भाँति यह **अमूर्त** या **भाववाची** है। हम केवल इतना कह सकते हैं कि **''संघटित पदार्थ (सजीव पदार्थ) या भूतद्रव्य की जैव-दशा ही जीवन है।''** वातावरण से पदार्थ ग्रहण न कर पाये तो सजीव पदार्थ तंत्र भी, ऊष्मागतिकी के इस नियम को एक संघर्ष मान सकते हैं। कोई भी जीव इस संघर्ष को सदैव नहीं चला सकता। एक-न-एक दिन उसका पदार्थ तंत्र वातावरण से पदार्थ ग्रहण करके अपनी एंट्रोपी की पूर्ति करने में असमर्थ हो जाता है और तभी इसकी मृत्यु हो जाती है, हाँ मृत्यु से पहले वह अपनी संघटन शक्ति (जैव शक्ति) प्रजनन द्वारा अपनी सन्तान को दे देता है। इस प्रकार, ऊर्जिकी के पहलू से **जीवन** को हम **पदार्थ के संगठन की वह दशा कह सकते हैं जिसमें कि यह वातावरण की ऊर्जा का उपयोग कर सकता है।** यही जीव पदार्थ की ''जैव दशा'' है। इसे बनाये रखने के लिए सजीव पदार्थ में निरन्तर ऊर्जा रूपान्तरण होता रहता है। इस ऊर्जा रूपान्तरण के लिए वातावरण से पदार्थ ग्रहण करने, अपजात पदार्थों का बहिष्कार करने, अपने संघटन को अखण्ड और क्रियाशील बनाये रखने आदि से सम्बन्धित कई क्रियायें प्रत्येक जीवधारी निरन्तर करता रहता है, और यही जैव क्रियाएँ किसी जीवधारी के सजीव होने का प्रमाण देती है। इस प्रकार, **''संगटित पदार्थ या भूतद्रव्य की सदैव सक्रिय एवं परिवर्तनशील दशा को ही जीवन कहते हैं।''**

भोजन -जन्तुओं का भोजन प्रायः कई प्रकार के पोषक पदार्थों तथा कुछ निरर्थक पदार्थों का जटिज मिश्रण होता है। जन्तुओं के पोषक पदार्थों को निम्नलिखित सात श्रेणियों में बाँटा जा सकता है-(1) कार्बोहाइड्रेट्स, (2) प्रोटीन्स, (3) वसाएँ, (4) न्यूक्लिक अम्ल, (5) जल, (6) खनिज तत्त्व, (7) विटामिन।

इनमें से जल व खनिज तत्त्व अकार्बनिक होते हैं और शेष कार्बनिक। शरीर में कार्बोहाइड्रेट्स, वसाओं तथा प्रोटिन्स की काफी मात्रा खपती है। अत: इन्हें **गुरुपोषक** (Macronutrients) कहते हैं। लवणों और विटामिनों को बहुत सूक्ष्म मात्रा की शरीर में आवश्यकता होती है। अत: इन्हें **लघुपोषक** (Micronutrients) कहते हैं। कार्यात्मक उपयोगिता के आधार पर पोषक पदार्थों को हम चार श्रेणियों में बाँट सकते हैं –

(क) ईंधन पदार्थ या ऊर्जा-उत्पादक (Fuel substances or Energy producers) – इनके ऑक्सीकरण से जैव-क्रियाओं के लिए आवश्यक ऊर्जा प्राप्त की जाती है। ये पदार्थ होते हैं मुख्यत: कार्बोहाइड्रेट्स एवं वसाएँ।

(ख) निर्माण पदार्थ (Building substances or Body-builders) – इनका प्रमुख उपयोग शरीर की रचना एवं मरम्मत के लिए होता है, मुख्यत: प्रोटीन्स।

(ग) उपापचयी नियंत्रक (Metabolic regulators) – जो जैव-क्रियाओं का नियंत्रण एवं नियमन करते हैं, विटामिन, जल एवं खनिज तत्त्व।

(घ) आनुवंशिक पदार्थ (Hereditary substances) – जो आनुवंशिक लक्षणों को एक पीढ़ी से अगली पीढ़ी में ले जाने का कार्य करते हैं।

(1) कार्बोहाइड्रेट्स एवं वसाएँ (Carbohydrates)- ये 1 : 2 : 1 के अनुपात में कार्बन, हाइड्रोजन और ऑक्सीजन के यौगिक $(CH_2O)_n$ होते हैं। इनमें हाइड्रोजन व ऑक्सीजन का अनुपात वही होता है जो जल (H_2O) में है। अत: रासायनिक रूप से ये जलयोजित कार्बन (Hydrated Carbon or Carbon Hydrates) यौगिक, अर्थात् ऐल्डीहाइड्स, कीटोन्स अथवा ऐल्कोहॉल (Aldehydes, Ketons, or Alcohols) होते हैं। अधिकांश कार्बोहाइड्रेट्स की खपत ईंधन पदार्थों के रूप में ऊर्जा उत्पादन के लिये होती है। भोजन में कार्बोहाइड्रेट्स घुलनशील शर्कराओं और अघुलनशील मण्ड के रूप में होते हैं। रासायनिक संगठन (Chemical Organisation) के आधार पर इनकी तीन श्रेणियाँ होती हैं-

(क) मोनोसैकराइड्स - ये सरलतम्, रंगहीन, घुलनशील तथा मीठे कार्बोहाइड्रेट्स होते हैं। इसीलिये इन्हें शर्कराएं कहते हैं। इनके अणुओं में कार्बन के तीन से सात परमाणु हो सकते हैं। जीवो में मुख्यत: षट् या पंच कार्बनीय शर्करायें ही होती है। षट्-कार्बनीय शर्कराएं एवं गैलेक्टोज होती हैं। ये मीठे फलों और शहद में अधिक होती है। इनका रासायनिक सूत्र एक ही– $C_5H_{12}O_6$— होता है, अन्तर केवल इनके अणुओं में कार्बोनिल समूह (C = O) या हाइड्रोक्सिल मूह (OH— or —HO) के विन्यास का होता है। अत: ये शर्कराएं आइसोमर्स होती है। ग्लूकोज या डेक्स्ट्रोज (चित्र : 3) सबसे अधिक पायी जाने वाली महत्त्वूपर्ण शर्करा होती है। ऊर्जा के लिए मुख्यत: इसी का जारण होता है। जीवतंत्र की पंचकार्बनीय शर्कराओं (Pentoses) में राइबोस (Ribose —$C_5H_{10}O_5$) एवं डीऑक्सीराइबोस (Deoxyribose—$C_5H_{10}O_4$) सबसे अधिक अधिक महत्त्वपूर्ण होती है, क्योंकि ये क्रमश: आरएनए एवं डीएनए नामक आनुवंशिक पदार्थों के संयोजन में भाग लेती है।

(ख) डाइसैकराइड्स एवं ओलिगोसैकराइड्स – समान अथवा विभिन्न मोनोसैकराइड्स के

दो अणुओं अर्थात् मोनोमर्स के **ग्लाइकोसिडिक बन्ध** (Glycosidec bond —α-1,4) द्वारा परस्पर जुड़ जाने से एक डाइसैकराइड्स शर्करा का अणु बनता है
क्योंकि इस प्रतिक्रिया में जल का एक अणु निकल जाता है, इसे संघनन संश्लेषण कहते हैं $C_6H_{12}O_6 + C_6H_{12}O_6 \longrightarrow C_{12}H_{22}O_{11} + H_2O$

डाइसैकराइड शर्कराएं भी मीठी, जल में घुलनशील और तीन प्रकार की होती हैं- पादपों की माल्टोज एवं सुक्रोज तथा जन्तुओं की लैक्टोज । माल्टोज ग्लूकोज के, सुक्रोज ग्लूकोज एवं फ्रक्टोज (चित्र : 4) के तथा लैक्टोज ग्लूकोज एवं गैलेक्टोज के अणुओं से बनती है। माल्टोज अंकुरित बीजों अर्थात् माल्ट शर्करा, सुक्रोज ईख शर्करा तथा लैक्टोज दुग्ध शर्करा होती है। लैक्टोज की सर्वाधिक प्रतिशत मानव माता के दुग्ध में होती है।तीन से दस तक मोनोसैकराइड्स अणुओं के जुड़ने से बने कार्बोहाइड्रेट्स को प्रायः ओलिगोसैकराइड्स कहा जाता है। ये सभी घुलनशील होते हैं।

(ग) पॉलीसैकराइड्स - मोनोसैकराइड्स (मुख्यतः ग्लूकोज) के कई-कई (दस-से अधिक हजारों तक) अणुओं (मोनोमर्स) के उसी प्रकार जल की क्षति के साथ (संघनन संश्लेषण) जुड़ने से लम्बी शृंखला वाले (Long chain) अघुलनशीन, जटिल पॉलीसैकराइड (मण्ड) अणु अर्थात् गुरुअणु या पॉलीमर्स बनते हैं। इस प्रक्रिया को बहुलकीकरण कहते हैं। पॉलीसैकराइड अणुओं को $(C_6H_{10}O_5)_n$ द्वारा दिखाते है।

n मोनोसैकराइड के अणुओं की संख्या है

जिगर तथा पेशियों में, ऐनैबोलिज्म के अन्तर्गत ग्लूकोस से ग्लाइकोजन नामक जन्तु मण्ड बनती है। आवश्यकता पड़ने पर जल अपघटन द्वारा इसका वापस ग्लूकोज में विघटन हो जाता है।

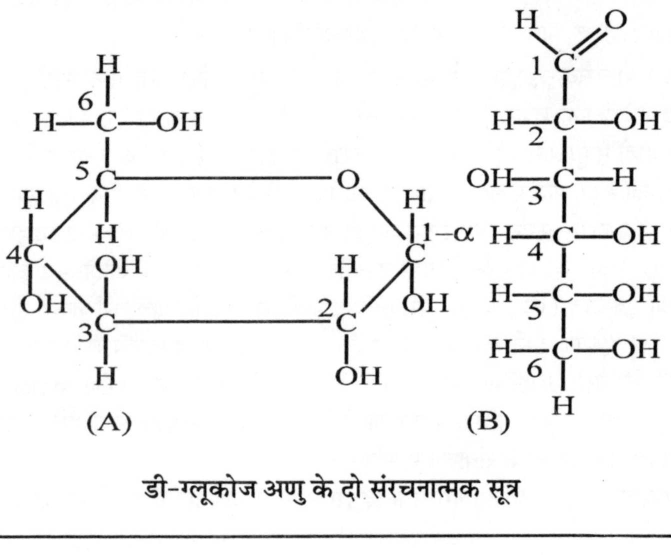

डी-ग्लूकोज अणु के दो संरचनात्मक सूत्र

इस प्रकार, यह ऊर्जा उत्पादन के लिए संग्रहीत ईंधन का काम करती है। पादपों में यह काम (चावल, गेहूँ, मक्का आदि अनाजों, आलू फलियों आदि की माँडी) तथा कन्दों और जड़ों की इन्यूलिन करती हैं। पादपों का सेलुलोज प्रकृति में सबसे अधिक पाया जाने वाला कार्बनिक पदार्थ और पॉलीसैकराइड होता है। कोशिका-भित्ति के रूप में यह पादपों का कंकाल बनाता है। लकड़ी, कपास, कागज, गत्ता आदि में मुख्यतः सेलुलोज ही होता है। काइटिन नाम का नाइट्रोजन युक्त पॉलीसैकराइड कीटों तथा अन्य आर्थ्रोपोडा के बाह्य कंकाल में होता है। इस प्रकार, सेलुलोज तथा काइटिन संरचनात्मक पॉलीसैकराइड्स होते हैं।

मनुष्य एवं अन्य अनेक स्तनियों के आहार में मण्ड व शर्करा, दोनों ही काफी रहती हैं। पाचन (= जल-अपघटन) द्वारा इन्हें मोनोसैकराइड्स में तोड़ा जाता है। मनुष्य एवं कई अन्य स्तनी सेलुलोज का पाचन नहीं कर सकते, परन्तु कुछ जीवाणुओं की सहायता से जुगाली करने वाले तथा अनेक अन्य शाकाहारी स्तनी, दीमक आदि कर सकते हैं।

कार्बोहाइड्रेट्स के कार्य -

(1) शर्कराओं के रूप में ऊर्जा-उत्पादन के लिए ईंधन का काम करते हैं।

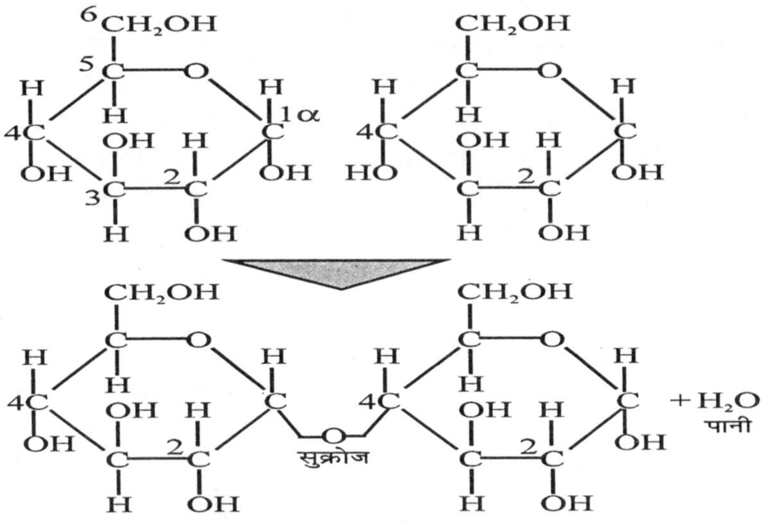

एल्फा-1, 4 ग्लाइकोसिडिक बन्ध द्वारा सुक्रोज अणु का संश्लेषण

(2) पॉलीसैकराइड्स के रूप में कोशाकला और संयोजी ऊतकों की रचना में भाग लेते हैं।

(3) मण्ड के रूप में संचित ईंधन का काम करते हैं।

(4) वसा में बदलकर संचित भोजन का काम करते हैं।

(5) आरएनए एवं डीएनए के घटक होते हैं।

(6) सेलुलोज के रूप में पादपों की कोशा-भित्ति बनाते हैं।

(7) अनेक जन्तुओं में बाह्य कंकाल बनाते हैं।

प्रमुख ऊर्जा के स्रोत होने के कारण हम लोगों के भोजन में शर्कराओं एवं अन्य कार्बोहाइड्रेट्स की मात्रा सर्वाधिक होती है। मधुमेह के रोगी ग्लूकोज का उपयुक्त उपयोग नहीं कर पाते। भोजन में मिठास के लिए इन्हें सैकरिन का उपयोग करना पड़ता है। सैकरिन एक कृत्रिम और शर्करा से कहीं अधिक मीठा पदार्थ होता है, परन्तु शर्करा नहीं होता।

(2) वसायें तथा लिपिड्स - कार्बोहाइड्रेट्स की भाँति, लिपिड्स भी कार्बन, हाइड्रोजन एवं आक्सीजन के यौगिक होते हैं, परन्तु इनमें कार्बन तथा हाइड्रोजन की मात्रा बहुत अधिक तथा ऑक्सीजन की मात्रा बहुत कम होती है। इनमें कार्बन और हाइड्रोजन के बन्ध सहसंयोजी तथा अध्रुवीय होते हैं। इसीलिये लिपिड्स अध्रुवीय होते हैं और जल के अणुओं की ओर आकर्षित नहीं होते, अर्थात् जलान्तक और जल में अघुलनशील होते हैं। इन्हें क्लोरोफॉर्म, बेन्जीन, पेट्रोलियम, ऐसीटोन, एल्कोहॉल, ईथर, कैरोसीन आदि कार्बनिक विलायकों में ही घोला जा सकता है।

जीवों में कई प्रकार के लिपिड पदार्थ पाये जाते हैं– रासायनिक संयोजन के आधार पर इन्हें निम्नलिखित प्रमुख श्रेणियों में बाँटा जाता है –

(क) सरल लिपिड्स - ये सरल, मध्यम या विशुद्ध वसाएं होती हैं। इनके अणु अपेक्षाकृत बड़े-बड़े होते हैं। प्रत्येक अणु का संश्लेषण ग्लिसरॉल के एक तथा वसीय अम्लों के तीन अणुओं के ईस्टर बन्धों द्वारा परस्पर जुड़ने से होता है (चित्र : 5)। इसलिए इन्हें ट्राइग्लिसराइड्स भी कहते हैं। यह भी संघनन संश्लेषण होता है, क्योंकि इसमें जल के तीन अणु निकल जाते हैं। वसीय अम्ल अनेक प्रकार के होते है, जैसे- पाल्मिटिक, स्टीयरिक, ओलीक आदि। किसी वसा के संयोजन में समान या विभिन्न प्रकार के वसीय अम्लों के अणु भाग ले सकते हैं। इसीलिए, वसाएँ भी अनेक प्रकार की होती है। घी, तेल चरबी आदि इनके सामान्य उदाहण हैं।

कुछ वसीय अम्लों में दोहरे बंध होते हैं जिनके कारण इनमें हाइड्रोजन अणुओं की जितनी संख्या हो सकती है उतनी नहीं होती। इसीलिये ऐसे वसीय अम्ल और इनमें युक्त वसायें असंतृप्त (Unsaturated) तथा अन्य संतृप्त (Saturated) कहलाती हैं। अधिकांश पादप वसायें जैसे कि मूंगफली, तिल, सरसों, सूरजमुखी आदि के तेल असंतृप्त होती है। ये सदा तरल अवस्था में रहती है। इनमें अलग से हाइड्रोजन मिलाकर इनसे **वेजीटेबल घी** बनाया जाता है।

अधिकांश जन्तु-वसायें (घी, चर्बी, मक्खन आदि) संतृप्त होती हैं, क्योंकि इनमें दोहरे बन्ध वाले वसीय अम्ल नहीं होते। इसीलिये ये जाड़ों में ठोस या अर्धठोस हो जाती हैं। भोजन में इनकी लगातार अधिकता से रुधिर वाहिनियों की दीवार के भीतरी स्तर पर वसा का जमाव होने लगता है। इससे सामान्य रुधिर-संचरण बाधित होने लगता है। इस रोग को ऐथरोस्क्लीरोसिस कहते हैं। इसके कारण हृदय रोग हो जाता है और रोगी की मृत्यु हो सकती है।

वसाओं के विखण्डन या जारण से भी ऊर्जा मुक्त होती है। इनमें ऑक्सीजन कम होने के कारण इनका ऑक्सीकरण अधिक होता है। अतः ये कार्बोहाइड्रेट्स की तुलना में दुगुनी से कुछ

अधिक ऊर्जा मुक्त करती है। ऊर्जा के लिए संचित भोजन के रूप में इनका सबसे अधिक महत्त्व होता है, क्योंकि इनमें जल की मात्रा कम होने के कारण संचय में ये कम स्थान घेरती हैं, अर्थात् ऊर्जा संचय का ये सबसे अधिक संघनित माध्यम होती है। इसीलिये शरीर में अवशोषित होने वाले

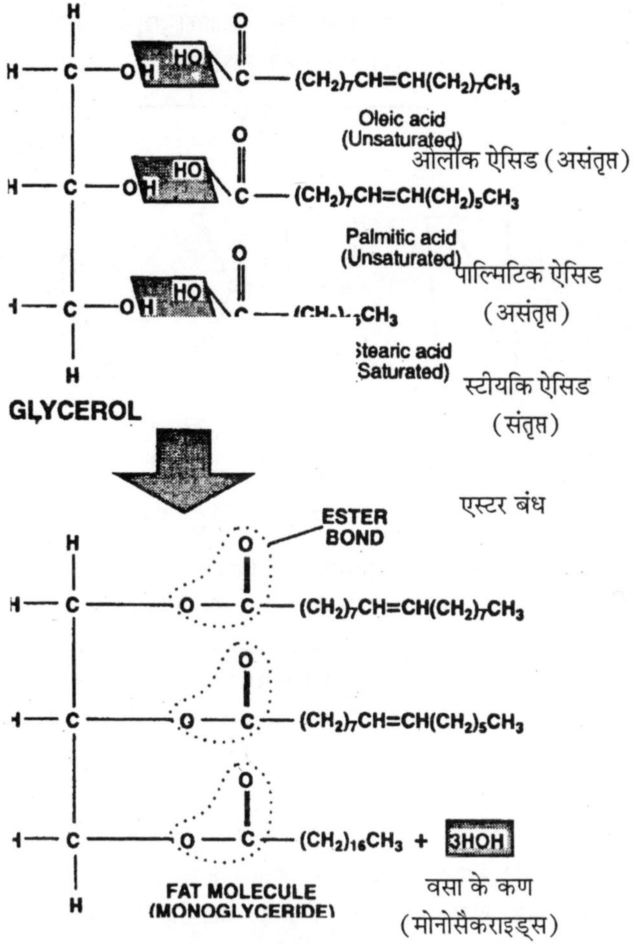

वसा के अणु का संश्लेषण

आवश्यकता से अधिक सारे पोषक पदार्थों से भण्डारण के लिये वसा का संश्लेषण कर लिया जाता है। इनका अधिकांश भण्डारण विशिष्ट वसीय ऊतकों में होता है।

(ख) संयुक्त या जटिल लिपिड्स –इस श्रेणी के वसीय पदार्थ होते है फॉस्फोलिपिड, ग्लाइकोलिपिड, मोम तथा लियोप्रोटीन्स। फॉस्फोलिपिड्स में तीन वसीय अम्ल अणुओं में से एक अणु के स्थान पर फॉस्फेट गुट (फॉस्फोरिक अम्ल) एवं प्रायः एक कार्बनिक क्षार भी होता

है। लिसाइथिन तथा सिफैलिन नामक फॉस्फोलिपिड्स तंत्रिका ऊतकों, यकृत कोशाओं, अण्डपीत, पेशियों आदि में पायी जाती हैं। ग्लाइकोलिपिड्स फॉस्फोरसविहीन, लेकिन कार्बोहाइड्रेट युक्त लिपिड्स होते हैं। ये सभी कोशाओं की कोशाकला की बाहरी सतह पर होते है। कुछ ग्लाइकोलिपिड्स तंत्रिका ऊतक की रचना में महत्त्वपूर्ण भाग लेते हैं।

मोम के एक अणु में एक वसीय अम्ल एक ऐल्कोहॉल अणु से जुड़ा होता है। यह सामान्य वसाओं में से भी अधिक जलान्तक होता है। अतः सेव, नाशपाती, आदि फलों पर, कीटों आदि

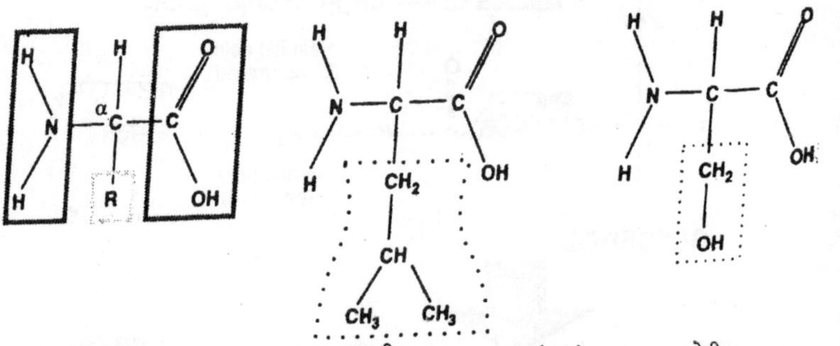

(अ) ल्यूसीन (ब) सेरीन

एक अमीनों अम्ल अणु की आदर्श संरचना, दो विभिन्न अमीनों अम्लों-ल्यूसीन एवं सेरीन के अणुओं के R— गुटों की विभिन्नता

के उपयोग से पेशियों और अस्थियों के विकास, साहस, शक्ति, मनोबल आदि में अत्यधिक बढ़ोतरी हो जाती है। इन्हें इसीलिये उपचयी स्टीरॉइड्स कहते हैं। प्रतियोगिता में जीतने के लिए विश्व स्तर के खिलाड़ी इन स्टीरॉइड्स का प्रायः अवैध उपयोग करते हैं। अधिकांश वसाओं का, शरीर-कोशाएँ अन्य पोषक पदार्थों से स्वयं संश्लेषण कर लेती है, परन्तु कुछ केवल भोजन से मिलती है और इसीलिए अनिवार्य वसाएँ कहलाती है। मनुष्य को अनिवार्य वसायें मक्खन, घी, दूध, मांस, तेल आदि से प्राप्त होती है। अनेक जन्तुओं के शरीर पर, बालों, फर तथा ऊन आदि पर मोम का महीन, जलरोधक आवरण होता है। **लाइपोप्रोटीन्स** प्रोटीन अणुओं से जुड़ी सामान्य वसायें होती हैं। रुधिर में वसाओं का संचरण इसी रूप में होता है।

(ग) स्टीरॉइड्स - ये वसा में घुलनशील ऐसे लिपिड पदार्थ होते हैं जिनमें वसीय अम्ल नहीं होते। इनके प्रत्येक अणु का प्रमुख भाग चतुष्वलीय होता है, अर्थात् यह चार जुड़ी हुई वलयों का बना होता है। जन्तुओं में कोलेस्ट्रॉल नामक स्टीरॉइड व्यापक रूप से पाया जाता है। यह कोशाकला तथा अन्य कोशा-अंगकों के झिल्लीनुमा आवरण की रचना में महत्त्वपूर्ण भाग लेता है। इसके अतिरिक्त, इसी से कई अन्य स्टीरॉइड पदार्थों का संश्लेषण किया जाता है जिनमें

प्रमुख पदार्थ होते हैं – पित्त अम्ल, लिंग हॉरमोन्स, विटामिन डी, अरगोस्ट्रॉल, अधिवृक्क ग्रंथियों के वल्कलीय भाग के हॉरमोन्स आदि। कोलेस्ट्रॉल की अधिकता से भी **ऐथरोस्क्लीरोसिस** का रोग हो जाता है।

आजकल कई औषधि निर्माता नर हॉरमोन अर्थात् टेस्टोस्टीरॉन से मिलते-जुलते ऐसे कृत्रिम स्टीरॉइड पदार्थ बना रहे हैं जिनके वसाओं के कार्य –

(i) ऊर्जा उत्पादन के लिए ये भी ईंधन का कार्य करती हैं।

(ii) इनका महत्त्व संचित भोजन के रूप में होता है।

(iii) वसीय ऊतकों के रूप में ताप नियंत्रण और सुरक्षा में सहायता करती हैं।

(iv) आवश्यकता पड़ने पर कार्बोहाइड्रेट्स में बदली जा सकती हैं।

(v) कुछ वसाएं कोशाकला एवं अन्य झिल्ली समान कोशा अंगकों की रचना एवं कार्यों में भाग लेती हैं।

(vi) स्टीरॉइड पदार्थ-कोशाओं के झिल्लीनुमा भागों की रचना में तथा विटामिन डी, कई हॉरमोन्स आदि के संयोजन में भाग लेते हैं।

(3) प्रोटीन्स -इन्हें यह नाम सन् 1837-1838 में बरजीलियम एवं मूल्डर ने दिया। ये सजीव शरीर का लगभग 14 प्रतिशत तथा मृत और सूखे शरीर का 75 प्रतिशत तक भाग बनाती हैं। अत: स्पष्ट है कि इनका महत्व कैटैबोलिज्म की अपेक्षा ऐनैबोलिज्म में अधिक होता है। इसके संयोजन में कार्बन, हाइड्रोजन एवं ऑक्सीजन के अतिरिक्त, लगभग 16 प्रतिशत नाइट्रोजन भी होती है। यही नहीं, इनमें गंधक, फॉस्फोरस, आयोडीन तथा लौह आदि के अंश भी प्राय: होते हैं। पूर्ण विखण्डन पर शुद्ध प्रोटीन्स के अणु सरल अमीनो अम्लों के अणुओं में टूटते हैं। अत: प्रोटीन्स अमीनो अम्लों की यौगिक होते हैं, अर्थात् अमीनो अम्ल इनकी सारे अमीनो अम्ल रंगहीन तथा जल में घुलनशील होते हैं। अपने धनात्मक क्षारीय अमीनों तथा ऋणात्मक अम्लीय कार्बोक्सिल गुटों के कारण, जल में उभयधर्मी आयनों रूप में संयोजक इकाइयाँ या मोनोमर्स होते हैं। प्रकृति में लगभग 300 प्रकार के अमीनो अम्ल पाये जाते हैं। जीवद्रव्य में भी कई प्रकार के अमीनो अम्ल होते हैं, परन्तु इनमें से केवल 20 प्रकार के अमीनो अम्ल ही प्रोटीन्स के मोनोमर्स होते हैं। प्राय: प्रोटीन का अणु बहुत बड़ा और त्रिविम गुरु अणु या पॉलीमर होता है। किन्हीं दो से लेकर बीसों प्रकार के अमीनो अम्ल इसके घटक हो सकते हैं। यदि हम अंग्रेजी वर्णमाला के 26 अक्षरों के विभिन्न संयोजनों से बने शब्दों का अनुमान लगायें तो सहज ही स्पष्ट हो जाता है कि जीव प्रोटीन्स असंख्य प्रकार की हो सकती हैं। वैज्ञानिक अब इस निष्कर्ष पर पहुँच रहे हैं की एक ही जीव शरीर की किन्हीं दो प्रकार की कोशाओं की प्रोटीन्स, किन्हीं दो जन्तु जातियों की प्रोटीन्स तथा किसी जीव-जाति के दो सदस्यों की सारी प्रोटीन्स समान नहीं होतीं। यही नहीं, इनके आधार पर जन्तु-जातियों के उद्विकास इतिहास को भी जानने का प्रयास किया जा रहा है।

प्रत्येक अमीनो अम्ल अणु एक चतुष्फलकीय संरचना होती है जिसके केन्द्र में उपस्थित एक ऐल्फा कार्बन की परमाणु की सहसंयोजकता एक हाइड्रोजन परमाणु, एक धनात्मक

क्षारीय अमीनो समूह (—NH_2), एक ऋणात्मक अम्लीय कार्बोक्सिल समूह (—COOH) तथा एक पार्श्व-शृंखला कार्बन यौगिक (side chain carbon compound —R— गुट) से होती है। विभिन्न अमीनो अम्लों में केवल R— गुट में विभिन्नता होती है (चित्र : 6)। सारे अमीनो अम्ल रंगहीन तथा जल में घुलनशील होते हैं। अपने धनात्मक क्षारीय अमीनों तथा ऋणात्मक अम्लीय कार्बोक्सिल गुटों के कारण, जल में उभयधर्मी आयनों रूप में रहते हैं। जब एक अमीनो अम्ल के अणु का कार्बोक्सिल समूह दूसरे के अमीनो समूह से जुड़ता है तो जल का एक अणु निकल जाता है और एक डाइपेप्टाइड यौगिक बन जाता है (चित्र : 7)। इसे पेप्टाइड बन्ध कहते हैं। ऐसे ही बन्धों द्वारा जुड़-जुड़कर विभिन्न अमीनो अम्ल ट्राइपेप्टाइड्स, ओलिगोपेप्टाइड्स (Oligopeptides—कुछ अमीनो अम्ल अणुओं की छोटी शृंखलायें) एवं पॉलीपेप्टाइड्स (Polypeptides—बहुत से अमीनो अम्ल अणुओं की लम्बी-लम्बी शृंखलायें) का निर्जलीकरण-संघनन संश्लेषण करते हैं। फिर ये पेप्टाइड्स जुड़-जुड़कर क्रमशः पेप्टोन्स एवं प्रोटिओजेज नामक जटिल पदार्थों का और अन्त में प्रोटीन्स का निर्माण करते हैं।

जैव प्रोटीन्स की तीन प्रमुख श्रेणियाँ और कई उपश्रेणियाँ होती हैं–

(a) सरल या शुद्ध प्रोटीन्स - ये केवल अमीनो अम्ल मोनोमरों की बनी होती हैं। अणुओं की संरचना और आकृति के आधार पर इनके दो प्रमुख भेद होते हैं–

(अ) गोलाकार प्रोटीन्स - ये जल, नमक, अम्लों और क्षारों के पतले घोलों में घुलनशील, परन्तु रचना में जटिल अणुओं वाली प्रोटीन्स होती हैं जो अपने घोलकों में सुगमतापूर्वक विसरणशील कोलॉएडलीय घोल बनाती हैं। इनके अणु संकुचनशील नहीं होते, वरन वलित और कुण्डलित होकर प्रायः गोल से बने रहते हैं। इनका विशेष महत्व उपापचयी प्रतिक्रियाओं में होता है। सारे एन्जाइम, कई हॉरमोन (जैसे- इन्सुलिन, थाइरॉक्सिन, ACTH आदि), हानिकारक जीवाणुओं एवं पदार्थों को नष्ट करने वाले प्रतिविष या एण्टीबॉडीज, अण्डों और रुधिर के मायोग्लोबिन, न्यूक्लिओप्रोटीन्स की हिस्टोन्स, अनाज की ग्लूटेलिन्स, प्लाज्मा की फाइब्रिनोजन, दालों की प्रोलैमीन्स आदि सब गोलाकार प्रोटीन्स होती हैं। दालों में प्रोलैमीन्स इतनी संघनित होती हैं कि शाकाहारी भारतीयों के लिए दालें ही प्रोटीन्स का प्रमुख स्रोत मानी जाती हैं।

(ब) तन्तुवत् प्रोटीन्स - ये जल में अघुलनशील संरचनात्मक प्रोटीन्स होती हैं जो जन्तु शरीर की रचना में प्रमुख भाग लेती हैं। संयोजी ऊतकों, कण्डराओं, उपास्थियों, हड्डी आदि की कोलैजन, इलास्टिन एवं रेटिकुलिन, त्वचा सींगों, नाखूनों, पंखों, बालों आदि की किरैटिन, रेशम की फाइब्रोइन, पेशियों की ऐक्टिन एवं मायोसीन, रक्त के थक्के की फाइब्रिन आदि सब तन्तुवत प्रोटीन्स होती हैं। इनके अणु लम्बे, धागेनुमा और संकुचनशील होते हैं।

(b) अनुबद्ध प्रोटीन्स - ये सरल प्रोटीन्स तथा किसी अन्य पदार्थ की यौगिक होती हैं। इन अन्य पदार्थों को प्रायः प्रोस्थेटिक समूह कहते हैं। इसी समूह के रासायनिक संघटन के आधार पर अनुबद्ध प्रोटीन्स की निम्नलिखित श्रेणियाँ होती हैं –

(i) फॉस्फोप्रोटीन्स - फॉस्फोरिक अम्ल से जुड़ी प्रोटीन्स जैसे दूध की कैजीन।

(ii) न्यूक्लिओप्रोटीन्स - न्यूक्लीक अम्लों और हिस्टोन्स की यौगिक। ये कोशाओं के केन्द्रक

में क्रोमैटिन बनाती है।

(iii) ग्लाइकोप्रोटीन्स या म्यूकोप्रोटीन्स - कार्बोहाइड्रेट्स एवं प्रोटीन्स की यौगिक। संयोजी ऊतकों, उपास्थियों, आहारनाल, लार, साइनोवियल द्रव्य आदि में पाया जाने वाला श्लेष्म, रुधिर का ग्लोबुलिन आदि।

(iv) क्रोमोप्रोटीन्स - प्रोटीन्स एवं रंगा पदार्थों की यौगिक। रुधिर की हीमोग्लोबिन तथा हीमोसाइएनिन, माइटोकॉण्ड्रिया की साइटोक्रोम आदि।

(v) लाइपोप्रोटीन्स - वसा एवं प्रोटीन्स की यौगिक जैसे अण्डे की जर्दी लाइपोविटेलिन तथा रुधिर में संचरित लाइपोप्रोटीन्स।.

(C) व्युत्पन्न प्रोटीन्स - ये सरल या अनुबद्ध प्रोटीन्स के अधूरे जल अपघटन से बनी छोटी पॉलीपेप्टाइड शृंखलायें होती है जो प्रोटीन्स के पाचन में कुछ समय के लिए बनती हैं। इन्हें प्रोटिओजेज एवं पेप्टोन्स कहते हैं (proteinsÙ proteoses Ù peptones Ù peptides Ù amino acids)।

प्रोटीन्स के कार्य -

(1) अपेक्षाकृत सरल एवं घुलनशील प्रोटीन्स जीवद्रव्य के आधारभूत तरल (जल) में घुली रहती हैं और द्रव्य की भौतिक दशाओं (साल एवं जेल) का नियंत्रण करती है।

(2) **तन्तुवतः**- प्रोटीन्स कोशाओं के विभिन्न अंगकों तथा संयोजी ऊतकों की रचना में प्रमुख भाग लेती हैं। अतः ये वृद्धि एवं मरम्मत (ऐनैबोलिज्म) के लिए आवश्यक होती हैं। इन्हें इसीलिये संरचनात्मक प्रोटीन्स कहते हैं।

(3) अनेक जटिल प्रोटीन्स मेटाबोलिक प्रतिक्रियाओं मे उत्प्रेरकों अर्थात् एन्जाइमों का काम करती हैं।

(4) कुछ प्रोटीन्स हॉरमोन के रूप में कोशाओं की क्रियाओं का नियमन करती हैं। इन्हें नियामक प्रोटीन्स कहते है।

(5) अनाज, अण्डों, दूध आदि की पोषक प्रोटीन्स से ऐसे अमीनो अम्ल प्राप्त होते हैं जिनके डीऐमीनेशन के बाद कार्बोक्सिल अंश ऊर्जा-उत्पादक या वसा संश्लेषण में भाग लेते हैं।

(6) रुधिर में संचरित कुछ परिवहन प्रोटीन्स विशिष्ट पदार्थों को शरीर के एक भाग से दूसरे भागों के बीच लाने ले जाने का कार्य करती है। उदाहरणार्थ, रुधिर की हीमोग्लोबिन ऑक्सीजन का संवहन करती है। इसी प्रकार, रुधिर प्लाज्मा की लाइपोप्रोटीन्स वसाओं का यकृत से वसीय ऊतकों तथा अन्य ऊतकों तक संवहन करती हैं। कोशाकला में उपस्थित कुछ प्रोटीन्स विशिष्ट अणुओं का कला के आर-पार संवहन करती है।

(7) एन्टीबॉडीज सुरक्षात्मक प्रोटीन्स होती हैं। ये हानिकारक पदार्थों तथा आक्रमणकारी जीवाणुओं आदि से शरीर की सुरक्षा करती है।

(8) न्यूक्लिओप्रोटीन आनुवंशिक लक्षणों के विकास एवं वंशागति का नियंत्रण करती हैं।

(9) संकुचनशील प्रोटीन्स ऐक्टिन एवं मायोसीन पेशियों को सिकोड़कर शरीर एवं अंगों को

गति प्रदान करती हैं।

(10) रुधिर की कुछ प्रोटीन्स फाइब्रिनोजन एवं थ्रॉम्बिन चोटी पर रुधिर का थक्का बनाकर

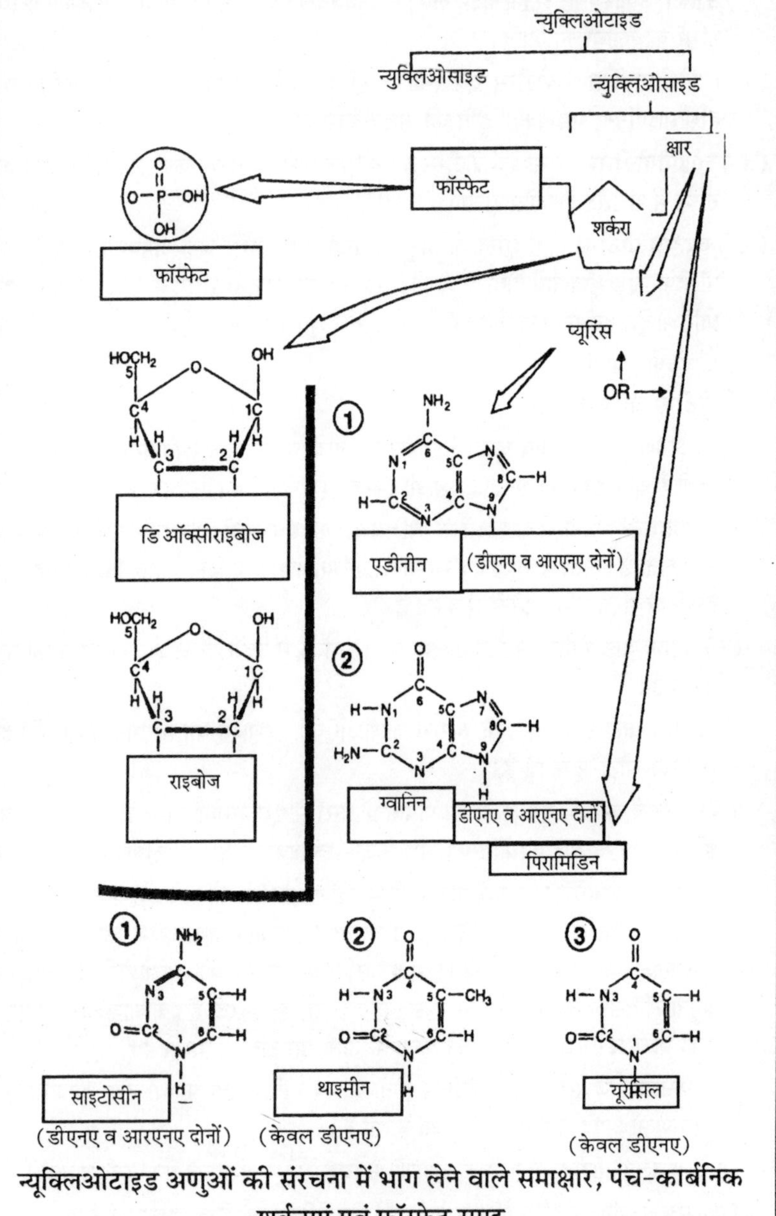

न्यूक्लिओटाइड अणुओं की संरचना में भाग लेने वाले समाक्षार, पंच-कार्बनिक शर्कराएं एवं फॉस्फेट समूह

रक्तस्राव को रोकती हैं।

(11) प्रोटीन्स स्वभावत: क्षारीय होती है और शरीर में अम्ल क्षार संतुलन बनाये रखने में महत्त्वपूर्ण सहयोग देती है।

(4) न्यूक्लीक अम्ल - जीवों में इनकी उपस्थिति की खोज 1868 में फ्रीड्रिक माइजर ने की। आल्टमैन (1889) ने इन्हें यह नाम दिया। इनके अणु प्रोटीन्स के अणुओं से अधिक बड़े और जटिल गुरुअणु होते हैं। जिस प्रकार कार्बोहाइड्रेट्स मोनोसैकराइड्स के तथा प्रोटीन्स अमीनो अम्लों की पॉलीमर होती हैं, उसी प्रकार, न्यूक्लीक अम्ल न्यूक्लिओटाइड अणुओं की इकाइयों या मोनोमरों के पॉलीमर होते हैं। नौ विभिन्न प्रकार के न्यूक्लिओटाइड्स जीव-कोशाओं में पाये जाते हैं। प्रत्येक न्यूक्लिओटाइड अणु स्वयं तीन विभिन्न प्रकार के अणुओं का यौगिक होता है- एक अणु नाइट्रोजनयुक्त कार्बनिक समाक्षार का एक पंच कार्बनिक शर्करा का तथा एक फॉस्फेट समूह (फॉस्फोरिक अम्ल) का यौगिक होता है (चित्र : 7)। जीवतंत्र की न्यूक्लिओटाइड्स के संयोजन में भाग लेने वाले समाक्षार पाँच होते हैं- एडीनीन, ग्वानीन, साइटोसीन, थाइमीन तथा यूरैसिल। एक वलय संरचना के आधार पर इनकी दो श्रेणियाँ होती हैं-प्यूरीन्स (एडीनीन एवं ग्वानीन) तथा पिरिमीडीन्स (साइटोसीन, थाइमीन और यूरैसिल)। न्यूक्लिओटाइड्स की पेन्टोस शर्कराएँ दो होती है-राइबोस तथा डीऑक्सीराइबोस। इन्हीं के आधार पर जीवद्रव्य के न्यूक्लिक अम्ल दो प्रकार के होते हैं- राइबोन्यूक्लीक अम्ल (आरएनए) तथा डीऑक्सीराइबोन्यूक्लीक अम्ल (डीएनए)। आरएनए में शर्करा राइबोस तथा समाक्षार एडीनीन, ग्वानीन, साइटोसीन एवं यूरैसिल होते हैं।

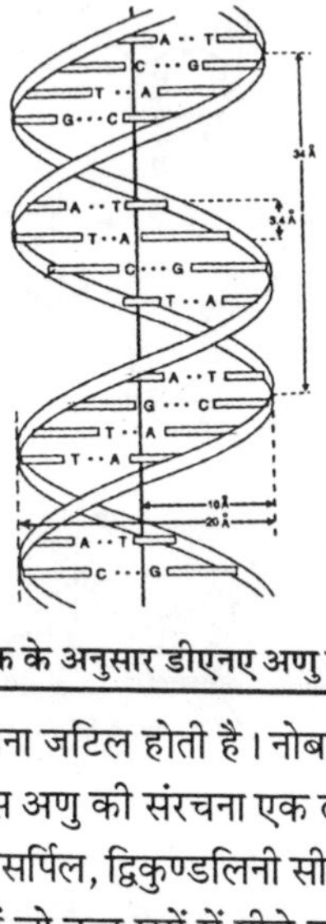

वाट्सन एवं क्रिक के अनुसार डीएनए अणु की द्विकुण्डलिनी संरचना

डीएनए की अणु की संरचना जटिल होती है। नोबल पुरस्कार विजेता वाटसन तथा क्रिक द्वारा प्रस्तुत नमूने के अनुसार, इस अणु की संरचना एक लम्बी, महीन ($20Å = 2nm = 2\ m\mu = 0.000002$ mm thick) एवं सर्पिल, द्विकुण्डलिनी सीढ़ी के तुल्य होती है इसकी तुलना लोहे की उन सीढ़ियों से कर सकते हैं जो कुछ घरों में पीछे बगल में ऊपर चढ़ने हेतु बनवायी जाती हैं। ऐसे एक अणु के संश्लेषण में पहले न्यूक्लिओटाइड्स के अनेक अणु -फॉस्फोडाइएस्टर

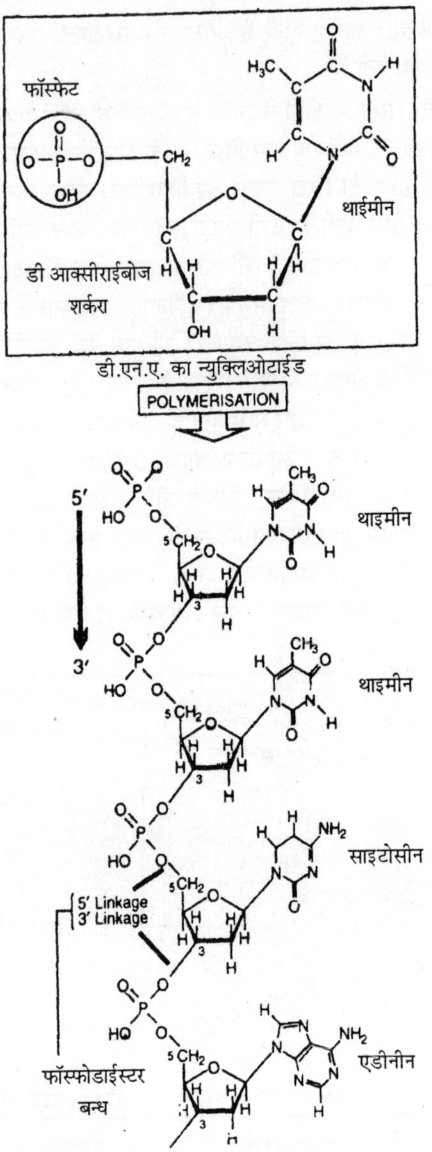

फॉस्फोडाइएस्टर बंधों द्वारा डीएनए के न्यूक्लिओटाइड अणुओं का बहुलीकरण

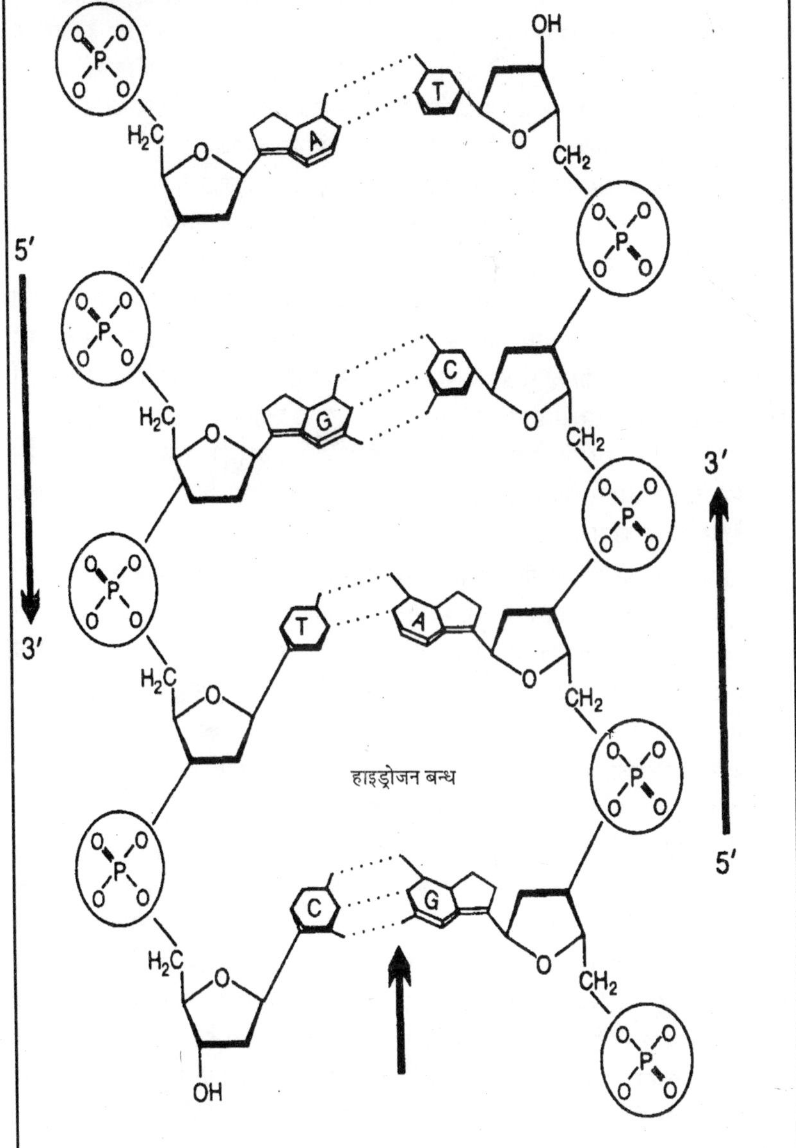

हाइड्रोजन बन्धों द्वारा डीएनए की दो पॉलीन्यूक्लिओटाइड शृंखलाओं के परस्पर जुड़ने कीविधि

बंधों द्वारा एक-दूसरे से जुड़-जुड़कर लम्बी पॉलीन्यूक्लिओटाइड शृंखलाएँ बनाते हैं। यह भी कार्बोहाइड्रेट्स तथा प्रोटीन्स की भाँति, निर्जलीकरण-संघनन संश्लेषण होता है, क्योंकि फॉस्फोडाइएस्टर बन्धों में भी जल के अणु मुक्त होते हैं। इन बन्धों में एक न्यूक्लिओटाइड का फॉस्फेट समूह दूसरे के शर्करा अणु से जुड़ता है तथा समाक्षार अणु एक ओर बगल में रहते हैं। अब दो पॉलीन्यूक्लिओटाइड शृंखलाओं के आमने-सामने के समाक्षार अणु हाइड्रोजन बन्धों द्वारा परस्पर जुड़ते हैं जिससे डीएनए अणु सीढ़ीनुमा (चित्र :11) हो जाता है। स्पष्ट है कि प्रत्येक शृंखला के शर्करा एवं फॉस्फेट अणु एक इस सीढ़ी की अपनी ओर की लम्बी, परन्तु टेढ़ी-मेढ़ी दण्ड बनाते हैं और हाइड्रोजन बंधों द्वारा जोड़ियों में जुड़े, समाक्षार अणु बनाते हैं इसके पगडण्डे के निर्माण में एडीनीन का एक अणु, दो हाइड्रोजन बन्धों द्वारा, सदैव थाइमीन के तथा ग्वानीन का, तीन हाइड्रोजन बन्धों द्वारा, सदैव साइटोसीन के अणु से ही जुड़ता है। इससे सिद्ध होता है कि द्विकुण्डली की दो शृंखलाएँ परस्पर प्रतिसमानान्तर और एक-दूसरी की पूरक होती हैं। द्विकुण्डलिनी प्रति दस पगडण्डों पर एक कुण्डल पूरा कर लेती है। डीएनए के अणु में प्राय: दो लाख से अधिक पगडण्डे हो सकते है तथा सीढ़ी पर इनका अनुक्रम कुछ भी हो सकता है। अत: स्पष्ट है कि जैसे वर्णमाला के अक्षरों के विभिन्न संयोजनों तथा हेर-फेर से असंख्य शब्द बनते हैं वैसे ही जीवों में असंख्य प्रकार के डीएनए अणु होते हैं।

आरएनए के अणुओं की संरचना कुछ सरल होती है। ये प्राय: सीढ़ीनुमा न होकर इकहरी पॉलीन्यूक्लिओटाइड शृंखलाओं के रूप में होते हैं। इनका संश्लेषण डीएनए के अणुओं की शृंखलाओं द्वारा ही, अपनी प्रतिलिपियों के रूप में किया जाता है। डीएनए मुख्यत: कोशाओं के केन्द्रक में होता है। आरएनए केन्द्रक एवं कोशाद्रव्य दोनों में होता है, परन्तु इसका प्रमुख कार्य कोशाद्रव्य में होता है।

न्यूक्लिक अम्लों का कार्य - डीएनए के अणु आनुवंशिक पदार्थों को पीढ़ी-दर-पीढ़ी ले जाने का कार्य करते हैं। जीव का विकास, वृद्धि, संरचना और प्रत्येक मेटाबोलिक क्रिया प्रोटीन्स पर निर्भर करती है और इन प्रोटीन्स का संश्लेषण डीएनए द्वारा नियंत्रित होता है। डीएनए के अणुओं द्वारा संश्लेषित विभिन्न आरएनए के अणु केन्द्रक से कोशाद्रव्य में पहुँचकर राइबोसोम्स पर विविध प्रोटीन्स का संश्लेषण करते हैं। अत - जैसे डीएनए वैसे ही आरएनए, वैसी ही प्रोटीन्स तथा एन्जाइम्स और वैसी ही संरचना, मेटाबोलिक प्रतिक्रियाएँ एवं जैव-क्रियाएँ अर्थात् जीवन इस प्रकार -(i)जिस मास्टर योजना के अनुरूप जन्म से मृत्यु तक किसी जीव में कोशाएँ बनतीं और कार्य करती हैं उसकी मूल रूपरेखा डीएनए के रूप में होती है। (ii)न्यूक्लीक अम्ल प्रोटीन्स से मिलकर न्यूक्लिओप्रोटीन्स बनाते हैं जो कोशाओं के केन्द्रक में गुणसूत्रों के रूप में रहती है। न्यूक्लिओप्रोटीन्स का सबसे अभूतपूर्व लक्षण यह है कि ये विभिन्न सरल पदार्थों से अपनी ही तरह के पदार्थ का संश्लेषण कर लेती हैं। (iii) न्यूक्लीक अम्ल न्यूक्लिओटाइड मोनोमर्स के जटिल बहुलक होते हैं और इन बहुलकों के छोटे-छोटे खण्ड एकाकी जीन्स का काम करते हैं। कुछ न्यूक्लिओटाइड्स जैव ऊर्जा धारकों (उदाहरण- एटीपी) का कुछ अन्य पदार्थों से मिलकर सहएन्जाइमों (को-एन्जाइम) का तथा कुछ अन्त:कोशीय संदेशवाहकों (उदाहरण-चक्रिक एएमपी)का काम करते हैं। ❑❑❑

अध्याय 12

जैविक झिल्लीयों में विद्युत विभव

कार्यिकी का शारीरिकी आधार (On the basis of Physico anatomic association)

(A) कायिक अभिवाही (Somatic afferent)— ये तन्त्रिकाएँ PNS के कायिक भाग से सम्बन्धिक होती है। ये त्वचा, कंकाली पेशियों एवं सन्धियों से उद्दीपनों को CNS में ले जाती हैं।

(B) कायिक अपवाही (Somatic efferent)— ये तन्त्रिकाएँ PNS के कायिक भाग से सम्बन्धित होती है। ये CNS से उद्दीपनों को कंकाली पेशियों में प्रेषित करती है।

(C) आंतरांग अभिवाही (Visceral afferent)— ये तन्त्रिकाएँ उद्दीपनों को रक्त वाहिनियों एवं आंतरांग से CNS में ले जाती है।

(D) आंतराग अपवाही (Visceral efferent)— ये तन्त्रिकाएँ ANS से सम्बन्धित होती है। ये CNS से उद्दीपनों को चिकनी पेशियों, हदय पेशियों एवं ग्रन्थियों को ले जाती है।

मस्तिष्क में हजारों प्रकार की सम्बद्ध तन्त्रिकाएँ (Association neurone)भी पाई जाती है। इनका नामकरण इनके खोजकर्ता (Histologist) अथवा तन्त्रिका के आधार पर भी किया जाता है। ये परकिन्जी कोशिकाएँ (Purkinjee Cells), रेन्शॉ कोशिकाएँ (Renshaw Cells), पिरामिडल कोशिकाएँ (Pyramidal Cell) इत्यादि।

तन्त्रिका कार्यिकी (Neuro Physiology)

उद्दीपन (Stimulus)— शरीर के आंतरिक एवं बाहरी वातावरण में होने वाला कोई भी परिवर्तन जो तन्त्रिका या पेशी को उत्तेजित करने में सक्षम होता है। इस प्रकार के परिवर्तन उद्दीपन (Stimulus) कहलाते हैं। उद्दीपन सामान्यतया निम्नाकिंत प्रकार का होता है।

(1) यान्त्रिक उद्दीपन (Mechanical Stimulus)— जब कोई ऊतक, यान्त्रिक कारणों से उत्तेजनशीलता दर्शाता हो तो यह कारक यान्त्रिक उद्दीपन कहलाता है। जैसे स्पर्श (Touch)।

(2) भौतिक उद्दीपन (Physical Stimulus)— विभिन्न भौतिक कारक जैसे ऊष्मा (Heat), ताप (Temperature), आर्द्रता इत्यादि भौतिक उद्दीपन की श्रेणी में आते हैं।

(3) रासायनिक उद्दीपन (Chemical Stiumuls)— विभिन्न प्रकार के अम्ल एवं क्षार रासायनिक उद्दीपन की श्रेणी में आते हैं।

(4) विद्युत उद्दीपन (Electrical Stimulus)— विद्युत धारा के द्वारा जीवित ऊतकों में उत्तेजना उत्पन्न हो सकती है।

तन्त्रिकीय आवेग (Nerve impulse)

तन्त्रिकीय आवेग एक प्रकार का भौतिक रासायनिक परिवर्तन है जो तन्त्रिका तंतु के द्वारा संचरित होता है। इस संचरण में तन्त्रिका की विद्युतीय एवं रासायनिक अवस्था में परिवर्तन होता

है। दूसरे शब्दों में आवेग विभिन्न क्रियाओं की श्रृंखला है जो एक तन्त्रिका तंतु में परिवहित होता है। आवेग के संचरण के पश्चात् तन्त्रिका पुनः वास्तविक स्थिति में आ जाती है। इस प्रक्रम में O_2 एवं ऊर्जा का उपभोग होता है। तन्त्रिकीय आवेग न तो पूर्णतया विद्युतीय होते हैं और न ही रासायनिक होते हैं बल्कि विद्युत रासायनिक होते हैं। इस प्रकार तन्त्रिकीय आवेग एक प्रकार की भौतिक रासायनिक घटना है जो तन्त्रिका तंतु में संचरित होती है। दूसरे शब्दों मं तन्त्रिकीय आवेग विद्युतीय विध्रुवण (Electrical depolarisation) एवं पुनध्रुर्वण (Repolarisation) की घटना है जो तन्त्रिका तंतु में परिवहित होती है।

तन्त्रिका से तन्त्रिका में एवं तन्त्रिका से पेशियों में तथा तन्त्रिका से ग्रन्थियों में होने वाला आवेग संचरण तन्त्रिका एवं पेशी तंतु की प्लाज्मा झिल्ली के दो मुख्य गुणों पर निर्भर करता है।

(1) झिल्ली विभव (Membrane Potential)— अन्य कोशिकाओं की तरह तन्त्रिका एवं पेशी कोशिका की झिल्ली में झिल्ली विभवान्तर उपस्थित होता है। विश्राम अवस्था में इसे **विराम विभव** (Resting Potential) भी कहते हैं। उचित उद्दीपन के कारण आयनों का विनिमय होता है परिणामतः स्तरित विभव (Action-Potential) एवं सक्रिय विभव उत्पन्न होता है। इस कारण उद्दीपन का संचरण होता है।

(2) आयन चैनल (Ion Channels)— तन्त्रिका झिल्ली में विभिन्न प्रकार के आयन चैनल उपस्थित होते हैं। ये चैनल विशिष्ट उद्दीपनों के कारण खुलते हैं तथा बंद होते हैं। प्लाज्मा झिल्ली में उपस्थित फोस्फोलिपिड विद्युत की कुचालक होती है। अतः इन झिल्लियों में विद्युत का प्रवाह इन आयन चैनलों के खुलने तथा बंद होने के कारण होता है। आयनों के विनीमय के कारण धारा का प्रवाह होता है तथा झिल्ली का विभवांतर परिवर्तित हो जाता है।

आयन चैनल (Ion Channels)— आयन चैनल मुख्यतया दो प्रकार के होते है।

(1) लीकेज चैनल (Leakage channel)— ये चैनल सदैव खुले रहते हैं।

(2) गैटेड चैनल (Gated Channel)— ये चैनल किसी उद्दीपन के कारण ही खुलते हैं अथवा बंद होते हैं। तन्त्रिका की प्लाज्मा झिल्ली में K^+ लीकेज चैनल की संख्या, Na^+ लीकेज चैनल से अधिक होती है। इसी कारण इन झिल्लीयों की पारगम्यता Na^+ की तुलना में K^+ के लिये अधिक होती है। आयन गैटेड चैनल का नियमन चार प्रकार के उद्दीपनों द्वारा होता है।

(A) विभव (Voltage)— इस प्रकार के चैनल, झिल्ली विभव में परिवर्तन के कारण खुलते हैं अतः इन्हें **वोल्टेज गैटेड आयन चैनल** (Voltage gated ion channel) कहते है। इन चैनलों की उपस्थिति के कारण तन्त्रिका तथा मांसपेशी में उत्तेजनशीलता का गुण पाया जाता है।

(B) रसायन (Chamical)— इस प्रकार के चैनल विशिष्ट रासायनिक उद्दीपन के कारण खुलते हैं अतः इन्हें **केमिकल गैटेड आयन चैनल** (Chemical gated Ion channel) कहते हैं। इन चैनल का नियमन विभिन्न प्रकार के तन्त्रिकीय प्रेषक (Neurotransmitter), एसिटीलकोनी, H^+, Ca^{++} इत्यादि के कारण होता है। इन रसायनों का प्रभाव मुख्य रूप से एक या अधिक आयनों के प्रति पारगम्यता में परिवर्तन के द्वारा या G-प्रोटीन व चक्रिय AMP (C-AMP) के

उपयोग द्वारा होता है। विभिन्न प्रकार के हॉर्मोन तथा तन्त्रिकीय प्रेषक अपना कार्य G प्रोटीन अथवा चक्रिय AMP के द्वारा करते हैं।

(C) यान्त्रिक दाब (Mechanical Pressure)— सामान्य दाब, यान्त्रिक दाब एवं ध्वनि दाब के कारण मैकेनिकल गैटेड आयन चैनल (Mechanical gated ion channel) खुलते हैं। इस प्रकार के चैनल संवेदी ग्राहियों (Sensory receptor) में पाये जाते हैं।

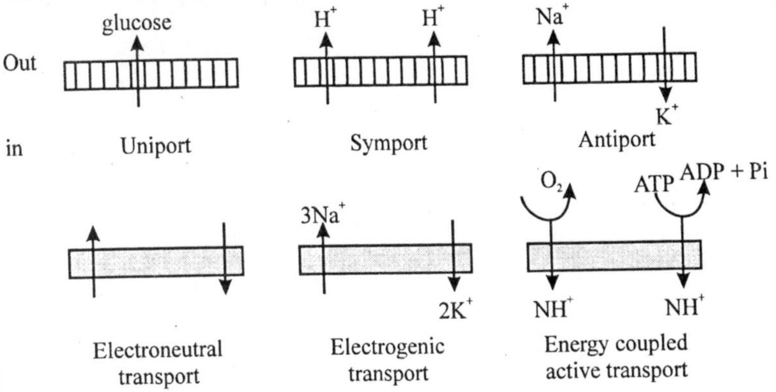

झिल्ली के आर पार अणुओं का परिवहन

(D) प्रकाश (Light)— ये चैनल प्रकाश के प्रभाव के कारण बंद रहते हे। ये चैनल प्रकाश ग्राहियों (Photoreceptor) में पाये जाते हैं।

तन्त्रिका आवेग का संचरण (Conduction of Nerve impulse)

न्यूरोन की रचना के अध्ययन में हमने पाया कि एक्सोन एक खोखले बेलन के समान रचना होती है, इसमें एक्सोप्लाज्म भरा रहता है। एक्सोन के चारों ओर उपस्थित झिल्ली **एक्सोलेमा** कहलाती है। यह झिल्ली प्लाज्मा झिल्ली के समान लिपोप्रोटीन की बनी होती है। एक्सोलेमा अर्द्धपारगम्य झिल्ली के समान कार्य करती है। तन्त्रिका आवेग का संचरण झिल्ली में विभवांतर परिवर्तन के कारण होता है। तन्त्रिका आवेग का उत्पादन तथा प्रेषण निम्न पदों में होता है।

(1) विराम कला विभव (Resting membrane potential)

जब तन्त्रिकीय आवेग का संचरण नहीं हो रहा हो तो एक्सोन का बाहरी तरल भीतरी तरल की तुलना में अधिक धन विद्युती (Electro positive) होता है। इस प्रकार एक्सोन के बाहर तथा भीतर पाये जाने वाले आवेश का **अंतर विभवांतर** (potential difference) कहलाता है।

तन्त्रिकाओं में विराम कला विभव का मान -40 mv से - 90mv तक होता है। सामान्यतया यह मान -70 mv होता है। यहाँ पर -Ve चिन्ह इस बात को निरुपित करता है कि तन्त्रिका का आंतरिक भाग बाहरी भाग की तुलना में अधिक ऋणावेशित होता है। विश्राम कला विभव हेतु दो मुख्य कारक उत्तरदाई होते हैं।

(i) झिल्ली के दोनों ओर आयनों का असमान वितरण (Unequal distribution of ions across the plasma memb)— सामान्यतया बाह्य कोशिकीय तरल (E.C.F.) में Na^+ तथा Cl^- की प्रचुरता होती है। साइटोसोल (Cytosol) में K^+, कार्बनिक फॉस्फेट एवं एमिनों अम्ल उपस्थित होते है।

(ii) Na^+ तथा K^+ के लिये आपेक्षिक पारगम्यता

(Relative permeability of plasma membrane to Na^+ & K^+)

विराम अवस्था में K^+ की पारगम्यता Na^+ की तुलना में 50–100 गुना अधिक होती है। इस कारण K^+ आयन एक्सोप्लाज्म से बाहर की ओर विसरित हो जाते हैं परिणामत: भीतरी सतह और अधिक ऋण आवेशित हो जाती है। जब K^+ बाहर विसरित होते हैं तो कुछ Na^+, ECF से कोशिका के अंदर आ जाते हैं। कुछ समय पश्चात् जब एक्सोन के बाहर K^+ की सांद्रता अधिक हो जाती है तो ये Na^+/K^+ पम्प के द्वारा पुन: एक्सोप्लाज्म में परिवहित होते हैं लेकिन इस पम्प के कारण दो K^+ भीतर परिवहित होते हैं तो तीन Na^+ बाहर परिवहित होते हैं। इस प्रकार के पम्प इलेक्ट्रोजेनिक (Electrogenic) होते है क्योंकि ये विराम कला विभव की ऋणात्मकता को बनाये रखते हैं। यद्यपि इस पम्प का सम्पूर्ण प्रभाव बहुत कम होता है जो सम्पूर्ण - 70 mv का - 3 mv के लगभग होता है।

(2) ग्रेडेड विभवांतर (Graded Potential)— ग्रेडेड विभवांतर, विरामकला विभव में होने वाला सूक्ष्म विचलन है जो किसी उचित उद्दीपन के कारण होता है। उद्दीपन की प्रकृति के

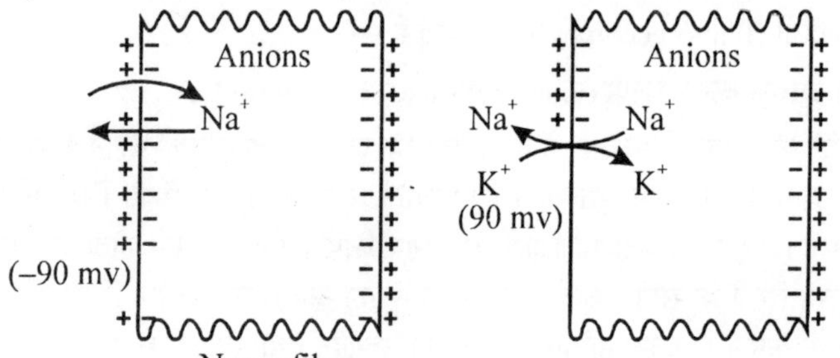

सक्रिय गमन

आधार पर ग्रेडेड विभवांतर का नामकरण अलग-अलग होता है। जैसे कोई न्यूरोट्रांसमीटर (Neurotransmitter) केमिकल गैटेड आयन चैनल के ग्राही के साथ बन्धित हो जाता है तो उत्पन्न विभव **पोस्ट सिनेप्टिक विभव** (post synaptic potential) कहलाता है। ग्रेडेड विभवांतर के कारण झिल्ली या तो और अधिक ध्रुवित हो जाती है जिसमें भीतरी सतह और अधिक ऋणावेशित हो जाती है। इसे **हाइपरपोलेराइजेशन** (Hyperpolarisation) कहते हैं। यह विराम कला विभव क्रम ध्रुवित हो सकता है जिसमें भीतरी सतह कम ऋणावेशित होती है। इसे **डीपोलेराइजेशन** (Depolarisation) कहते हैं। ग्रेडेड विभवान्तर सामान्तया डेन्ड्राइट तथा

कोशिका काय में उत्पन्न होता है। एक्सोन में यह कभी-कभी उत्पन्न होता है। जिस स्थान पर ग्रेडेड विभवांतर उत्पन्न होता है, उस स्थान पर रासायनिक, यान्त्रिक या प्रकाश संवेदी गेटेड चैनल उपस्थित होते हैं। इस प्रकार का विभव स्तरित प्रकार का होता है क्योंकि इसका आयाम उद्दीपन की तीव्रता पर निर्भर करता है। इनका आयाम कम या अधिक हो सकता है जो चैनल के खुलने अथवा बंद होने तथा खुलने अथवा बंद होने के समय अंतराल पर निर्भर करता है। चैनलों के खुलने के कारण विशिष्ट आयनों का परिवहन प्रभावित होता है। इन आयनों के प्रवाह के कारण धारा का स्थानिय प्रवाह उत्पन्न होता है। यह विभव अधिक दूरी तक संचरित नहीं हो सकता है।

(3) सक्रिय कला विभव (Action Potential)— जब ट्राइगर जोन में पर्याप्त मात्रा में विध्रुवण हो जाता है तो सक्रिय कला विभव उत्पन्न हो जाता है। वोल्टेज गैटेड Na^+ चैनल के खुलने के कारण Na^+ बाहरी तरल से एक्सोप्लाज्म में प्रवेश करते हैं। इस कारण झिल्ली का भीतरी धनावेश बढ़ जाता है व बाहर की सतह ऋणआवेशित हो जाती है एवं झिल्ली विभवांतर -70mv से - 55 mv, 0mv व अंत में + 30 mv हो जाता है। विध्रुवण के समय विद्युतिकी एवं रासायनिक प्रवणता के कारण भीतर की तरफ प्रवाहित होते हैं।

प्रत्येक वोल्टेज गैटेड Na^+ चैनल में दो पृथक् गैट होते हैं।

(i) सक्रियण गैट (Activation Gate)

(ii) निष्क्रियण गैट Inactivation Gate)

विराम अवस्था में निष्क्रियण गैट खुला रहता है लेकिन सक्रियण गैट बंद रहता है। इस कारण Na^+ इस चैनल से परिवहित नहीं हो पाते हैं। यह वोल्टेज गैटेड Na^+ चैनल की विराम अवस्था है। थ्रीसोल्ड के समय अधिकांश Na^+ चैनल सक्रिय हो जाते है। इस समय Na^+ चैनल के सक्रियण तथा निष्क्रियण गैट दोनों खुले रहते हैं एवं Na^+ भीतर की तरफ प्रवेश करते हैं। ज्यो-ज्यो Na^+ भीतर की तरफ प्रभावित होते हैं झिल्ली विध्रुवित हो जाती है। झिल्ली का यह विध्रुवण एक प्रकार से धनात्मक पुनर्भरण (+ve feed back) का कार्य करता है। अलग-अलग तंत्रिकाओं में सक्रिय विभव का मान अलग-अलग प्रकार होता है, लेकिन किसी एक प्रकार की तंत्रिका के लिये यह मान लगभग निश्चित होता है।

इसी विध्रुवण के कारण Na^+ हेतु निष्क्रिमण गैट भी बंद हो जाते हैं। यह चैनल की निष्क्रिय प्रावस्था है। सक्रियण गैट के खुलने के एक सैकण्ड के दस हजारवें हिस्से से भी कम समय पश्चात निष्क्रियण गैट बंद हो जाते हैं। इस प्रकार वोल्टेज गेटेड Na^+ चैनल एक सैकण्ड के दस हजारवें हिस्से से भी कम समय तक खुलते हैं। जब तक यह चैनल खुला रहता है लगभग 20,000 Na^+ झिल्ली के द्वारा प्रवाहित होते हैं एवं झिल्ली विभवांतर को कुछ हद तक प्रभावित करते है। यद्यपि तंत्रिका के बाहर लाखों की संख्या में Na^+ उपस्थित होते है। अतः Na^+ की सांद्रता में होने वाला परिवर्तन बहुत ही सूक्ष्म होता है क्योंकि बहुत ही कम मात्रा में Na^+ अंदर प्रवेश करते हैं। इन Na^+ आयनों को Na^+ पम्प द्वारा बाहर निकला दिया जाता है। इस कारण तंत्रिका के अंदर Na^+ की सांद्रता कम बनी रहती है।

(4) पुनः ध्रुवण (Repolarization)

थ्रीसोल्ड विध्रुवण के कारण न केवल Na^+ चैनल खुलते हैं बल्कि K^+ चैनल भी खुलते हैं। K^+ चैनल यद्यपि धीरे खुलते हैं, अत: K^+ चैनल के खुलने के समय Na^+ चैनल भी बंद हो जाते हैं। K^+ चैनल के खुलने के कारण तथा Na^+ चैनल के बंद होने के कारण पुर्नध्रुवण की घटना होती है एवं विश्राम विभव की पुन: प्राप्ती होती है। जब Na^+ चैनल निष्क्रिय हो जाते हैं तो Na^+ का प्रवाह कम हो जाता है। इसी समय K^+ चैनल खुले होते हैं जिससे K^+ का बाहर का तरफ प्रवाह त्वरित हो जाता है। Na^+ के अंत:प्रवाह (Inflow) के कम होने तथा K^+ के बहि:प्रवाह (Outflow) के कारण झिल्ली का विभवांतर +30 mv से -70 mv हो जाता है। पुनर्ध्रुवण क

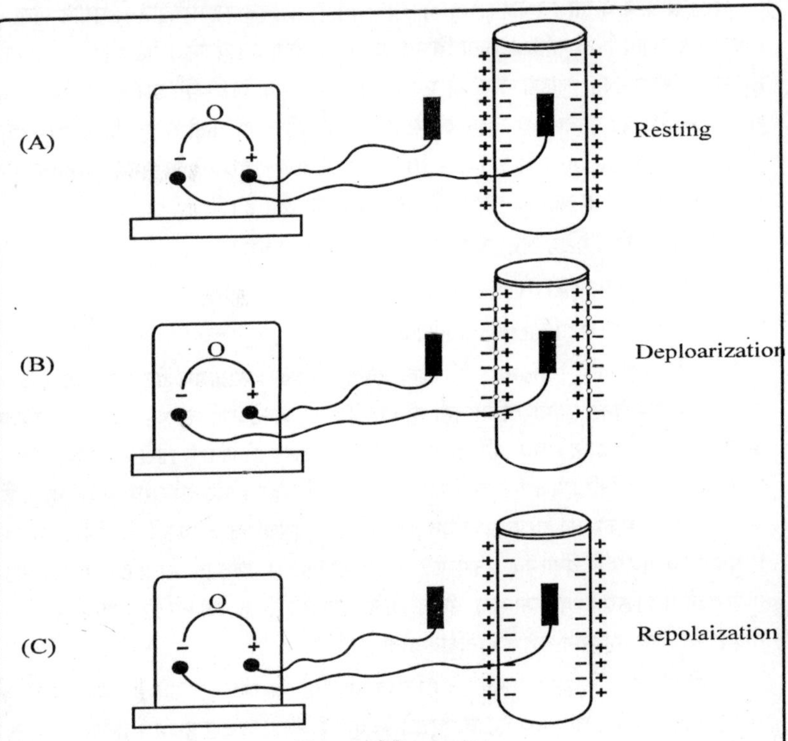

तंत्रिका कोशिका ध्रुवण

कारण विश्राम विभव की पुन: प्राप्ति हो जाती है एवं निष्क्रिय Na^+ चैलन पुन: विश्राम अवस्था में आ जाते हैं।

जब तक K^+ चैनल खुले रहते हैं तब तक K^+ का बहि:र्प्रवाह अत्यधिक हो जाता है इस कारण तत्पश्चातीय हाइपरपोलेराइजेशन हो जाता है। इसके बाद में हारपरपोलेराइजेशन की अवस्था आती है। इस अवस्था में झिल्ली यद्यपि विश्रामावस्था की तुलना में K^+ के लिए अधिक

पारगम्य होती है एवं झिल्ली विभवांतर – 70 mv हो जाता है। यद्यिपि Na^+ चैनल की तुलना में K^+ चैनल निष्क्रिय अवस्था में नहीं होते हैं बल्कि निष्क्रिय एवं सक्रिय अवस्था में मध्य दोलित होते रहते हैं।

सक्रिय विभव का संचरण (Propagation of Action poetential)

तन्त्रिकीय आवेग के कारण सुचनाएं शरीर में एक भाग से दूसरे भाग में संचरित होती है। तन्त्रिकीय आवेग का संचरण माइलिन युक्त व माइलिनविहीन तन्त्रिकाओं में अलग-अलग प्रकार से होता है। माइलिन विहीन तन्त्रिकाओं में यह संचरण संतत (Continuous) प्रकार का एवं माइलिन युक्त तन्त्रिकाओं में वल्गी (Saltatorial) प्रकार से संचरण होता है।

(A) संतत संचरण (Continuous propagation)

इस प्रकार का उद्दीपन संचरण पेशी तंतु एवं माइलिन विहीन तंतुओं में होता है। इस प्रकार के उद्दीपन संचरण में प्रत्येक पारस्परिक क्षेत्र क्रमशः विद्युवित एवं पुनर्ध्रुवित होता है। इस प्रकार का संचरण संतत संचरण कहलाता है।

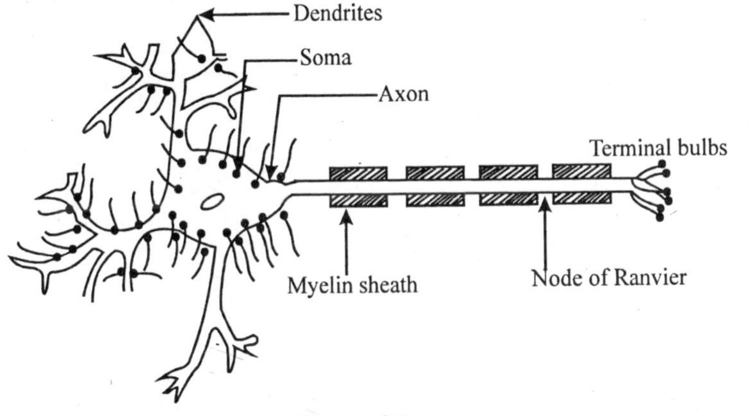

तंत्रिका कोशिका

(B) वल्गी संचरण (Saltatorial conduction)

वल्गी संचरण, माइलिन युक्त तन्त्रिकाओं में पाया जाता है। इस संचरण का वर्णन सर्वप्रथम **होयले** (Hoyle) ने किया था। माइलिन, लिपिड युक्त आवरण है जो एक प्रभावी कुचालक (Insulator) का कार्य करता है। इस अपारगम्य आवरण के कारण विद्युत उत्तेजनशीलता केवल, पर्वसंन्धियों (Nodes of Ranvier) पर ही होता है। इस प्रकार माइलिन युक्त तन्त्रिकाओं में उद्दीपन का संचरण एक पर्वसन्धि (Node) से दूसरी पर्वसन्धि (Node) तक होती है। आवेग संचरण की यह विधि **वल्गी संचरण** (Saltatorial Conduction) कहलाती है। माइलिन आवरण के कारण तन्त्रिका आवेग की गति बढ़ जाती है एवं संलग्न तंतुओं में आवेग क्षय कम हो जाता है। पर्वसन्धियों पर उपस्थित झिल्ली 500 गुना अधिक पारगम्य होती है। मज्जा युक्त

तन्त्रिकाओं में आवेग संचरण मज्जा विहीन तन्त्रिकाओं की तुलना में अधिक तीव्रता में होता है। माइलिन युक्त तन्त्रिकाओं में आवेग संचरण मज्जा विहीन तन्त्रिकाओं की तुलना में अधिक तीव्रता में होता है। माइलिनयुक्त तन्त्रिकाओं में उद्दीपन संचरण की गति तन्त्रिका तंतु के व्यास के समानुपाती होती है। वल्गी संचरण में प्रेषण वेग के बढ़ने के साथ-साथ विश्रामवस्था की प्राप्ति के लिये उपापचयी क्रियाओं की आवश्यकता में भी कमी आ जाती है। साथ ही आयनों का विनियम केवल पर्वसन्धियों पर ही होता है जिससे आयनों के विनियम हेतु कम ऊर्जा की आवश्यकता होती है।

उद्दीपन संचरण की गति (Speed of impulse progagation)

तन्त्रिकाओं में होने वाले उद्दीपन संचरण की गति उद्दीपन की तीव्रता से सम्बन्धित नहीं होती है। तन्त्रिकाओं का व्यास तथा इन पर उपस्थित माइलिन आवरण उद्दीपन संचरणर की गति को प्रभावित करते हैं। तन्त्रिकाओं के गर्म होने पर संचरण की गति बढ़ जाती है एवं ठण्डा होने पर गति कम हो जाती है। तन्त्रिकाओं को स्थानीय रूप से ठण्डा करने पर उद्दीपन संचरण अवरुद्ध हो जाता है। तन्त्रिकाओं के व्यास एवं गति के आधार पर तन्त्रिकाएं तीन प्रकार की होती है।

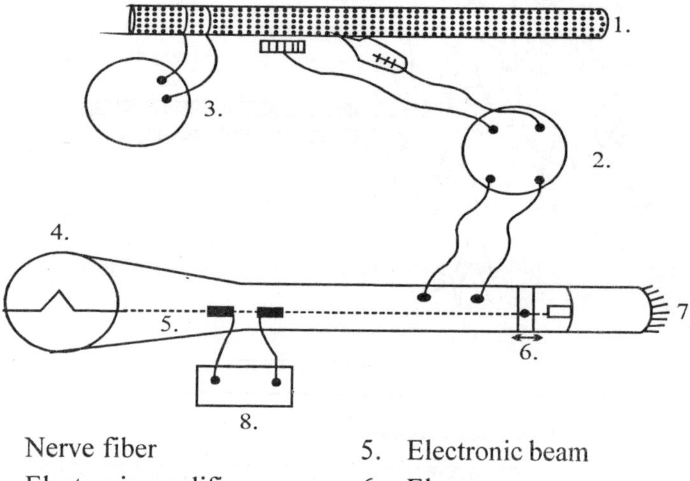

1. Nerve fiber
2. Electronic amplifier
3. Electric stimulator
4. Recorded action potential
5. Electronic beam
6. Electron gun
7. Plugs
8. Electronic sweep circuit

आसीलास्कोप द्वारा पेशी की गति

(i) A- तंतु (A- Fiber)- इनका व्यास 5-20 μm होता है एवं इन पर माइलिन का आवरण पाया जाता है। इनका रेफरेक्ट्री पीरियड कम होता है। इनमें संचरण की गति 12-130 मीटर सैकण्ड होती है। लम्बी संवेदी तंत्रिकाओं के एक्सोन A- प्रकार के होते हैं।

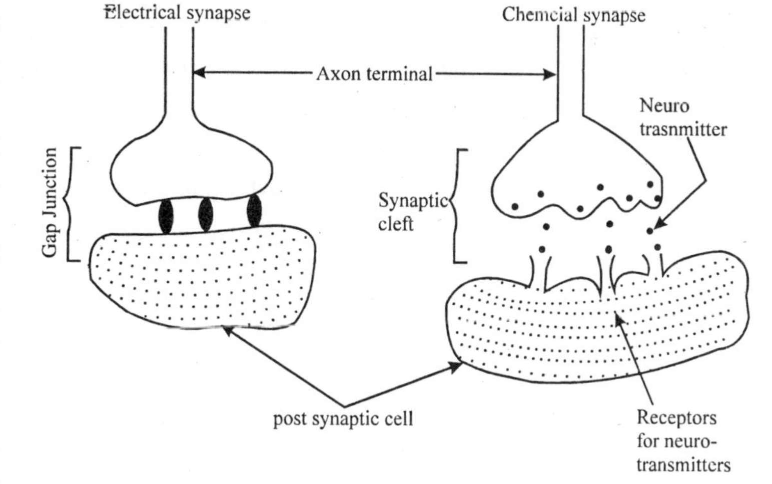

आवेग परिवहन

(ii) B- तुतं (B- Fiber)- इनका व्यास 2-3 µm होता है। इनका रेफरेक्ट्री पीरियड अधिक होता है। इन पर माइलिन का आवरण पाया जाता है। इनमें संचरण की गति 15 मीटर सैकण्ड होती है। शरीर के आंतरांगों से मस्तिष्क तक उद्दीपन का संचरण B-तंतुओं के द्वारा होता है।

(iii) C- तुतं (C- Fiber)- इनका व्यास 1.5 µm होता है। इनका रेफरेक्ट्री काल अधिक लम्बा होता है। इनमें संचरण की गति 0.5-2 µm मीटर सैकण्ड होती है। इन पर माइलिन आवरण अनुपस्थित होता है। त्वचा के सम्पर्क, दाब, तापमान, अत्यधिक ठण्ड आदि के उद्दीपन इन तन्त्रिकाओं द्वारा संचरित होते हैं।

सिनैप्स एवं सिनैप्टिक प्रेषण (Synapse and synaptic Transmission)

संवेदी अंगों से प्रभावी अंगों तक उद्दीपन का संचरण एक से अधिक तंत्रिकाओं के द्वारा होता है। पारस्परिक तन्त्रिकाएँ आपस में संलयित नहीं होती है बल्कि सूक्ष्मदर्शिय अवकाश द्वारा एक दूसरे से पृथक रहती है। यह अवकाश **सिनेप्स** (Synapse) कहलाता है। इस प्रकार सिनैप्स वह संयोजन स्थल है जहाँ पर एक तन्त्रिका समाप्त होती है एवं दूसरी तंत्रिका प्रारंभ होती है। सामान्यतया एक तन्त्रिका के एक्सोन एवं द्वितीय तन्त्रिका के डेन्ड्राइट के द्वारा सिनेप्स का निर्माण होता है। एक्सोन को प्रदान करने वाली तन्त्रिका **प्रीसिनैप्टिक न्यूरोन** (Presynaptic neurone) एवं डेन्ड्राइट को प्रदान करने वाली कोशिका, **पोस्ट सिनैप्टिक न्यूरोन** (Postsynaptic Neurone) कहलाती है। एक्सोन की झिल्ली जो सिनेप्स से पहले उपस्थित होती है। प्रीसिनेप्टिक मेम्ब्रेन (Post synaptic membrane) कहलाती है। डेन्ड्राइट की झिल्ली जो सिनैप्स के बाद में उपस्थित होती है **पोस्ट सिनैप्टिक मेम्ब्रेन** (Post synaptic membrane) कहलाती है। पोस्ट

सिनैप्टिक मेम्ब्रेन का वह भाग जो प्रीसिनेप्टिक मेम्ब्रेन के मध्य 10–20 nm चौड़ा अवकाश पाया जाता है। कुद सिनेप्स में इंटर सिनेप्टिक फिलामेन्ट पाये जाते है जो एक्सोन तथा डेन्ड्राइट की झिल्लीयों को आपस में जोड़ने का कार्य करते हैं। कुछ कशेरुकी प्राणियों के सिनैप्स में तंतुओं का बना हुआ सिनेप्टिक जाल पाया जाता है। यह सिनेप्टिक जाल, पोस्ट सिनेप्टिक कोशिकाओं के कोशिकादव्य में धंसा रहता है।

Table 1 -Comparision of Nerve and Muscle action potential

	Nerve action potential		Muscle action poetntial
1.	विश्राम विभव – 70 mv होता है।	1.	विश्राम विभव – 90 mv होता है।
2.	सक्रिय विभवकाल 0.5–2 सैकण्ड होता है।	2.	सक्रिय विभवकाल 1–5 m सैकण्ड होता है।
3.	पेशी उद्दीपन संचरण पेशी संचरण उद्दीपन संचरण से 18 गुना तेजी से होता है।	3.	यह उद्दीपन संचरण, तंत्रिकीय संचरण की तुलना में 18 गुना कम होता है।

एक्सोन की अन्तिम रचनाएँ घुण्डी के समान रचनाओं में रूपान्तरित हो जाती है जिन्हें **सिनेप्टिक नोब** (Synaptic Knob) कहते हैं। इनका आकार 0.5 से 2μ तक होता है। सिनेप्टिक नोब में एसिटिल कोलीन युक्त-पुट्टिकाएँ पाई जाती है। इन पुट्टिकाओं का व्यास 20–65 nm तक होता है। ये सभी पुट्टिकाएं 4 से 5nm मोटी इकाई झिल्ली के द्वारा आबद्धित रहती है। सिनेप्टिक नोब में माइटोकोण्ड्रिया भी उपस्थित होते हैं। प्रत्येक नोब में इनकी संख्या 4 से 9 तक हो सकती है। माइटोकोण्ड्रिया, न्यूरोट्रांसमिटर के संश्लेषण एवं निर्मुक्ति में ऊर्जा प्रदान करते हैं।

(8) सिनैप्स के क्रियात्मक लक्षण (Functional Prperties of Synapse)

(i) सामान्तया सभी सिनैप्स एकद्विशीय (Unidirectional) होते हैं। इनमें उद्दीपन का संचरण एक तन्त्रिका के एक्सोन से दुसरी तन्त्रिका के डेन्ड्राइट की तरफ होता है। इसे **अग्रचालकता का नियम** (Law of forward conduction) कहते हैं। कुछ सिनैप्स में उद्दीपन संचरण द्विदिशीय होता है।

(ii) सिनैप्स में आवेगों के संकलन तथा संदमन का गुण पाया जाता है।

(iii) सिनैप्स द्वारा तन्त्रिकीय आवेगों के अभिसरण एवं अपसरण का कार्य भी हो सकता है।

(iv) तन्त्रिकीय आवेग के एक्सोन से डेन्ड्राइट तक स्थानांतरित होने में सिनैप्टिक विलम्ब पाया जाता है।

(v) सिनैप्स उद्दीपन के प्रसारण केन्द्र के साथ-साथ समाकलक का भी कार्य करते हैं।

(vi) सिनैप्स की कार्यिकी पर रासायनिक पदार्थों का प्रभाव अलग-अलग प्रकार से होता है। कुछ रासायनिक पदार्थों से सिनैप्स की क्रियाशीलता बढ़ जाती है जबकि कुछ पदार्थों द्वारा इसकी क्रियाशीलता कम हो जाती है।

❑❑❑

अध्याय
13

कोशिका झिल्ली का आणविक विभव

परमाणु की संरचना (Structure of Atom)

सभी परमाणुओं के मध्य में केन्द्रक पाया जाता है जो इलेक्ट्रोन द्वारा घिरा रहता है केन्द्रक में प्रोटोन तथा न्यूट्रोन उपस्थित होते हैं। प्रोटोन धनावेशित होता है, न्यूट्रोन उदासीन होते हैं। न्यूट्रोन का द्रव्यमान प्रोटोन के बराबर होता है। इलेक्ट्रोन ऋणावेशित होते हैं। परमाणु की उदासीन प्रकृति प्रोटोन पर +Ve व इलेक्ट्रोन पर -Ve आवेश के कारण होती है जो एक दूसरे को उदासीन कर देते हैं। इलेक्ट्रोन में प्रकाश के समान कणीय (Particle) व तरंग (Wave) प्रकृति पाई जाती है। इलेक्ट्रोन, केन्द्रक के चारों और निश्चित ऊर्जा वाले कक्षों में घूमते रहते हैं। केन्द्रक के निकट स्थित इलेक्ट्रोन की ऊर्जा अधिक होती है। इन कक्षों को K, L, M, N, O, P तथा Q द्वारा निरुपित किया जाता है। प्रत्येक कक्ष में इलेक्ट्रोन की संख्या $2n^2$ तक हो सकती है। इस प्रकार K कक्ष में 2, L कक्ष में 8, M कक्ष में 18 इलेक्ट्रोन होते हैं। कक्षों की संख्या को मुख्य क्वांटम संख्या =n के द्वारा निरुपित किया जाता है। प्रत्येक कक्ष में इलेक्ट्रोन के पाये जाने की संभावना वाले क्षेत्र **कक्षक** (Orbital) कहलाते हैं। इन कक्षकों की आकृति अलग-अलग प्रकार की होती है। ये कक्षक s, p, d, f कहलाते हैं। s-कक्षक गोलाकार (Spherical) होते हैं। p कक्षक डंबल की आकृति के होते हैं। d-कक्षक, दोहरे डंबल के समान होते हैं। f कक्षक की आकृति अलग-अलग प्रकार की होती है।

परमाणु की संचरना

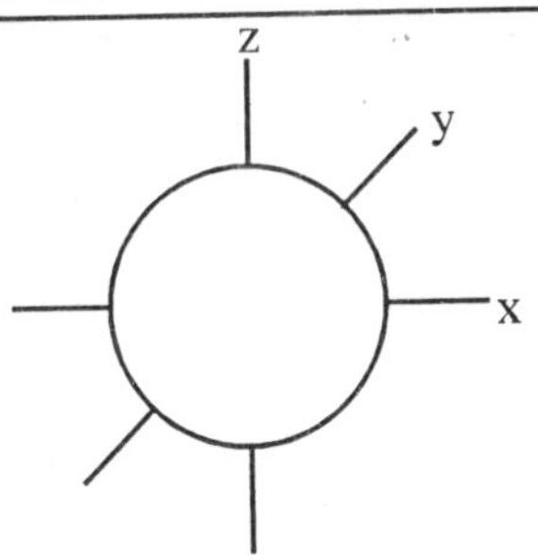

s-कक्षक का आकार

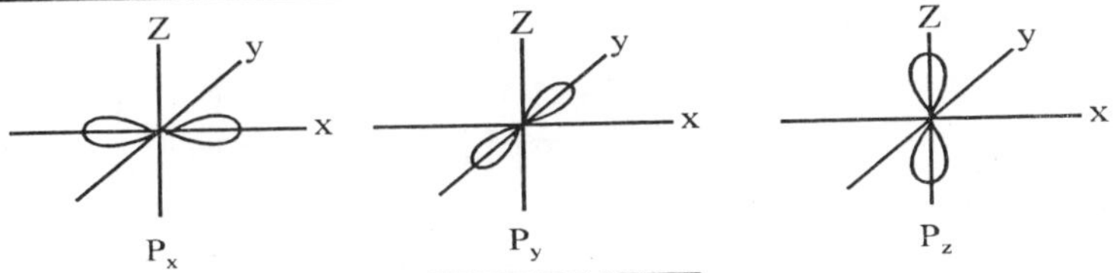

p-कक्षक का आकार

रसायनिक बंध (Chemical bond)

अधिकांश परमाणु बंधित होकर अणुओं का निर्माण करते हैं जो विद्युतिकी रूप से उदासीन होते हैं। रासायनिक बंध किसी अणु में उपस्थित परमाणुओं के मध्य होने वाला पारस्परिक आकर्षण है। परमाणुओं तथा अणुओं में पाये जाने वाले विभिन्न प्रकार के रासायनिक बंध जैविक तंत्र में महत्वपूर्ण भूमिका निभाते हैं। परमाणुओं के मध्य उपस्थित सहसंयोजी बंध प्रबल तथा स्थायी होते हैं। कुछ असहंयोजी बंध जैसे – हाइड्रोजन बंध, आयनिक बंध, वान्डरवाल्स अंतक्रियायें दुर्बल होते हैं। लेकिन विभिन्न प्रकार के जैविक अणुओं जैसे – प्रोटीन, न्यूक्लिक अम्ल इत्यादि को स्थायी बनाने में इनकी महत्वपूर्ण भूमिका होती है। असहंयोजी बंध विभिन्न जैविक अणुओं तथा कोशिका भित्तियों की संरचना को बनाये रखने के लिये आवश्यक होते हैं। अणुओं में पाये जाने वाले मुख्य बंध निम्न हैं।

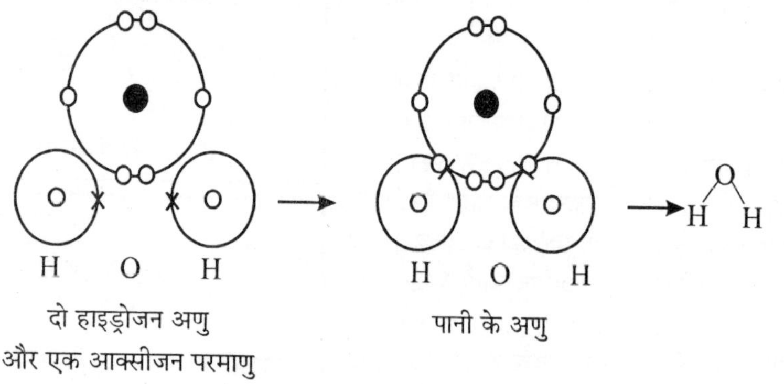

जल के अणु की रचना (H_2O)

सहसंयोजी बंध (Covalent bond)

सहसंयोजी बंध उस समय निर्मित होता है जब दो परमाणुओं के मध्य इलेक्ट्रोन का साझा होता है। इस कारण दो परमाणुओं के मध्य उपस्थित इलेक्ट्रोन पर दोनों परमाणुओं का अधिकार होता है। परमाण्विक कक्षों के संयोजन से आण्विक कक्षकों का निर्माण होता है तथा दो परमाणुओं के मध्य निर्मित इस प्रकार के बंध **सहसंयोजी बंध** कहलाते हैं।

अधिकांश जैविक तंत्र में उपस्थित अणु छः प्रकार के परमाणुओं (C, H, O, N, P तथा S) के बने होते हैं। इन बाह्य कक्षों में इलेक्ट्रोन की संख्या तथा व्यवस्था लाक्षणिक होती है। ये परमाणु एक-दूसरे के साथ सहसंयोजी बंध का निर्माण करते हैं। इनके इलेक्ट्रोन कक्ष, आण्विक कक्ष में अतिव्याप्ति रहते हैं। इन सभी परमाणुओं में बाह्य कक्षकों में उपस्थित अयुग्मित इलेक्ट्रोन सहसंयोजी बंध के निर्माण में भाग लेते हैं। H- परमाणु में केवल एक e^- होता है। अतः यह केवल एक ही बंध का निर्माण करता है। कार्बन के बाह्य कक्ष में 4 इलेक्ट्रोन होते हैं। अतः यह

4 बंधों का निर्माण करता है। ऑक्सीजन तथा सल्फर में बाह्य कक्ष में 6 इलेक्ट्रोन होते हैं लेकिन ये सामान्यतया दो सहसंयोजी बंधों का निर्माण करते हैं। दूसरी तरफ सल्फ्यूरिक अम्ल में उपस्थित सल्फर में 6 सहसंयोजी बंध पाये जाते हैं। सहसंयोजी बंधों के निर्माण तथा विखण्डन में ऊर्जा की अत्यधिक मात्रा का परिवर्तन होता है। यदि किसी रासायनिक बंध को तोड़ने के लिये अत्यधिक ऊर्जा की आवश्यकता होती है तो ये प्रबल बंध होते हैं। उदाहरण के लिए इथेन (C_2H_6) में उपस्थित C-C बंध को तोड़ने के लिये 83 K.cal/Mol ऊर्जा की आवश्यकता होती हैं।

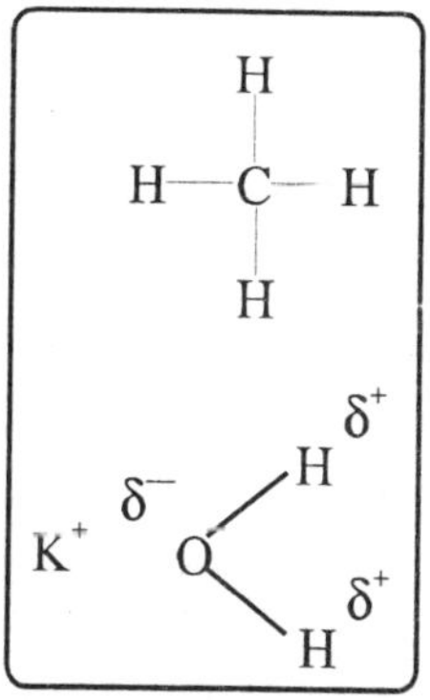

दुर्बल बंध जैविक अणुओं की संरचना को स्थायी बनाते हैं

(Weak bonds Stablize the Structure of Bio Molecules)

किसी अणु में उपस्थित प्रबल बंध सहसंयोजी बंध के रुप में होता है। एक सहसंयोजी बंध के निर्माण में निर्मुक्त ऊर्जा की मात्रा 50-200 K.cal/Mol होती है।

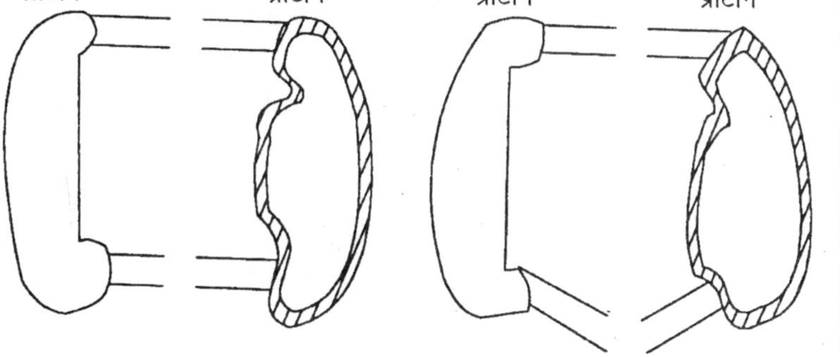

प्रोटीन स्थिरीकरण में बन्धों का योगदान

वृहद अणुओं के त्रिविमीय विन्यास को बनाये रखने में सहसंयोजी बंध के अलावा दुर्बल Õ‡æð ¶æðÙð¥ ÕæØ·¤ ÚUææÕèãæ îõü Õ‡æð ðçÙ×ææ× ðçÙ× ð¤¤ªæüÁææ ðè×ææ v-z K.cal/Mol होती है। अधिकांश दुर्बल बंध आपस में समन्वित होकर स्थायी संरचना का निर्माण करते हैं। कुछ उदाहरण में जो दुर्बल बंध अणुओं को स्थायी बनाये रखते हैं। वे एक-दूसरें को तोड़ भी सकते हैं। जैसे- यदि दो प्रोटीन के अणु चार दुर्बल बंधों के द्वारा आपस में जुड़ते हैं। यदि इन चार बंधों में कोई दो बंध टूट जाये तो प्रोटीन के अणु शेष दो बंधों के द्वारा आपस में बंधित रहते हैं। इस कारण कुछ अणुओं में कुछ बंधों के टूट जाने पर भी दुर्बल बंध इनकी स्थायित्वता को बनाये रखते हैं। जैविक तंत्र में अणुओं की संरचना को बनाये रखने में 4 प्रकार के दुर्बल बंध महत्वपूर्ण भूमिका निभाते हैं। ये दुर्बल बंध निम्न हैं

हाइड्रोजन बंध (Hydrogen bonds)

हाइड्रोजन बंध एक दुर्बल बंध है जिसमें हाइड्रोजन दो विद्युत ऋणी परमाणुओं के मध्य उपस्थित होती है। यहाँ पर X तथा हाइड्रोजन के मध्य दुर्बल संयोजन है जबकि H तथा Y परमाणु के मध्य सहसंयोजी बंध है। इस प्रकार के अणु में H, Y की तुलना में X के अधिक निकट होता है। दाता Y परमाणु तथा H के मध्य उपस्थित सहसंयोजी बंध द्विध्रुवीय प्रकार का होता है। जिसमें ग्राही परमाणु के बाहरी कक्ष में अबंधित इलेक्ट्रोन उपस्थित होने चाहिये, जो हाइड्रोजन परमाणु के n^+ आवेश को आकर्षित करते हैं। इस प्रकार की संरचना जल के अणु में देखने को मिल सकती है जिसमें H- परमाणु पास में उपस्थित ऑक्सीजन के बाह्य कक्ष के इलेक्ट्रोन युग्म की तरफ आकर्षित होते हैं। इस बंध की कुल प्रबलता 5 K cal/ Mol होती है जो H- बंध की तुलना में बहुत कम होती है। H- बंध किसी प्रोटीन दाता तथा उच्च इलेक्ट्रोन घनत्व वाले प्रोटोन ग्राही के मध्य होने वाली पारस्परिक अंत: क्रियाओं के कारण होती है। H- बंध मुक्त अणुओं के अपचयन के लिये उत्तरदायी होता है तथा अणुओं के अणुभार को बढ़ाने में भी महत्वपूर्ण भूमिका निभाते हैं। H- बंध के निर्माण तथा विखण्डन में क्रमश: ऊष्माक्षेपी तथा ऊष्माशोषी अभिक्रियाऐं देखने को मिलती है। कुछ अणुओं जैसे H_2O, R-OH, R-COOH, $R\text{-}NH_2$ के निर्माण में दाता तथा ग्राही समूहों की उपस्थिती H- बंधों का निर्माण करती है। दूसरी तरफ संतृप्त हाइड्रोकार्बन जिनमें दाता तथा ग्राही समूह अनुपस्थित होते है उनमें H- बंधों का निर्माण नहीं होता है। H— बंध दो प्रकार के होते हैं।

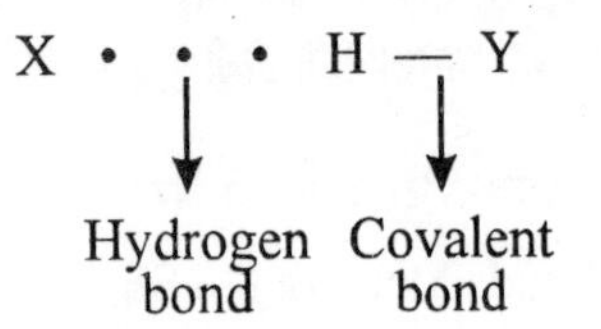

जल के अणु में बन्धीय रचना

(i) अंत: आण्विक (Intra Molecular H-bond)— ये बंध एक ही अणु में उपस्थित होते हैं।

(ii) अन्तरा आण्विक (Inter Molecular H-bond)— ये बंध दो अलग-अलग अणुओं के मध्य होता है। इस बंध के कारण किसी अणु का अणुभार बढ़ जाता है। कुछ अणुओं जैसे – H_2O, R-COOH, $R\text{-}NH_2$ में अंत: आण्विक H- बंध पाये जाते हैं। इन बंधों का निर्माण उसी समय होता है, जब एक ही अणु में प्रोटीन दाता तथा प्रोटीन ग्राही स्थल उपस्थित हो। कई बार यह बंध अणु के सिस विन्यास के कारण भी होता है।

जैविक तंत्र में H-बंध (H-bond in biological system)

सभी कोशिकाओं में प्रोटोप्लाज्म पाया जाता है। प्रोटोप्लाज्म का 80% भाग जल के द्वारा निर्मित होता है। अत: सभी जैविक अणुओं के लिये कोशिकाओं में तरल माध्यम उपस्थित होता है। जो जैविक अणु जल के अधिक सन्निकट होता है वे बायोपोलीमर की संरचना तथा विन्यास के निर्धारण में महत्वपूर्ण भूमिका निभाते हैं। इन सभी बायोपॉलिमर्स में अन्तर आण्विक H-बंध पाये जाते हैं जिनके लिए जल के अणु उत्तरदायी होते हैं। कोशिका में अध्रुवीय लिपीड अणु के संगठन में इन H-बंध की महत्वपूर्ण भूमिका होती हैं।

प्रोटीन में H-बंध (H-bonds in Protein)

प्रोटीन के अणुओं में अंतः आण्विक तथा अन्तरा आण्विक दोनों प्रकार के H-बंध पाये जाते हैं। प्रोटीन की β प्लीटेड संरचना में दो पोलीपेप्टाइड शृंखलाओं के मध्य H-बंध उपस्थित होते हैं। प्रोटीन के हेलीकल विन्यास में अंतरा आण्विक H-बंध पाये जाते हैं। जो प्रोटीन के द्वितीयक विन्यास के लिए उत्तरदायी होते हैं। इसके हेलीकन विन्यास में प्रत्येक इमीनों समूह कार्बोक्सिलक समूह के साथ H-बंध बनाता है। प्रोटीन पार्श्व शृंखलाओं में निर्मित H-बंध α-हेलिक्स की तृतीयक या चतुष्क विन्यास में परिवर्तित करने के लिये उत्तरदायी होता है।

कार्बोहाइड्रेट में H-बंध (H-bond in Carbohydrates)

डाइसैकेराइड तथा पोलीसेकेराइड के अणुओं में H-बंध पाये जाते हैं। इसकी बंध लम्बाई 2.65 से 3.03 A^0 तक होती है। सूक्रोस में दो H-बंध पाये जाते हैं। पोलीसकेराइड में असंख्य H-बंध पाये जाते हैं। सेल्यूलोस की संरचना zig-zag प्रकार की होती है जिसमें ग्लूकोज के अवशेषी प्रत्येक 180° के पश्चात घूर्णित हो जाते हैं एवं ग्लूकोज के तीसरे कार्बन पर उपस्थित -OH समूह तथा अगले ग्लूकोज के वलय ऑक्सीजन के मध्य H-बंध का निर्माण होता है। पादपों की कोशिका भित्ति का मजबूत होना सेल्यूलोज में उपस्थित H-बंध के कारण होता हैं।

न्यूक्लिक अम्ल में H-बंध (H-bond in Nucleic Acid)

DNA के अणु में उपस्थ्त H-बंध इसकी स्थायित्वता के लिये उत्तरदायी होता है। DNA में

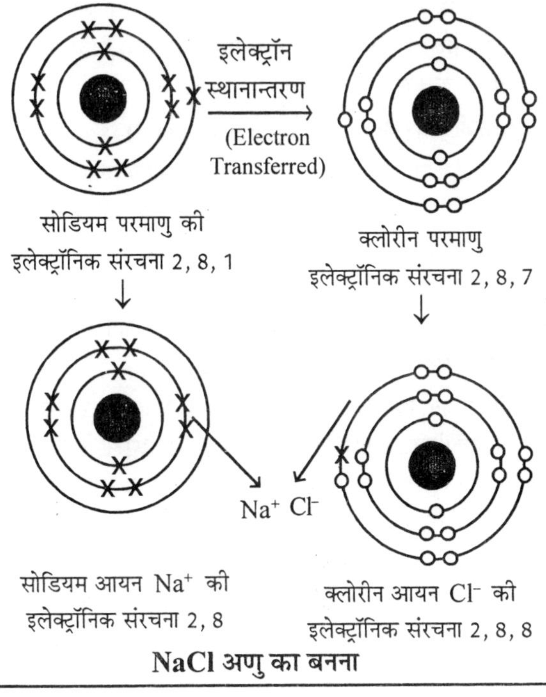

NaCl अणु का बनना

दो रज्जुओं का आपसी संयोजन प्यूरीन तथा पिरीमिडीन के मध्य पाये जाने वाले H-बंध के कारण होता है। एडीनीन तथा थायमीन के मध्य दो हाइड्रोजन बंध, ग्वेनीन तथा साइटोसीन के मध्य तीन H-बंध पाये जाते हैं। यह H-बंध जल विरागी प्रकृति के होते हैं। जब DNA को गर्म किया जाता है तो H-बंध टूट जाते हैं। इस प्रकार का H-बंध न्यूक्लिक अम्ल के अलावा प्रोटीन में भी पाया जाता है जो इन अणुओं में उपस्थित क्रियात्मक समूहों की स्थिती के कारण होता है।

प्रोटीन में उपस्थित संरचनात्मक बंधों की प्रकृति (Nature of structural bonds between proteins)— प्रोटीन के अणु में 4 प्रकार की अंत क्रियाएं पाई जाती है।

(i) होमोपोलर संसजी बंध (Homopolar Cohesive bonds)

यह एक प्रकार का वान्डरवाल्स बल होता है। इसकी बंध साम्र्थ्य 1000 से 2000 कैलोरी/मोल होती है। प्रोटीन में इस प्रकार के बंधों का निर्माण मेथिल समूह तथा अन्य जल विरोगी समूहों की अंत: क्रिया के कारण होता है। ये बंध उच्च तामपान अथवा ऊर्जा के कारण विखण्डित हो जाते हैं।

(ii) विषम ध्रुवीय संसजी बंध (Hetropolar Cohesive bonds)

ये बंध डाइपोल के मध्य आकर्षण के कारण होता है परिणामत: पास-पास उपस्थित प्रोटीन अणुओं में आकर्षण होता है इनकी बंध साम्र्थ्य 5000 कैलोरी/मोल होती है।

(iii) विषम ध्रुवीय संयोजी बंध (Hetropolar Valency bond)

ये बंध कूल बलों के कारण होते हैं तथा सामान्यतया उन अणुओं में पाया जाता है जिनमें Salt अथवा एस्टर लिंकेज पाये जाते हैं। ये बल समध्रुवीय तथा विषमध्रुवीय ससंजी बलों की तुलना में अधिक प्रबल होते हैं। ये बंध उष्मा के द्वारा नष्ट नहीं होते हैं।

(iv) समध्रुवीय संयोजी बंध (Homopolar Valency bond)

इस प्रकार के बंधों में सेतु का निर्माण होता है। ये बंध भी प्रबल होते हैं, इनकी बंध सामर्थ्य 50000 कैलोरी/मोल होती है। फास्फेटाइड्स में उपस्थित बंध अधिक सार्थक होते हैं। ये बंध अत्यधिक जल योजित प्रोटीन अणु के विन्यास की भी व्याख्या करता है। जल योजित प्रोटीन में उपरोक्त वर्णित बंध टूट जाते हैं, केवल Mg तथा Ca आयन कार्बोक्सिल समूह के साथ बंध बनाते हैं। जल के अणु जलस्नेही बंधन में महत्वपूर्ण भूमिका निभाते हैं साथ ही जल के अणु H-बंध के द्वारा कोशिकीय संरचना का भी निर्माण करते हैं।

अधिकांश जैविक अंत: क्रियाओं में समध्रुवीय तथा विषमध्रुवीय ससंजी बंध विशिष्ट भूमिका निभाते हैं क्योंकि ये पोलीपेप्टाइड तथा पोलीन्यूक्लियोटाइड अणुओं के विन्यास को बनाये रखते हैं। विभिन्न कार्यिकीय परिस्थितियों में प्रबल बंध विखण्डित हो सकते हैं। अत: परिवर्तनशील पर्यावरण में परिस्थितियों के कारण ये कोशिका द्रव्य को कोई संरचनात्मक लचकता प्रदान नहीं करता हैं।

प्रोटीन में उपस्थित प्राथमिक विन्यास पेप्टाइड बंधों के कारण होता है। कई बार सिस्टीन एमीनों अम्ल में उपस्थित सल्फर के कारण S-S बंधों का निर्माण हो जाता हैं। प्रोटीन का

द्वितीयक विन्यास H-बंधों के कारण होता है। प्रोटीन की हेलिक्स द्वितीयक विन्यास के कारण होता है क्योंकि कुण्डलन में एमाइड समूह हाइड्रोजन बंध के निर्माण में भाग लेते हैं। किसी विलयन में उपस्थित हेलिक्स में डाइसल्फाइड बंध निर्मित हो जाते हैं। प्रोटीन का तृतीयक विन्यास H-बंध, पेप्टाइड बंध के अलावा दुर्बल वान्डरवाल्स बंध तथा विशिष्ट H-बंधों के कारण होता है। लेकिन तृतीयक विन्यास में उपस्थित H-बंध टाइरोसीन के हाइड्रोक्सिल समूह तथा लाइसीन के एमीनों समूहों के कारण होता है जबकि द्वितीय विन्यास में उपस्थित H-बंध एमाइड समूह (-CONH) के कारण होता है।

आयनिक बंध (Ionic bond)

आयनिक बंध धनावेशित तथा ऋणावेशित आयनों के मध्य होने वाला स्थिर वैद्युतिकी आकर्षण होता है। सहसंयोजी तथा H-बंधों की तुलना में आयनिक बंधों का कोई निश्चित ज्यामितीय विन्यास नहीं होता है क्योंकि आयनों के चारो और स्थिर वैद्युतिकी क्षेत्र निर्मित हो जाता है। किसी जलीय विलयन में जैविक, महत्व वाले Na^+, K^+, Ca^{++}, Cl^- स्वतंत्र रुप में नहीं पाये जाते हैं बल्कि प्रत्येक आयन जल के अणुओं के द्वारा घिरा रहता है। प्राथमिक अंत: क्रिया आयन तथा जल की ऑक्सीजन के मध्य होती है।

ये आयन जैविक झिल्लियों के पिंडों से जब गुरजते हैं तो तंत्रिकाओं में उद्वीपन के संचरण तथा मांसपेशियों में होने वाली संकुचन प्रक्रियाओं को सम्पादित करते हैं। इस प्रकार के आयन चैनल प्रोटीन के अणुओं में पाये जाते हैं, जो प्रोटीन के द्वितीयक विन्यास को बनाये रखते हैं।

वान्डरवाल्स अन्त:क्रियाएँ (Vandervales Interaction)— वान्डरवाल्स एक दुर्बल बल है जो दो परमाणुओं के एक-दूसरें के सन्निकट आने पर उत्पन्न होते हैं। किसी भी परमाणु में e^- के वितरण में विचलन आने के कारण संक्रामक डाईपोल का निर्माण होता है। ये बल केवल कम दूरी में ही प्रभावी होता है। वान्डरवाल्स बलों की उपस्थिति का पता सर्वप्रथम डच वैज्ञानिक वान्डरवाल्स ने लगाया था। ये बल उस समय उत्पन्न होते हैं। जब दो डाईपोल एक-दूसरे के निकट आते हैं। डाईपोल की प्रकृति के आधार पर वान्डरवाल्स बल अलग-अलग प्रकार के होते हैं। इनके मुख्य प्रकार निम्न हैं—

कैसोन बल (Keeson Force)—ये बल दो स्थायी डाईपोल के मध्य अंत:क्रिया के कारण होता है। ये अंत: क्रिया एक डाईपोल के धनावेशित सिरे तथा दूसरे डाईपोल के ऋणावेशित सिरे के मध्य होती हैं।

डिबाई बल (Debye Force)— ये बल डाइपोल-डाइपोल के मध्य प्रेरण के कारण होते हैं। जिसमें एक द्विध्रुवीय अणु का अध्रुवीय अणु के पोलेराइजेशन के पश्चात् होने वाले आकर्षण के कारण होता है। वान्डरवाल्स अंत:क्रियाएं सभी ध्रुवीय तथा अध्रुवीय अणुओं में पाई जाती है। ये बल उसी समय प्रभावी होता है जब परमाणु एक-दूसरे के सन्निकट हो। परमाणु के मध्य दूरी बढ़ने के साथ-साथ वान्डरवाल्स बल की मात्रा कम होती जाती है।

❑❑❑

अध्याय 14

संरचना निर्धारण की भौतिक विधियाँ

अणुओं की क्रिस्टेलोग्राफिक व्याख्या (Crystalographic Elucidation of Molecules)

(i) छोटे अणु (Small Molecules)—एक्स-रे विवर्तन विधि द्वारा छोटे अणुओं का संरचनात्मक निर्धारण इनकी परमाण्विक स्थिति की व्याख्या करने के लिए काफी है। इस विधि में इकाई कोश में उपस्थित परमाणु की सूचना इसके तापीय कंपन के साथ युग्मित हो जाती है। अणुओं की बंध लम्बाई, बंध कोण, आण्विक विन्यास, स्टीरियो केमेस्ट्री, हाइड्रोजन बंध तथा वान्डरवाल्स बलों का पता इस विधि द्वारा लगा सकते हैं।

(ii) वृहद् अणु (Macro Molecules)—विभिन्न प्रकार के वृहद् अणु जैसे – गोलाकार प्रोटीन, एन्जाइम तथा हॉर्मोन्स का क्रिस्टलीय अध्ययन इस विधि से किया जा सकता है। यह अध्ययन छोटे अणुओं के समान ही होता है लेकिन इनका विश्लेषण (Resolution) 2-3 Å की सीमा में ही होता है। अत: परमाणु तथा अणु की वास्तविक आकृति का पता इस विधि द्वारा नहीं लगा सकते हैं। अत: प्रारम्भ में प्रावस्था समस्या के निदान के लिए कम स्पष्टीकरण (5-6 Å) पर ही अणुओं की संरचना का अध्ययन किया जाता है। इस विधि द्वारा हीमोग्लोबीन, लाइसोजाइम, DNA तथा अन्य वृहद् अणुओं की संरचना का अध्ययन क्रिस्टेलोग्राफी द्वारा किया गया है।

(A) हीमोग्लोबीन की संरचना (Structure of Haemoglobin)

हीमोग्लोबीन की संरचना का अध्ययन एक्स-रे क्रिस्टेलोग्राफी के द्वारा किया गया है। हीमोग्लोबीन में Fe^{+2} की स्थिति में परिवर्तन के साथ-साथ हीमोग्लोबीन की R तथा T स्थिति को समझने में सहायता मिली है। साथ ही उत्परिवर्तन के कारण हीमोग्लोबीन की β पोलीपेप्टाइड में सातवें नम्बर पर उपस्थित ग्लुटेमिक अम्ल का प्रतिस्थापन वेलाइन एमीनों अम्ल से ही जाता है। जिससे सिकल सेल एनीमिया हो जाता है। इस रोग का पता क्रिस्टेलोग्राफी विधि द्वारा लगाया जा सकता है। इस विधि द्वारा प्रतिरक्षियों के त्रिविमीय विन्यास के अध्ययन में भी किया जाता है। प्रतिरक्षियों में उपस्थित डोमेन, इनमें पाये जाने वाले डाइसल्फाइड बंधों की प्रकृति का अध्ययन इस विधि से किया जा सकता है। साथ ही एन्जाइम, एन्टीबोडी, अभिक्रिया में होने वाले पोलीपेप्टाइड के वलनन (Folding) का भी पता इस विधि से कर सकते हैं।

(B) लाइसोजाइम की संरचना (Structure of Lysozyme)

लाइसोजाइम सबसे पहला एन्जाइम है जिसका परमाण्विक स्तर पर त्रिविमीय विन्यास व इसके संरचनात्मक लक्षणों का अध्ययन किया गया है। लाइसोजाइम में 129 एमीनों अम्ल पाये जाते हैं तथा कई स्थानों पर डाइसल्फाइड बंध उपस्थित होते हैं। इसकी मुख्य पोलीपेप्टाइड शृंखला सतत् फीते के समान होती है। इनमें उपस्थित एमीनों अम्ल अवशेषी को संख्या के द्वारा निरुपित किया जाता है। पॉलिग द्वारा मायोग्लोबीन का मॉडल प्रस्तावित किया गया है। इनमें

उपस्थित चार डाइसल्फाइड बंध उच्च इलेक्ट्रान घनत्व वाले क्षेत्रों को निरुपित करते हैं जबकि छः ट्रिप्टोफेन स्थलों पर दोहरी वलय के समान छाया निर्मित होती है। साथ ही जीवाणुओं पर होने वाले लाइसोजाइम के आक्रमण तथा जीवाण्वीय कोशिका भित्ति को नष्ट करने की परिघटना का अध्ययन इस विधि द्वारा किया जा सकता है।

(C) DNA की संरचना (Structure of DNA)

वाट्सन तथा क्रिक द्वारा प्रस्तावित B.DNA का मॉडल एक्स-रे विवर्तन विधि पर आधारित है। इस विधि द्वारा DNA में होने वाले प्रतिलिपीकरण (Replication), अनुलेखन (Transcription) तथा अनुवादन (Translation) का अध्ययन क्रिस्टेलोग्राफी द्वारा किया गया है। इस विधि से B.DNA में पाये जाने वाले दाहिनावृत कुण्डलन (Right handed helix) का भी पता लगाया गया है।

X-Ray क्रिस्टेलोग्राफी के उपयोग (Applications of X-Ray Crystalography)

इस विधि द्वारा न्यूक्लिक अम्ल, एमीनों अम्ल, स्टीरोइडस, एल्केलॉयड, फलेवोनाइड तथा सैकेराइड की आण्विक संरचना का अध्ययन किया जा सकता है इस विधि द्वारा विभिन्न वृहद अणु जैसे- प्रोटीन, एन्जाइम, इम्यूनोग्लोबूलिन, कोलेजन, ATPase, DNA तथा RNA का संरचनात्मक निर्धारण किया जा सकता है।

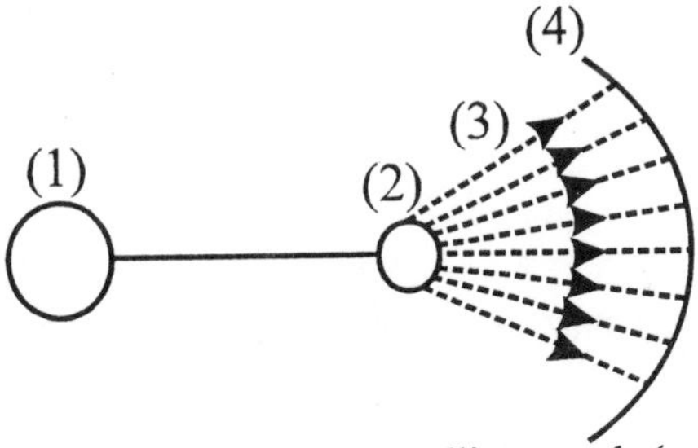

1. Xay source 2. Crystalline sample (ex. protein
3. Diffracted beam 4. Photographic film

क्रिस्टेलोग्राफी के उपयोग

(II) NMR (Nuclear Magnetic Resonance)

इस विधि का उपयोग किसी अणु के रासायनिक तथा भौतिक लक्षणों के अध्ययन में किया जाता है। जब किसी प्रतिदर्श (Sample) को प्रबल चुम्बकीय क्षेत्र में रखा जाता है तथा इसको विद्युत चुम्बकीय तरंगों से विकीरणित किया जाता है। तत्पश्चात अणु की आण्विक संरचना का निर्धारण इस विधि से किया जाता है। इस विधि द्वारा जैविक लक्षणों के अलावा भौतिक एवं रासायनिक लक्षणों का भी अध्ययन किया जा सकता है।

सिद्धांत (Principles)

परमाणु में उपस्थित इलेक्ट्रोन, प्रोटोन तथा न्यूट्रोन अपनी अक्ष पर घूर्णित होते रहते हैं। जिससे चुंबकीय क्षेत्र उत्पन्न होता है। परमाणु की नाभी में न्यूट्रोन तथा प्रोटोन उपस्थित होते हैं।

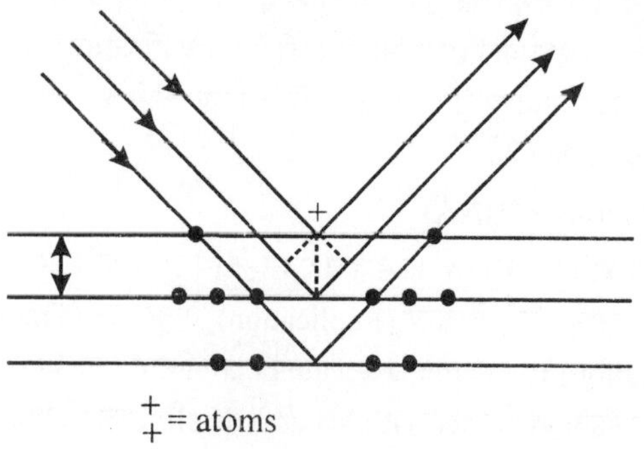

चित्र-2 : X-rays का विवर्तन

न्यूट्रोन पर कोई आवेश नहीं होता है जबकि प्रोटोन पर धनावेश होता है। इसका द्रव्यमान, इलेक्ट्रोन से 1800 गुना अधिक होता है। न्यूक्लियोन (प्रोटोन तथा न्यूट्रोन) में कक्षीय कोणिय संवेग (Angular Orbital momentum) पाया जाता है। प्रोटोन तथा न्यूट्रोन दोनों में आघूर्ण एक समान होता है। इलेक्ट्रोन के समान न्यूक्लियोन में भी ऊर्जा स्तर (Energy level) होते है। इस ऊर्जा स्तरों को प्रोटोन Spin up तथा Spin down द्वारा पुरित करते हैं। प्रोटोन के युग्मन से इनका घूर्णन कोणिय संवेग निरस्त हो जाता है। केन्द्रक में कोणिय संवेग पाया जाता है। केन्द्र का कोणिय संवेग, अयुग्मित न्यूट्रोन तथा प्रोटोन के घूर्णन (Spin) द्वारा एवं न्यूट्रोन तथा प्रोटोन के कक्षिय कोणिय संवेग, अयुग्मित न्यूट्रोन तथा प्रोटोन के घूर्णन द्वारा एवं न्यूट्रोन तथा प्रोटोन के कक्षिय कोणिय संवेग द्वारा निर्धारित होता है। इन सभी कार्यों के संयोजन से न्यूक्लियर स्पिन का मान प्राप्त होता है जिसे I द्वारा निरुपित किया जाता है। यहाँ पर I को न्यूक्लियर स्पिन के द्वारा निरुपित किया जाता है। इसका अधिकतम कोणिय संवेग Ib होता हैं

जब इस पर चुंबकीय क्षेत्र आरोपित किया जाता है तो स्पिनिंग न्यूक्लियाई, चुंबकीय क्षेत्र में विन्यासित होने का प्रयास करती है। यदि इस स्पिनिंग न्यूक्लियाई पर विद्युत चुंबकीय विकिरणों के रुप में आरोपित क्षेत्र (Applied field) के लंबवत अतिरिक्त ऊर्जा की आपूर्ति की जाती है तो न्यूक्लियाई ऊर्जा का अवशोषण करके उच्च ऊर्जा स्तरों में चली जाती है। ये न्यूक्लियाई उच्च ऊर्जा स्तरों में स्थाई नहीं रहते हैं बल्कि ऊर्जा की निर्मुक्ती के द्वारा पुनः निम्न ऊर्जा स्तरों में आ जाता है। यह प्रक्रिया नियमित अंतराल से होती रहती है। इस अवस्था में न्यूक्लियाई अनुनाद (Resonance) की अवस्था में होता है तथा वह आवृति जिस पर अनुनाद होता है उसे अनुनादी आवृति (Resonance frequency) कहते हैं।

कोणीय संवेग एक भौतिक मात्रक है जो किसी पिण्ड की घूर्णन गति (Rotational motion) को निरुपित करता है। केन्द्रक का यह कोणिय संवेग NMR के लिये महत्वपूर्ण होता है। यह कोणिय संवेग केन्द्रक को चुंबकीय क्षेत्र में रखने पर केन्द्रक के कार्य को प्रदर्शित करने के लिये आवश्यक होता है। चूंकि प्रोटोन में घूर्णन तथा आवेश (Positive) दोनों होते हैं अतः यह एक लघु चुंबक का कार्य करता है। प्रोटोन में इलेक्ट्रोन के समान कोणिय संवेग पाया जाता है लेकिन इसका चुंबकीय आघुर्ण, इलेक्ट्रोन के चुंबकीय आघूर्ण की तुलना में काफी कम होता

है। चुंबकीय क्षेत्र की उपस्थिति के कारण प्रोटोन तथा अन्य न्यूक्लियाई जिनकी Spin Value 1/2 होती है, वे निम्न ऊर्जा स्तर (Low energy level) या उच्च ऊर्जा स्तर (High energy level) में हो सकते हैं। निम्न ऊर्जा स्तर में इनका चक्रण चुंबकीय क्षेत्र के समानांतर होता है जबकि उच्च ऊर्जा स्तर में चक्रण चुंबकीय क्षेत्र के विपरीत होता है। न्यूक्लियस द्वारा विद्युत चुंबकीय स्पेक्ट्रम में ऊर्जा का अवशोषण होता है तथा नाभि निम्न ऊर्जा स्तर से उच्च ऊर्जा स्तर में चले जाते हैं।

यदि इन न्यक्लियाई को अत्यधिक प्रबल चुंबकीय क्षेत्र में रखा जाता है तो ये रेडियों तरंगों वाले क्षेत्रों से तरंगों को आवशोषित करते हैं। इस ऊर्जा के अवशोषण के कारण अणुओं में अनुनादी आवृति उत्पन्न होती है तथा यह परिघटना NMR (Non Magnetic Resonance) कहलाती है। प्रत्येक केन्द्रक द्वारा अवशोषित ऊर्जा का मापन इस विधि से किया जा सकता है। यदि ऊर्जा के मान में कोई परिवर्तन हो तो यह अन्य अणु की उपस्थिति को दर्शाता है।

जब प्रोटोन कार्बन से जुड़ा होता है तो इससे अवशोषित ऊर्जा की मात्रा प्रोटीन के नाइट्रोजन से सम्बन्धित होने के पश्चात अवशोषित ऊर्जा की तुलना में पूर्णतया भिन्न होती है। NMR में सामान्यतया कार्बन, हाइड्रोजन, फास्फोरस तथा नाइट्रोजन का उपयोग किया जाता है। सामान्य तौर पर हाइड्रोजन के आइसोटोप का उपयोग किया जाता है लेकिन कई बार जैवरासायनिक अध्ययनों में कार्बन, N तथा P के आइसोटोप का उपयोग किया जाता है क्योंकि इनका चक्रण मान 1/2 होता है जबकि C^{12}, O^{16} तथा S^{32} का चक्रण मान शून्य होता है। अतः इनमें कोई चुम्बकीय आघूर्ण नहीं होता है। ये किसी अनुनाद को प्रदर्शित नहीं करते हैं, तथा NMR के लिये कोई सिग्नल उत्पन्न नहीं करते हैं। किसी प्रोटीन की नाभि अलग-अलग रासायनिक वातावरण में अलग-अलग स्पेक्ट्रम लाइनों को उत्पन्न करती है। इस प्रकार प्राप्त स्पेक्ट्रम रेखाऐं रासायनिक विस्थापन (Chemical Shift) कहलाती है ये न्यूक्लियाई अलग-अलग रासायनिक वातावरण में अलग-अलग आकृतियों पर अनुनादित होती है तथा अनुनादी आवृति में पाया जाने वाला अंतर रासायनिक विस्थापन के द्वारा निरूपित होता है।

रासायनिक विस्थापन की परिघटना प्रोटोन की न्यूक्लियाई के इलेक्ट्रोन द्वारा उत्पन्न बाह्य चुम्बकीय क्षेत्र से शिल्डिंग के कारण उत्पन्न होती है। ये रासायनिक विस्थापन NMR स्पेक्ट्रोस्कोपी का मुख्य आधार है। रासायनिक विस्थापन के द्वारा किसी परमाणु की गुणात्मक तथा मात्रात्मक सूचना का पता लगया जा सकता है।

अत्यधिक प्रबल चालित चुम्बकों की खोज के पश्चात NMR के अनेक रुपान्तरित प्रतिरुपों द्वारा आण्विक संरचनाओं का निर्धारण किया जाता है। इनमें मुख्य रुप से फोरियर, ट्रांसफोर्म स्पेक्ट्रोस्कोपी तथा बहुआयामी NMR तकनीकि का उपयोग किया जाता है। इस तकनीकि के द्वारा प्रोटीन इसमें उपस्थित परमाणु तथा अन्य वृहद अणुओं का संरचनात्मक विश्लेषण किया जा सकता है। NMR द्वारा किसी विलयन में उपस्थित अणुओं की संरचना का निर्धारण अधिक सुगम होता है।

□□□